Technology and Application
about Operation Data Mining for
Energy and Chemical Plant

能源化工装置
运行数据挖掘
技术及应用

刘超锋　编著

化学工业出版社

·北京·

内 容 简 介

本书介绍能源化工装置实际运行数据挖掘技术，包括数据预处理、数据分析、数据建模及模型应用等整个过程的具体内容。基于不同的问题需要考虑不同的解决方案，包括应用中常见的神经网络方法、支持向量机方法、基因表达式编程方法等挖掘与分析领域的实用技术。本书围绕具体案例展开原理叙述、最新方法和实用研究手段，既有具体的优化过程阐述，又给出了优化结果，所提供的具体源代码和计算机软件详细的操作步骤方便读者参考。

本书内容生动，兼具技术性和前瞻性。书中给出的实例，有助于读者掌握所学内容，利用运行数据集开展数据挖掘与预测分析，从而解决实际问题。

本书可作为从事能源化工装置实际运行数据挖掘分析领域的研发、生产和管理人员及工程技术人员的参考书，也可以作为能源科学与工程、化学工程与工艺、自动化、过程装备与控制工程等专业师生的辅助教材。

图书在版编目（CIP）数据

能源化工装置运行数据挖掘技术及应用/刘超锋编著. —北京：化学工业出版社，2021.7
ISBN 978-7-122-39057-8

Ⅰ.①能… Ⅱ.①刘… Ⅲ.①能源工业-化工设备-装置-数据采集 Ⅳ.①TQ050.3

中国版本图书馆 CIP 数据核字（2021）第 080950 号

责任编辑：戴燕红　　　　　　　　　　文字编辑：王云霞　陈小滔
责任校对：王　静　　　　　　　　　　装帧设计：韩　飞

出版发行：化学工业出版社（北京市东城区青年湖南街 13 号　邮政编码 100011）
印　　装：涿州市般润文化传播有限公司
787mm×1092mm　1/16　印张 18　字数 443 千字　　2021 年 8 月北京第 1 版第 1 次印刷

购书咨询：010-64518888　　　　　　售后服务：010-64518899
网　　址：http://www.cip.com.cn
凡购买本书，如有缺损质量问题，本社销售中心负责调换。

定　价：138.00 元

前 言

本书从能源化工装置运行数据挖掘问题出发，介绍了应用于能源化工装置中的运行数据挖掘技术。本书对能源化工装置中运行数据挖掘的讲解是以数据准备、统计分析、模型优化、案例研究为线索，结合相应的案例开展研究工作，引导读者熟悉并理解各种方法的操作。

本书系统地介绍了参与挖掘的运行数据的选择、数学挖掘模型的性能指标和数据挖掘模型的应用；能源化工典型装置运行数据挖掘，涉及粉磨装置、电站锅炉、换热装置、气化炉、裂解炉、反应装置、离心式压缩机透平和工艺管道；流化床装置基于径向基函数神经网络（RBFNN）的运行数据挖掘；石灰石湿法烟气脱硫装置运行数据挖掘；基于 SPSS Modeler 的卧式螺旋离心机运行数据挖掘；基于 LIBSVM 的卧式螺旋离心机运行数据挖掘；分离典型装置运行数据挖掘模型，包括塔设备、色谱分离设备、脱水机、电渗析设备、吸附装置、萃取装置、膜分离装置和气固过滤装置；变压吸附设备运行数据挖掘；反渗透设备运行数据挖掘；油田原油三相分离器运行数据挖掘；干燥典型设备运行数据挖掘模型，包括真空脉动干燥装置、气流干燥装置、滚筒干燥器、喷雾干燥器、流化床干燥器、旋转闪蒸干燥器、旁热式辐射与对流干燥机、气体射流冲击干燥装置和超声强化热风干燥装置；基于 RBFNN 的流化床干燥器运行数据挖掘；流化床干燥器换热系数关联数据挖掘；卷烟厂烘丝装置运行数据挖掘。

本书对能源化工装置实际运行数据挖掘分析领域从事实际研究、开发、生产和管理的科研人员和工程技术人员有所裨益。阅读本书可知如何进行数据挖掘增加能源化工装置的经济效益。

本书可作为能源化工装置实际运行数据挖掘相关人员的技术参考书，也适合作为能源科学与工程专业、化学工程与工艺、自动化、过程装备与控制工程等专业高年级大学生和研究生教材或教学参考书。

本书由郑州轻工业大学刘超锋编著。在成书过程中，得到郑州轻工业大学相关学院领导的热情鼓励；学生叶松、施娅、肖湘、陈远、付洁、刘骁、雒维文参与了本书的图文输入。此外，本书参考了大量的文献资料，在此一并致谢。

限于作者的水平，不足之处在所难免，敬请读者批评指正。

编著者

2021 年 1 月

目 录

绪　　论

对于非线性、多变量的能源化工装置，通过机理建模（白箱模型）的方法进行建模，难度大、耗时长、适用范围小、可操作性非常差。能源化工装置参数特性复杂，致使机理建模方法无法获得满意的测量模型。物性参数随着工作条件的变化而不断改变，因为机理模型的诸多限制，对于无法建立确切数学模型或者模型参数内在关系比较复杂的问题，无须研究参数之间的物理关系、利用统计模型的数据挖掘技术获得广泛研究与应用。

工业现场生产过程中，设备的运行参数都被测量、保存下来，为数据挖掘提供了基础条件。建立模型，就是利用历史数据，以一定的算法估计出模型参数，进一步通过构造主要生产性能指标的控制系统实现对过程的优化控制。对于能源化工装置数据，从数据分析挖掘的角度进行专业化处理，建立"以数据为驱动"的优化模型，有助于提升过程稳定性和效率。随着能源化工企业信息化程度的不断提高，扩大对数据的"获取、管理、分析"落地实现的应用领域，找出数据间的关系，展现挖掘结果，通过模型寻优选择合适的参数，以此实现参数优化，通过如此的"提炼加工"实现数据的"增值"。

0.1　参与挖掘的运行数据的选择

为了保证计算精度，数据的正确性和可靠性就十分重要。

训练样本，用来训练模型。对训练样本以外样本的预测能力的检验，是评价模型可靠性的有效方法。在模型应用之前，必须通过测试样本检测其预测精度，说明模型对不在训练集的数据的预测能力。用训练模型测试的样本（检验样本），即未被模型训练时使用过的数据样本，用于检验模型的外推（外延）性能。模型泛化能力只有在完全看不见的数据集中才能被判断。因此，从数据中随机选出若干组作为训练集，其余组作为预测集。

合适的训练集结构可以使所建立的模型不仅能满足精度需求而且还具有较好的泛化性。在所获得的完整实际数据组数多的情况下，在训练样本的选择中，为了突出其代表性，防止数据在某些区间过于集中或分散，影响模型质量，某些变量因素数据均匀分布，其余变量因素数据随机分布，选择一部分数据作为训练样本，保证数据良好的均匀性，同时也较好地反映实际结果的特征，验证样本则由其余组数据中随机抽取出的数据组成。

在由 MathWorks 公司推出的平台 MATLAB 中进行数据挖掘时，利用 MATLAB 中的fopen()和fscanf()函数把存放在 txt 文件中的表格数据一次读入到规定的数组之中。对于txt格式的文件，还可以用 load 函数把数据导入进 MATLAB 中。对于 excel 格式的文件，则用 xlsread 函数、xlswrite 函数。在 MATLAB 平台上使用 libsvm 工具箱实现模型建立时，读入样本数据的函数为 libsvmread。例如，训练样本、测试样本选择的典型代码：①trainx＝x(:,1:600)，即选择前 600 组数据作为训练样本；②trainx＝x(:,601:900)，即选择后 300 组数据作为测试样本。

随着工况的变化，数据挖掘模型的预测值会发生偏差。因此模型的校正是必不可少的。例如，换热器运行过程中换热面会出现污垢沉积，需要定期清洗维护；而部分运行参数在清洗前后会有较大的变化（如污垢热阻等）。因此，当设备参数有较大的变化时，之前训练得到的数据模型将不再适用（有较大的误差），且这个变化不会因为参数的波动而消失。这时，需要重新训练模型以达到所希望的精度。

0.1.1 筛除异常数据

工业数据通常会受到噪声干扰。工业数据噪声会影响原始数据的变化趋势。用于训练和测试模型的样本值，在各种不确定条件的影响下不可避免地会带有误差。因此，当采集到的数据并不能正确描述实际的工况变化时，直接构造的模型可能并不是最优。为此，在数据挖掘训练开始前，先对原始数据进行处理，筛除偏差较大或者明显有误的异常数据，才能作为样本值使用。

0.1.2 输入变量增减

对于一个输入输出系统，增加输入变量，可以消除一部分影响因素干扰，可以提高所建立的预测模型的精度。例如，进行预测模型建立时，若 (x_1, x_2) 当作输入数据时，为了进一步提高精度，可能需要对数据作进一步处理，来增加输入数据量。为此，分别增加 $\sqrt{x_1 x_2}$、$\sqrt{x_1^2 + x_2^2}$ 作为输入数据。

有时采集各变量时，由于设备及工艺的原因，模型数据往往会存在一定的滞后，历史输入数据也会对当前输出产生影响。因此，当前输出不仅与当前输入有关，还要考虑历史输入对于模型的影响。

输入变量维数的成倍增长，使模型出现维数灾难与过拟合问题。数据挖掘模型需要大量的数据进行训练，并且模型输入变量越多，映射关系越复杂，则需要的训练数据量越多，从而增加获得数据的成本和耗时。皮尔逊（Pearson）关联性分析法可以探究输出变量的各影响因素排序，从而可以决定输入变量选择。皮尔逊相关系数法是一种准确度量 2 个变量之间关系密切程度的统计学方法，对于 2 个变量 x 和 y，通过试验可以得到若干组数据，记为 $(x_i, y_i), i = 1, 2, \cdots, n$，则皮尔逊相关系数的数学表达式为式（0-1）。式（0-1）中，x_i 和 y_i 分别为 2 种变量的第 i 个数值，$\bar{x}$ 和 $\bar{y}$ 分别为 2 种变量 n 个实际值的均值。相关系数 r 的取值范围在 $-1 \sim +1$ 之间，即 $r < 1$；r 越接近 1，表明 x 与 y 相关程度越高。例如，图 0-1 的凝析气藏露点压力影响因素分析中，"（$N_2 + CO_2$）摩尔分数"这个输入变量可以被剔除掉。

$$r = \frac{\sum\limits_{i=1}^{n} (x_i - \bar{x})(y_i - \bar{y})}{\sqrt{\sum\limits_{i=1}^{n} (x_i - \bar{x})^2 \sum\limits_{i=1}^{n} (y_i - \bar{y})^2}} \tag{0-1}$$

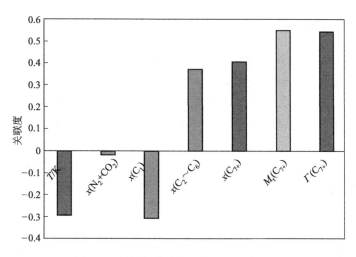

图 0-1　凝析气藏露点压力影响因素分析

0.1.3　样本数量增减

样本数据较少时，为充分利用训练样本，有时需要对其进行插值，将样本数量增加。在平台 MATLAB 中，interp2 函数可以实现样本的二维插值。例如，为了充分利用训练样本，对 18 份训练样本进行二维插值，将样本数量增加到 100 份。先将训练输入向量与对应的目标输出合并作为一个 4×18 矩阵，经过插值，得到 4×100 矩阵，最后再将其拆分为 3×100 矩阵作为训练输入，1×100 的行向量作为训练样本的输出。对训练样本插值的 MATLAB 程序代码如下：

```
N=size(trainx，2)；%训练样本的个数
X=[trainx；trainy]；
[xx0，yy0]=meshgrid(1:N，1:4)；%网格
[xx1，yy1]=meshgrid(linspace(1，N，100)，1:4)；
XX=interp2(xx0，yy0，X，xx1，yy1，'cubic')；%使用interp2函数做二维三次插值
trainx=XX(1:3，:)；%形状复原
trainy=XX(4，:)；
```

减小训练集样本规模是提高模型运算效率的有效手段。通过相似替换，减少训练样本数量。对于具有 t 维特征的样本 $x(=x_1,x_2,\cdots,x_t)$ 和 $y(=y_1,y_2,\cdots,y_t)$，样本间的差异主要为距离差异。因此，可通过式（0-2）的欧氏距离判断样本之间的距离差异。其中，x_i 为 x 的第 i 个特征；y_i 为 y 的第 i 个特征。$\mathrm{dist}(x,y)$ 的值越大，说明 x 与 y 之间的距离差异越大。通过式（0-3）的余弦相似度计算出角度差异。$\mathrm{Sin}(x,y)$ 越大，说明 x 与 y 角度相似性越大。这样，从原始训练集中提取出边界向量集，在增量学习过程中，将新增样本与其最相似旧样本进行替换，在保证训练样本数量恒定的前提下进行增量学习，避免因训练样本数量无限增大导致训练速度不稳定的问题。

$$\mathrm{dist}(x,y)=\sqrt{\sum_{i=1}^{t}(x_i-y_i)} \tag{0-2}$$

$$\sin(x,y)=\cos\theta=\frac{xy}{|x||y|} \tag{0-3}$$

0.1.4　样本数据的预处理

在进行数据统计前，为避免较大的数据对结果产生影响，加快模型样本的训练速度和收敛速度，需要把将要统计的样本数据进行处理。考虑各输入变量和输出指标数据量纲单位和大小范围的不一致，以及输入变量的定义域和输出指标的值域存在较大的奇异性，为保证模型的训练能较快收敛并满足精度要求，运行稳定，训练前常常需要对样本数据进行处理。

数据归一化后，有量纲的样本转化为无量纲的样本。数据归一化是对预测前数据常做的一种处理，消除各维数据间的数量级差别，避免因为输入输出数据差别较大而造成较大的预测误差。不同的数据归一化方法，模型训练迭代次数、模型的精度不同。

原始数据进行自标准化处理，见式(0-4)。在式(0-4) 中，$x'_{ij}(i=0,1,\cdots,n;j=0,1,\cdots,m)$ 为经过自标准化的第 i 个样本的第 j 个变量；x_{ij} 为原始变量；M_j、S_j 分别是第 j 个变量的算术平均值和标准偏差。数据的标准化处理可以使样本重心与新坐标原点重合，并消除变量间的量纲差异，数据被处理后，样本间相对位置及变量间相关性不会改变，因变量和自变量的均值为 0，方差为 1，便于数学推导。新数据＝(原数据－均值)/标准差。在MATLAB 中，标准化处理的函数是 zscore()。

$$x'_{ij}=(x_{ij}-M_j)/S_j \tag{0-4}$$

最大最小法的变换公式如式(0-5) 所示。在式(0-5) 中，x 为变量的值，$x_{\min}$ 和 $x_{\max}$ 分别是变量的最小值和最大值，x' 是归一化后的值。经处理后，使每个输入和输出数据值都被限制在 $[0,1]$。模型训练完成后再进行反归一化操作。对应的反归一化函数为 $x=x'\times[\max(x)-\min(x)]+\min(x)$。

$$x'=\frac{x-\min(x)}{\max(x)-\min(x)} \tag{0-5}$$

在 MATLAB 软件平台里，可以利用 prestd 函数、mapminmax 函数、premnmx 函数对学习样本的输入参数和输出参数做归一化处理；通过 postmnmx 函数完成对数据的反归一化处理。利用 mapminmax 函数、premnmx 函数把样本数据处理为 $[-1,1]$ 区间的数据。归一化计算式如式(0-6) 所示。在式(0-6) 中，$[P]$ 为归一化后的无量纲值；P 为归一化前的值；$P_{\min}$、$P_{\max}$ 分别为样本值的最小值、最大值。在 MATLAB 平台下进行支持向量机模型建立时使用的是由台湾大学林智仁教授开发的 libsvm 工具箱上给出的归一化函数 scaleForSVM 实现对样本数据属性的归一化处理，线性调整到 $[-1,1]$。需要指出：libsvm 工具箱是开放源代码的免费软件包（下载地址：https：//www.csie.ntu.edu.tw/~cjlin/libsvm/oldfiles/index2.0.html），但是需要将 C 语言源程序编译成 mex 文件才能被MATLAB 调用。编译后的 mex 文件与通常的 MATLAB 函数使用方法相同。

$$[P]=2\times\frac{P-P_{\min}}{P_{\max}-P_{\min}}-1 \tag{0-6}$$

$$x'_i=\frac{x_i}{\bar{x}_i} \tag{0-7}$$

$$x_i^*=x'_i\bar{x}_i \tag{0-8}$$

归一化公式(0-7) 中，$\bar{x}_i$ 为该项指标的平均值，x'_i 为第 i 个指标的无量纲化指标值。与式(0-7) 对应的反归一化公式见式(0-8)。式(0-8) 中，x_i^* 为预测结果数据。

式(0-9) 中对原始数据的归一化预处理的方法变换后，所有的输入参数都落在了

$[0.05,0.95]$ 的范围内。

$$x^* = 0.9 \times \frac{x - x_{\min}}{x_{\max} - x_{\min}} + 0.05 \tag{0-9}$$

式(0-9) 中，x 为原始的数据值，$x_{\max}$ 为其最大值，$x_{\min}$ 为其最小值，x^* 是经过处理后的值。

公式 $x' = 0.8(x - x_{\min})/(x_{\max} - x_{\min}) + 0.1$，可以将数据归一化至（0.1，0.9）区间内。其中，x' 为归一化数据，x 为原始数据，$x_{\max}$ 和 $x_{\min}$ 分别为原始数据的最大值和最小值。

在对式(0-10) 进行归一化处理时，z^n 为 z_n 的归一化值，$z_{\max}$ 和 $z_{\min}$ 分别为 z 的最大和最小值。

$$z^n = 0.95 - 0.9 \left(\frac{z_{\max} - z_n}{z_{\max} - z_{\min}} \right) \tag{0-10}$$

0.2 数学挖掘模型的性能指标

依据运行数据挖掘出的高性能预测模型，便于后续分析能源化工装置参数对其性能的影响规律以及模型对关键参数的优化与设计。

数据驱动建模也称为黑箱建模，不考虑对象的内部机理，因此泛化能力较差。因此，能源化工装置使用数据挖掘技术的关键是建立预测精度高、泛化性能好的模型。

模型的性能可通过许多量度来评价。此外，还有结构复杂性，形式是否便于实际应用。一个模型是否优越与它的稳健程度有关，即输入数据存在扰动时，输出函数值的变化程度。可以采用对输入变量施加一个小扰动后观察预测输出值相对于实测输出值的偏离程度来判断模型的稳健度。训练中，每次结果得到的模型参数比较一致，准确率也很稳定，说明模型比较稳定。

模型性能主要看预测误差。模型的误差＝预测值－实际值；相对误差＝（预测值－实际值）/实际值×100%。如果 Y、Y_i 分别为真实值、预测值，则有误差：累计误差 $\sum|Y - Y_i|$、平均偏差率 $\overline{|Y - Y_i|}/Y$、最大偏差率 $\max(|Y - Y_i|/Y)$。

式(0-11)、式(0-12)、式(0-13) 分别表示模型的平均绝对误差（MAE）、平均绝对误差百分率（MAPE）、模型的均方根误差（RMSE）。式(0-11)、式(0-12) 中，y_i 为实际值，$\hat{y}_i$ 为模型值，n 为样本数（样本数量）。

$$\mathrm{MAE} = \frac{1}{N} \sum_{i=1}^{N} |\hat{y}_i - y_i| \tag{0-11}$$

$$\mathrm{MAPE} = \frac{\sum |y_i - \hat{y}_i|/y_i}{n} \times 100\% \tag{0-12}$$

$$\mathrm{RMSE} = \sqrt{\frac{1}{N} \sum_{i=1}^{N} |\hat{y}_i - y_i|^2} \tag{0-13}$$

拟合优度（R^2）越接近 1，说明函数拟合度越好，所建立的模型精度越高。式(0-14) 用于计算模型的拟合优度（决定系数 R^2）。式(0-15) 用于计算模型的平均绝对误差（e_{ab}）。式(0-16) 用于计算模型的平均相对误差（e_{abr}）。其中，N（或者 N_{test}）、A_i（或者 y_i）、P_i（或者 $\hat{y}_i$）分别为数据总数、实际值、模型预测的值；$\bar{y}$ 为实际值的平均值。

$$R^2 = 1 - \frac{\sum\limits_{i=1}^{N_{\text{test}}} (\hat{y}_i - y_i)^2}{\sum\limits_{i=1}^{N_{\text{test}}} (\hat{y}_i - \bar{y})^2} \tag{0-14}$$

$$e_{\text{ab}} = \frac{1}{N} \sum_1^N |A_i - P_i| \tag{0-15}$$

$$e_{\text{abr}} = \frac{1}{N} \sum_1^N \left| \frac{A_i - P_i}{A_i} \right| \times 100\% \tag{0-16}$$

式(0-17) 用于计算模型的均方差（MSE），式(0-18) 用于计算模型的最大误差绝对值（MAXEE）。式中，n 是样本的总数，y_i 是测试样本的输出，y_i^* 是预测样本的预测输出，$i=1,2,\cdots,n$。式(0-19) 用于计算相对误差（RE），T_i 为实测结果，Y_i 为模型输出值。

$$\text{MSE} = \frac{1}{n} \sum_{i=1}^n (y_i - y_i^*)^2 \tag{0-17}$$

$$\text{MAXEE} = \max |y_i - y_i^*| \tag{0-18}$$

$$\text{RE} = \frac{|T_i - Y_i|}{T_i} \times 100\% \tag{0-19}$$

卡方（χ^2）是检验相关性的重要指标，值越小，则相关性越高。残差平方和（SSE）为表示随机误差效应，其值越小，拟合度越好。式(0-20) 的卡方（χ^2）、式(0-21) 的残差平方和（SSE），其中 N、m、y_{pred}，i、y_{exp}，i 分别为数据个数、参数个数、模型预测值、实际值。

$$\chi^2 = 1 - \frac{\sum\limits_{i=1}^N (y_{\text{pred},i} - y_{\text{exp}})^2}{N - m} \times 100\% \tag{0-20}$$

$$\text{SSE} = \sum_{i=1}^N (y_{\text{pred},i} - y_{\text{exp},i})^2 \tag{0-21}$$

绝对平均偏差（absolute average deviation，AAD）、决定系数（R^2）大小作为评价模型标准。AAD 越低，R^2 越高，则证明所建立的模型越稳健。AAD、R^2 表达式如式(0-22) 和式(0-23) 所示。式中，n 为样本个数；$Y_{i,\text{exp}}$ 为实测值；$\bar{Y}_{i,\text{exp}}$ 为实测值的平均值；$Y_{i,\text{cal}}$ 为模型的计算值。例如图 0-2 所示（$y=0.9932x+7.0013$），决定系数 R^2 为 0.9958，说明模型预测值与实测值拟合较好。

$$\text{AAD} = \left[\frac{\sum_{i=1}^n (|Y_{i,\text{exp}} - Y_{i,\text{cal}}|/\bar{Y}_{i,\text{exp}})}{n} \right] \times 100\% \tag{0-22}$$

$$R^2 = \frac{[\sum_{i=1}^n (Y_{\text{exp}} - \bar{Y}_{\text{exp}})(Y_{\text{predict}} - \bar{Y}_{\text{predict}})]^2}{\sum_{i=1}^n (Y_{\text{exp}} - \bar{Y}_{\text{exp}})^2 (Y_{\text{predict}} - \bar{Y}_{\text{predict}})^2} \tag{0-23}$$

以预测精度（prediction precision，PP）来表征模型的预测准确性。PP 值按式(0-24) 计算。式(0-24) 中，o 为样本实测值；p 为样本预测值。MPP 表示 PP 的平均值。显然，MPP 值越大，模型的预测准确度越高。一般认为，MPP 值大于 90% 时，模型具有较好的预测性能。

$$\text{PP} = \left(1 - \frac{|o - p|}{o} \right) \times 100\% \tag{0-24}$$

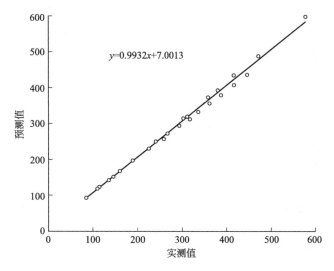

图 0-2　模型的预测值与实测值间回归的直线

用 MATLAB 平台提供的 Postreg 函数，可以检验实际值和模型预测值的拟合效果。

数据挖掘模型建立需要的运算耗时，也是评价数据挖掘模型好坏的指标。好的模型，收敛速度快。例如，同样参与挖掘的数据，从模型结构、MSE、运算耗时、迭代步长来看，不同算法的运算结果不同。数据确定后，某一种方法的计算效率，可以用 CPU 计算时间来评价。

为了更好地说明所提出的模型的预测效果，基于不同测试集的模型的精度越高，则其泛化性能越好，模型的自适应能力越好。模型敏感性分析（sensitivity analysis，SA）是衡量每一个输入变量对模型运算精度影响的大小。其主要作用是，避免无意义输入变量数据的采集，见式(0-25)。式(0-25) 中，N 为数据样本的总数。

$$\text{SA} = \frac{1}{N} \sum_{j}^{N} \left(\frac{\text{输出变量的改变}}{\text{输入变量的改变}} \right) \times 100\% \tag{0-25}$$

0.3　数据挖掘典型方法

在数据挖掘过程中的核心问题是模型算法，建模的方法多种多样，大体上分为显式建模和隐式建模。

经典的回归分析是一种显式建模的基本方法，应用范围相当广泛。偏最小二乘回归（partial least squares regression，PLSR）方法可以综合运用多种方法分析处理数据，是一种多元分析方法。偏最小二乘回归法建模过程分为 3 步，分别为数据的标准化处理、主成分的提取和回归方程的拟合。

隐式建模例如神经网络建模、支持向量机建模等。神经网络（neural network，NN）分为有监督模式和无监督模式两大类。人工神经网络（artificial neutral network，ANN）应用最广的是误差反向传播人工神经网络（back propagafion artificial neutral network，BP-ANN）和径向基函数人工神经网络（radial basis function artificial neutral network，RBF-ANN）。RBF-ANN 主要用 newrb()、sim() 等函数实现。BP-ANN 主要用 newf()、sim() 等函数实现。当原始数据曲面不够光滑时（局部波动较大），在网络神经元数目固定的情况下，用 BP 网络难以训练出较好的曲面，而采用 RBF 网络则更易得到较平滑的仿真曲面，但是局部误差可能会大一些。当原始数据曲面本身比较光滑时，采用 BP 神经网络进行训练虽然需要的时间较长，但是训练精度会比 RBF 网络高。

0.3.1 回归分析

应用统计产品与服务解决方案（statistical product and service solutions，SPSS）软件可以进行多元线性回归分析。

MATLAB 环境下的遗传规划工具箱 GPLAB 的符号回归，在不假定关联式形式的前提下，可以搜索出表达式。

在 MATLAB 中，偏最小二乘回归（PLSR）分析用 plsregress() 函数实现。

0.3.2 反向传播神经网络

有监督模式的典型代表是误差反向传播 BP 神经网络。由于网络的期望输出与实际输出之间存在误差，根据误差从输出向输入逐层调整加权值，因此，称为反向传播算法。作为目前应用最广泛的神经网络，该网络需要大量样本作训练集，对非线性可微分函数进行权值训练，通过对网络的训练达到函数逼近与未知样本预测的目的。

建模时，反向传播（BP）算法的人工神经网络，由输入层、隐含层（中间层，不止一层）和输出层组成。较低的误差与较好的训练效果的获得可通过增加隐含层层数和节点数来实现。在能正确反映输入输出关系的基础上，应选用较少的隐含层节点数，以使网络结构尽量简单。增加隐含层节点数在结构的实现和训练效果上比增加层数更容易观察和调整。由于一个 3 层的 BP 神经网络能够以任意精度逼近任意映射关系，因此一般选用 1 个隐含层组成的 3 层 BP 网络可以表示任意的非线性函数关系。

建立一个前向 BP 网络时，需要选择：输入层与隐含层之间的传递函数、网络隐含层和输出层的传输函数。MATLAB 提供了 BP 网络建模的专用工具箱。BP 神经网络中常用的传递函数一般有 3 种，即线性传递函数 purelin，对数 S 型传递函数 logsig 以及双曲正切 S 型传递函数 tansig。输入层与隐含层之间的传递函数如 tansig（正切 S 型函数）。隐含层和输出层的传输函数，比如双曲正切 S 型传递函数 transig、对数 S 型传递函数 logsig 和线性传递函数 purelin 等。网络的训练函数，比如 transig、logsig 和 purelin 等。输入信号从输入节点进入 BP 网络，并进行加权和偏置后，经转移函数（例如网络传递函数 logsig）作为隐含层的输入，当有多个隐含层时，前一层的输出加权后作为后一层的输入。最后，隐含层的输出同样经加权、偏置和转移函数（例如 purelin 型线性函数）后作为输出层的输入，各输出层将隐含层的输入相加后作为该输出节点的输出。

MATLAB 神经网络工具箱中，常用的训练函数主要包括：最速梯度下降函数 traingd、动量反转的梯度下降函数 traindm、Levenberg-Marquardt（LM）训练函数 trainlm 和训练函数 trainscg 等。traingd 沿性能参数负梯度向调整；traingdm 收敛速度快，且引入动量项，避免局部最小问题；trainlm 需较大内存；trainscg 减少调整时搜索的时间。

通过 MATLAB 神经网络工具箱中的 newff 函数调用 trainlm 函数建立 LMBP 神经网络。例如：采用三层结构模型，网络中间层的神经元传递函数采用 S 型对数函数 logsig，输出层神经元传递函数采用线性函数 purelin，设定网络的训练函数为 trainlm，设置神经元个数为 13，训练次数设为 5000 次，学习速率设为 15，代码如下：

```
Net=newf(minmax(T), [13, 1], {'logsig', 'purelin'}, 'trainlm'); %隐含层神经元个数为13;
net.trainParam.show=500; %参数设置;
net.trainParam.1r=15;
net.trainParam.me=0.9;
net.trainParam.epochs=5000;
net.trainParam.goal=1e-6;
[net, tr]=train(net, T, P); %网络训练。
```

训练网络时隐含层采用 tansig 函数作为激活函数；输出层采用线性函数 purelin 作为激活函数；输入层与隐含层间的传递函数使用 S 型函数。

拟建立的 BP 神经网络若采用非线性 log-sigmoid 函数或 tan-sigmoid 函数，则注意：log-sigmoid 函数和 tan-sigmoid 函数输入值介于 0~1 之间时，输出值分别介于 0.5~1 之间和 0~1 之间。

假设有 24 组数据，其中选择 18 组数据用于 BP 神经网络的学习与训练，选择另外 6 组数据用于 BP 神经网络的实际检验，对可能产生奇异样本的原始及补充数据进行归一化处理，使其分布在区间 $[-1, 1]$ 内，缩短网络训练时间以加速网络收敛。即定义训练样本时，将 18 组包含 4 个因素的量视为输入层的输入矢量 P，列入训练集；另外 6 组视为 BP 网络的训练样本矢量为 P_0，列入检验集；输出层的目标矢量为 T。采用 premnmx(P)、premnmx(T)、tramnmx(P_0) 函数处理后，可得归一化后及转置处理的相应矢量 P_1、T_1、P_2。用 MATLAB 仿真平台 newff() 的转移函数，即 tansig 隐含层传递、purelin 输出层传递、traingdm 梯度下降改进型训练函数三个参数，利用 for 循环计算出该模型误差最小的、隐含层最优的神经元个数 $n=6$；接下来，将输入层-隐含层的转移函数组合成为 tansig 线性函数；输出层 1 个神经结点，结合输入层 18 组包含 4 个因素的输入矢量 P，给定的 6 组训练样本矢量 P_0，输出层目标矢量 T，编写出包含 6 个隐含层神经元的前向型 BP 神经网络仿真程序。为确保预测有效，采用仿真实测的形式来确定网络的学习率、训练速率以及收敛速度。步骤有四：一是所建的 BP 神经网络学习速率自适应可变，而网络速率对学习性能高度敏感，若速率过高则算法不稳定，若速率过低则所需时间长，故先将算法中的学习系数确定为 0.05，以兼顾学习速率与算法稳定性；二是算法中设定的训练次数为 20000 次，但考虑到加大训练速率虽可减少训练次数，但不能确保绝对收敛，若练习速率过小将导致训练次数急剧增加，故选取训练速率为 0.9；三是选取网络训练中的误差上限 $\varepsilon = 10^{-3}$ 作为网络训练的收敛目标；四是将 18 组包含 4 个因素的样本数据及另外 6 组训练样本的归一化数据，分别列入训练集与检验集，由 BP 神经网络进行仿真实测，并不断调整网络隐含层神经元个数、网络最大训练次数以及网络训练误差上限。预测结果如图 0-3 所示。由图 0-3 可知，训练过程显示了对所建的模型在设定 6 个隐含层神经元、1 个输出层神经节点（模型预测值）、误差上限 $\varepsilon = 10^{-3}$、9805 次训练的情况下，网络性能随隐含层节点数呈现相应变化的逼近趋势。此后，可由 savenet 命令保存最优的神经网络。此时，均方差 MSE = 0.000999959、梯度 Gradient = 0.00243129/1e-010。同时，可相应地计算出隐含层的权值（表 0-1）、输出层的权值（表 0-2）、隐含层的阈值（表 0-3）以及输出层的阈值等重要的网络参数。

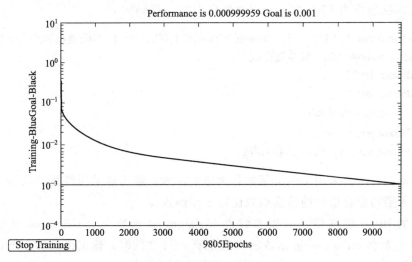

图 0-3　BP 神经网络训练过程

表 0-1　隐含层的权值

隐含层	节点 1	节点 2	节点 3	节点 4
1	0.7190	−0.7251	1.5610	1.1496
2	2.0436	−0.7673	−0.1094	−0.1544
3	−0.4362	0.4016	−1.3326	−1.6351
4	−0.6724	0.5118	1.5620	1.2834
5	0.5992	0.8360	1.8636	−0.5197
6	1.2729	0.0427	1.1562	−1.3572

表 0-2　输出层的权值

节点 1	节点 2	节点 3	节点 4	节点 5	节点 6
0.1335	0.6460	0.3479	0.9989	0.9233	−0.8823

表 0-3　隐含层的阈值

1 层	2 层	3 层	4 层	5 层	6 层
−2.1911	−1.3147	0.4382	−0.4382	1.3147	2.1911

　　用 sim 函数对数据进行仿真预测。对 A＝sim(net，P_1) 进行反归一化计算，经与 max(P_1(:,1:1))-min(P_1(:,1:1)))＋min(P_1(:,1:1)) 相乘计算，则可在训练过程中得到训练数据样本的仿真结果，之后再将期望的作为目标矢量的样本输入，则依保存的神经网络 net 及 sim() 函数同样得到预测数据的仿真结果（图 0-3）。观察该样本测验，可发现真实值与测试值变动的趋势相一致，二者误差不大，说明预测的精度基本可以符合实用要求。由于 BP 神经网络建模没有明确答案，假设条件的不同可能导致所建模型存有区别，为保证分析灵敏度，先改变所建模型的假设条件，保持 6 个隐含层神经元不变，但将输出层神经节点由原来的 1 个改为 4 个，观察微观变化对所建模型的整体影响，并基于所建的 BP 神经网络进行回归，以比较相对应的预测值和真实值。数据样本采用多项式插值与曲线拟合补充了不完全数据，由此获得预测值与真实值的比较数据，见图 0-4。所建模型的预测精度于学习与训练过程中不断提升，误差由 0.017 降至 0.0009，说明预测模型是有效的。

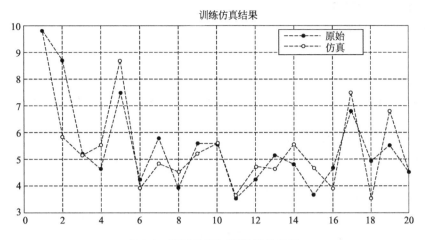

图 0-4　训练仿真与预测结果示意

$\mathbf{P}_1$ =[−1.0000 −0.2000 1.0000 1.0000；−0.9818 −0.2457 0.9305 0.8149；−0.9091 0.0286 0.8526 0.6298；−0.8485 0.2000 0.7895 0.4563；−0.7273 0.0286 0.7053 0.2944；−0.5758 0.4857 0.6211 0.1324；−0.3636 0.6571 0.5368 −0.0295；−0.2030 0.5143 0.4505 −0.1463；−0.1212 0.8286 0.3263 −0.2030；−0.0909 0.7143 0.2000 −0.2493；−0.0152 0.8171 0.1474 −0.3129；0.0606 0.3143 0.4737 −0.4344；0.1818 0.4857 −1.0000 −0.5963；0.2970 0.3086 −0.6611 −1.0000；0.5455 1.0000 −0.8526 −0.6541；0.8485 0.5429 0.7684 −0.6426；1.0000 0.9771 0.3958 −0.6298；0.7576 −1.0000 0.1789 −0.6310]；

$\mathbf{T}_1$ =[1.0000；0.4737；0；−0.3158；−0.4368；−0.3684；−0.2105；−0.1368；−0.1579；−0.1579；−0.1947；−0.3158；−0.4737；−0.6000；−0.6316；−0.6316；−0.6316；−1.0000]；

$\mathbf{P}_2$ =[0.2121 −1.4000 0.0105 −0.6426；−0.1667 −1.0343 −0.1158 −0.6657；−0.3333 −1.9143 −0.2211 −0.7120；−0.4848 −1.9143 −0.2842 −0.7814；−0.5303 −1.9200 −0.3411 −0.8739；−0.4545 −1.2857 −0.3474 −0.9665]；

```
[P1，minp，maxp]=premnmx(P)
[T1，mint，maxt]=premnmx(T)
n=6；%设置网络隐含层神经元个数
m=1；%设置网络输出层神经节点个数
%生成BP神经网络
net=newff(minmax(P1)，[n，m]，{'tansig'，'purelin'}，'traingdm')；%newff为建立BP网络的函数，
purelin为线性转移函数
inputWeights=net.IW{1，1}；%当前输入层的权值和阈值
inputbias=net.b{1}；
layerWeights=net.IW{1，1}；%当前网络层的权值和阈值
layerbias=net.b{2}；
%设置神经网络参数
net.trainParam.show=100；%设置训练显示间隔次数，设置训练过程的显示频率为100次
net.trainParam.lr=0.05；%设置学习系数，学习速率控制误差的变化速率，取为0.01
net.trainParam.mc=0.9；%设置冲量因子为0.9
net.trainParam.epochs=20000；%设置最大训练循环次数
net.trainParam.goal=1e-3；%设置性能目标值，设置网络训练的期望误差为0.001

%训练BP神经网络
net=train(net，P1，T1)；%训练网络
```

A=sim(net，P1)；%仿真计算BP网络

E=A-T1；%计算仿真误差

M=sse(E)；

N=mse(E)；

%检验网络训练集

P2=tramnmx(P0，minp，maxp)；%归一化训练数据，tramnmx 为归一化函数；P2 为归一化后的输入向量

B=sim(net，P2)；%仿真计算BP网络，B 仿真输出值

C=postmnmx(B，mint，maxt)；%再次归一化，postmnmx 为反归一化函数；C 为反归一化后的输出值

典型的转移函数采用 sigmoid 函数。

BP 算法需要预先设置算法因子，如训练次数、转移函数等。对网络的参数进行设置，如最大迭代（训练）次数、最大迭代（目标）误差。

BP 神经网络（BPNN）结构与 RBF 网络相同。BPNN 最多只需要两个隐含层，适度地增加神经元数或隐含层层数有利于提高网络的训练精度，但结构过于复杂的 BPNN 不仅使网络的计算速度变慢，还可能导致训练的过度拟合，使网络的泛化能力下降。通常设计 BPNN 时，应先设一个隐含层，只有当增加神经元数仍不能改善网络性能时，才考虑采用双隐含层的网络结构，且一般第一隐含层的神经元数多于第二隐含层的神经元数。BP 网络隐含层神经元个数不是固定的，需采用经验公式和多次训练选取最优值，隐含层节点数合适时有最佳的训练效果。隐含层节点数的选择，经验公式见式（0-26）～式（0-28）。其中，m 为隐层节点数，n 为输入节点数，a 为在 1～10 之间的调节常数。然后改变 m，通过 BP 神经网络用同一样本集训练，比较不同隐含层节点的训练结果，从中确定网络误差最小时对应的隐含层节点数。在训练网络时，对于特定的隐含层神经元数，当网络经过若干次迭代以后，有效权值个数、方均差 A 和网络中所有权值的方均值 W 三个参数处于恒值或变化较小时，说明网络训练收敛。因此，实际操作中可根据样本数据的不同，从一个相对较小的隐含层神经元数 S 开始训练，如果网络训练不收敛则停止训练；然后，逐步增加 S 值，直到从某个 S 值开始有效权值个数、A 和 W 基本保持不变，那么这个 S 值就可以作为最终的隐含层神经元数。选定隐含层节点数后，就需要考察网络的训练次数对训练误差的影响。

$$m=\sqrt{l+n}+a \tag{0-26}$$

$$m=\sqrt{nl} \tag{0-27}$$

$$m=2n+1 \tag{0-28}$$

为了提高 BP 网络的学习速率和收敛性，一系列改进 BP 算法如自适应调节学习速率法（BPA）、附加动量法（BPM）、附加动量和自适应调节学习速率结合算法（BPX）和 Leven-beerg-Marquart（LM）算法等。在 MATLAB 软件中，常用的训练函数包括：最速梯度下降函数（标准 BP 算法）traingd；LM 算法训练函数 trainlm 等；共轭梯度算法（trainscg）；动量梯度下降法（traingdm）；自适应梯度算法（traingda）。其中，LM 算法训练函数可以避免传统 BP 神经网络训练到一定程度时出现的网络麻痹现象，可实现网络的快速收敛。

模型训练误差（training error curve of BP neural network model）曲线可以显示：训练步数合适时，网络的目标误差达到设定值。

利用 PSO 算法对 BP 神经网络参数进行优化，建立 PSO-BP 人工神经网络模型的过程，

其模型计算流程见图 0-5。其中，网络初始化的参数是初始权值、阈值；各个神经元连接权值构成的权值向量即为 PSO 网络中的各个粒子，随机初始化 PSO 网络结构确定惯性权重、学习因子、粒子速度和位置；粒子从随机的位置和速度出发，将"不同粒子个数、粒子维度"的粒子的位置和速度分别初始化，不断更新粒子的位置和速度，位置更新时确定惯性权重、学习因子和（0,1）之间的两个随机常数；计算每一个粒子的适应度函数值，迭代比较后，根据适应度函数的最优值确定最新的个体极值和全局极值，直到找到最优的极值为止；计算出来的适应度函数值达到预设的精度或者达到最大的迭代次数，即找到了全局最优值就停止计算；如果没找到则重新初始化一组权值重复计算，在此过程中设定有最大迭代次数，若达到最大迭代次数仍未输出极值，此时也应该停止计算，说明该算法在预设的精度范围内不收敛。

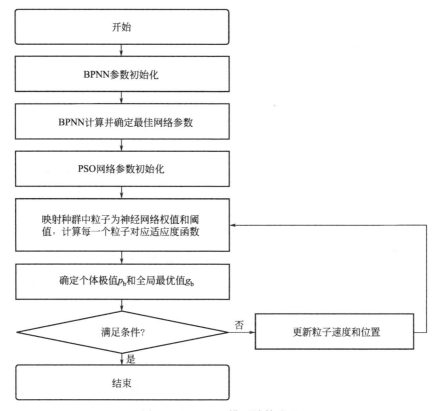

图 0-5　PSO-BP 模型计算流程

差分进化（differential evolution，DE）算法优化神经网络的参数时，N_p 为种群个数，D 为优化问题的维数。变异操作时，F 为缩放因子，用来对差分量进行放大和缩小的控制，一般取值为 $[0,2]$。初始化种群规模 N 介于 $5D \sim 10D$，可先令差分缩放因子 $F=0.5$；如果种群出现预收敛，则增大 F 或 N_p，计算初始适应度函数值和最优的个体。新产生的个体与当前种群中指定的个体进行交叉，交叉算子随机选取 D/m 个交叉位置，m 是需要设定的参数，多次试验以确定 m 合适的取值。

0.3.3　径向基神经网络

径向基（radial basis function，RBF）神经网络学习速度快，比 BP 算法表现出更好的性能。它是一种 3 层前向网络，由输入层、隐含层和输出层 3 层构成的前向网络。其中，输入层中节点数量等于输入的维数，隐含层中节点数量根据问题的复杂度而定，输出层节点数量等于输出数据的维数。输入和输出神经元函数一般采用线性激励函数。

　　隐含层采用局部响应的高斯（Gauss）函数、Multi-Quadric 逆函数、薄板样条函数等作为激励函数，正因如此，RBF 网络训练时间短，能够逼近任意非线性函数。RBF 网络中需要设定的参数只有分度密度（扩散因子，spread）。其值越大，函数越平滑，但太大又会造成传递函数的作用域扩大到全局，误差较大，丧失原本网络局部收敛的优势。对于变化缓慢的函数，扩散因子如果取值过小，可能使逼近的函数不够光滑，造成过学习，降低泛化能力。经过多次验证，确保最终扩散因子设定值使得网络综合性能最好。例如，图 0-6 中，网络经过 29 次迭代后达到预定精度停止。

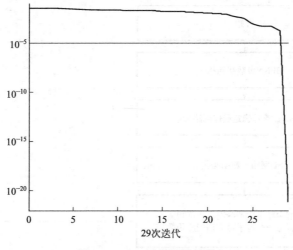

图 0-6　RBF 网络训练结果

　　MATLAB 神经网络工具箱提供的 newrb 函数可以用于 RBF 网络创建。利用函数 net＝newrb(p，t，GOAL，SPREAD，R）进行 RBF 神经网络训练。其中 p，t 分别表示样本中的输入值和期望值，R 表示隐含层神经元的个数最大值，GOAL 为训练精度，SPREAD 为径向基层的扩散因子。在网络模型中，需要设置误差、扩散因子和最大神经元数量。一般情况下扩散因子的选取取决于输入向量之间的距离，要求：大于最小距离、小于最大距离。隐含层的节点数量根据设置的误差目标不断调整。在训练过程中，由于 newrb 函数创建的 RBF 网络隐含层的节点不确定，因此根据设定的误差目标向 RBF 网络中不断添加新的隐节点，并调整节点中心、标准差及权值，直到网络达到预期的误差目标（设置误差容限）要求。例如，图 0-7 的训练误差曲线里，设置误差容限为 10^{-8}。用 view(net) 命令得到最终的 RBF 网络结构图。结构图显示隐含层包含的神经元个数。例如，图 0-8 的 RBF 网络结构图中，隐含层神经元 198 个。

　　利用函数 newrb 创建神经网络时，开始是没有 RBF 神经元的，newrb 是逐渐增加 RBF 神经元数的，可以获得比 newrbe 更小规模的 RBF 网络。newrb 函数所建立网络的训练误差平方和目标、RBF 扩展因子设定后，通过误差值调整扩散因子值，并使误差达到最小。为了确定最佳的扩散因子值，应用 newrb 函数建立 RBF 神经网络时，设置训练精度、隐含层最大神经元数，每次训练增加的神经元数为 1，考察训练误差和不同扩散因子下的均方误差。均方误差最小、训练精度最高时的扩散因子，即为选定的扩散因子。调用函数 newrb，系统将会逐渐增加神经元，使训练误差逐渐减小，直到误差小于容限。误差下降曲线如图 0-9 所示。由图 0-9 可知，实际最终使用了 96 个神经元节点，训练误差为 10^{-9} 数量级。

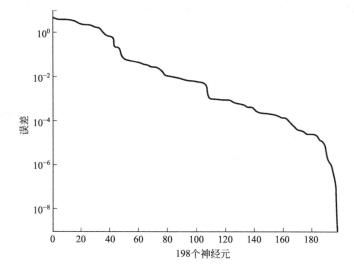

图 0-7　训练误差曲线

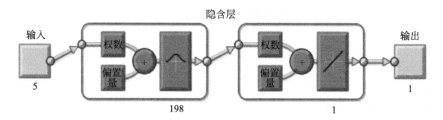

图 0-8　RBF 网络结构图

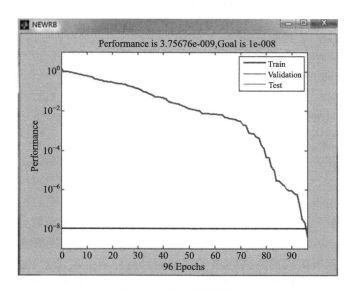

图 0-9　误差下降曲线

利用遗传算法工具箱优化 RBF 神经网络时，最关键的步骤是对神经网络各参数的选择，即数据中心 c_i、扩展常数（宽度）σ_i 以及权值 w_i 的选择。对于 RBF 神经网络的宽度，中心值较大时，若采取二进制编码法，会造成计算量大的缺点。用实数编码法进行编码，这种方法比较直观简单，减少了编码过程及计算量，方便神经网络隐含层的设计，提高了网络的训练速度、运行效率及识别精度。创建初始种群试验时，设定遗传算法的初始种群数为 20，最大进化代数为 1000。初始种群，即初始基函数 $g(x)$ 的中心值。通过遗传算法对 RBF 网络进行编码后，网络以输入、输出数据作为样本训练数据集，运行后以所有训练数据集的输出与期望值的误差平方和的倒数作为适应度函数，得到的适应度函数能够较好地反映个体性能的差异。优化算法模型构建以后，进入仿真参数设置，主要是遗传算子的指标选择和计算：选择率（代沟）；交叉概率的取值在 0.5~1.0 之间，不宜过小；变异概率取值通常在 0.01~0.1 之间，不宜过大。

通过遗传算法对 RBF 神经网络进行优化的 MATLAB 代码如下：

```
net=newrb(train_x，train_y，0.01，1，5，1)；
%构建神经网络
Test_y=sim(net，test_x)；

FieldDD=rep(RANGE，[1，NVAR])；
Chrom=crtrp(NIND，FieldDD)；
%创建初始种群
gen=0；
ObjV=objfuns(net，Chrom，train_x，train_y)；
%计算初始目标函数值
tic
whilegen<MAXGEN
FitnV=ranking(ObjV)；
%分配适应度值(Assignfitnessvalues)
SelCh=select('sus'，Chrom，FitnV，GGAP)；%选择
SelCh=recombin('xovsp'，SelCh，0.7)；%重组
SelCh=mutbga(SelCh，FieldDD，[0.05，1])；%变异率为0.05
ObjVSel=objfuns(net，SelCh，train_x，train_y)；
%计算子代目标函数值
[Chrom ObjV]=reins(Chrom，SelCh，1，1，ObjV，ObjVSel)；
gen=gen+1；
trace(gen，1)=min(ObjV)；
trace(gen，2)=sum(ObjV)/length(ObjV)；
```

0.3.4　支持向量机

支持向量机（support vector machine，SVM）回归预测过程中，所需调节的主要参数是待优化的惩罚参数（惩罚因子）C、核函数参数 g、不敏感损失函数 ε。SVM 模型采用交叉验证（cross validate，CV）的思想从大范围至小范围进行逐步搜索来寻找最优的 C 和 g 时，在 C 和 g 取值范围构成的网格的格子点搜索，其凭借经验设置搜索范围和搜索步长。先利用交叉验证 CV 方法对训练参数 C 和 g 设置值范围大一些进行粗略优化，然后根据得到的粗略选择结果进行精细选择，得到最终的优化参数值。核函数的选取是决定支持向量机回归预测模型是否准确的关键。核函数主要有多项式核函数、径向基核函数和 sigmoid 函数。径向基核函数作为回归预测模型的核函数应用广泛且效果较好。改变径向基函数的参数

可逼近其他形式的核函数，因此一般采用径向基函数进行回归计算。

例如，利用 MATLAB 软件编写程序，训练数据放在 TrainData.txt 的文件中，而测试数据放在 TestData.txt 文件中。具体设计步骤如下：

① 读取输入输出数据：

load TrainData.txt；

x=TrainData；

② 设定支持向量机相关参数：

C=10000；e=0.2:r=0.02；

%C 和 e 是支持向量机的参数。其中 C 是正则化参数，使模型的复杂度和训练误差之间取 1 个折中，以便使模型有较好的推广能力；e 是不敏感损失函数参数，控制着不敏感带的宽度，影响着支持向量的数目；r 是选用的 RBF 核函数的参数。

③ 算法训练，建立模型

%先将非线性输入映射到高维空间，采用高斯核函数时

Q(i，j):exp(-0.5*(norm(x(i，1:5)-x(j，1:5))^2)/0.02^2)；

a=quadprog(H，f，A，b，Aeq，beq，lb，ub，a0，options)；% 然后解2次规划问题

a=a(1:n1-a(n+1:end)；% 得到拉格朗日乘子

xn=x(:，i_sv)；%找出支持向量，i_sv 代表了支持向量的下标

train_model=a*Q1+b；% 最后计算出b，用来建立模型

④ 读取测试数据，用来验证模型的推广性能：

load TestData.txt；

Q1(i，j)=exp(-norm(xl(i，1:5)-xl(j，1:5))^2/0.02^2)；

Test_model=a*Q1+b；

%计算模型误差，采用均方差性能指标

Train_error=mse(train_mode]-train_eroy)；

Test_error=rose(test_model-test_theroy)；

用 plot 函数进行绘图得到 SVR 模型的拟合结果、外推结果。判断建模效果的优劣时，可以采用均方差性能指标（MSE）和平均绝对误差性能指标（MAE）。

（1）LSSVM 工具箱

最小二乘支持向量机（LSSVM）是一种基于结构风险最小化原则的数据挖掘工具。K Pelckmans 和 J A K Suykens 作为支持向量机理论的权威之一，由其开发的基于 MATLAB 平台的 LSSVM 的工具箱（LSSVM lab toolbox）编写代码相对其他软件少，易于实现，是研究 LSSVM 行之有效的工具。LSSVM 模型的建立和预测及数据的前后处理都是在 MATLAB 平台上进行的，可以省去 LSSVM 的复杂编程，加快对数据的处理，为进一步的推广提供基础。LSSVM 主要用 tunelssvm()、trainlssvm()、simlssvm()等函数实现。

在模型线性不可分的情况下，LS-SVM 中核函数的选定是支持向量机的核心。常用的核函数有多项式核函数、高斯径向基（radial basis function，RBF）核函数与 S 型核函数 sigmoid 等形式。由于数值限制条件和参数较少以及优秀的局部逼近特性，通常高斯 RBF 核函数作为 SVM 核函数的首选。因此一般选用 RBF 核函数进行分析计算。RBF 核函数具有全局收敛特性的线性学习算法的前馈网络，其学习速度快，运用最为广泛。

核函数宽度 σ 和惩罚因子 C 在很大程度上决定了 LSSVM 的学习和泛化能力，一般可采用格网法、遗传算法（GA）和粒子群优化算法（PSO）等方法来确定。LSSVM 需要选择

的参数有两个，即正则化参数 γ 和核函数参数 σ^2。寻找最佳正则化参数和核函数参数的问题是决定 LSSVM 预测结果的关键问题。常用的参数选择方法主要是数据挖掘理论中的交叉检验法（cross validation）。交叉检验法又分为 L-折交叉检验（L-fold cross validation）、留一法交叉检验（leave-one-out cross validation）、分层交叉检验（stratified cross validation）等方法。这几种方法在 LSSVM lab 工具箱中都可以使用，其中 L-折交叉检验法是最常用的方法。所谓 L-折交叉检验，即将训练样本集随机地分成 L 个互不相交的子集，每个折的大小大致相等。利用 $L-1$ 个训练子集，对给定的一组参数建立回归模型，利用剩下的最后一个子集的 MSE 评估参数的性能。根据以上过程重复 K 次，根据 K 次迭代后得到的 MSE 平均值来估计期望泛化误差，最后选择一组最优的参数。

利用内部自带的寻优函数 tunelssvm 进行参数寻优。初始化模型并进行训练学习和测试，其中分别采用 nitlssvm、trainlssvm、simlssvm 三个函数。

灰狼算法-最小二乘支持向量机（GWO-LSSVM）模型的编程用 MATLAB 软件，同时需要结合 LSSVM 工具箱，将 LSSVM 模型嵌入 GWO 算法中，根据设定的步长依次迭代，获取最优模型参数，然后在此基础上，进行 GWO-LSSVM 模型的回归和预测工作。GWO-LSSVM 模型计算流程见图 0-10。主要步骤是：选出具有代表性的数据并进行处理，初始化 LSSVM 和算法参数；选择优化过程的目标函数，初始化 GWO 基本参数，优化 LSSVM 模型的两参数（γ，σ^2）；采用优化出的（γ，σ^2）参数重启 LSSVM 模型，对测试数据进行预测工作。最终得到：灰狼种群的维数、种群数量、最大迭代次数、最佳惩罚参数、最佳核参数。

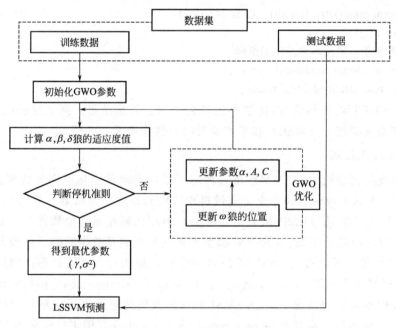

图 0-10　GWO-LSSVM 模型计算流程

（2）LIBSVM 工具箱

支持向量机（LIBSVM）（MATLAB 版）工具箱主要用 svmtrain()、svmpredict() 函数实现。利用 libsvm 软件包中的函数 svmtrain 实现模型的创建和训练。利用工具箱中 svmpredict 进行预测。格式为：［prdict_label，accuracy］＝svmpredict(…test_label，test_ date，model）。

SVM 训练模型结构为 model＝svmtrain（train ＿ y，train ＿ x，options）。其中，model 为所建立的 SVM 训练模型；svmtrain 为模型的训练模式；train ＿ y 为输出变量；train ＿ x 为输入变量；options 为参数选项。SVM 训练模型参数包含惩罚因子 C、核函数参数 g（默认为输入变量数的倒数）与模型的损失函数值 p。预测模型结构为：y ＿ predition，mse，dec ＿ values＝svmpreditic（s ＿ te ＿ out，s ＿ te ＿ ，model）（10）。式中，y ＿ prediction 为测试样本集的预测值；mse 为均方误差；dec ＿ values 为决策值；svmpreditic 为 SVM 预测模型形式；s ＿ te ＿ 、s ＿ te ＿ out 分别为预测模型输入样本、输出样本。模型建立之后，通过 libsvm 软件包中的 svmpredict 函数对回归模型进行仿真测试，该函数返回的误差值和决定系数可以对 SVR 回归模型进行评价，若没有达到要求，可以通过修改模型参数、核函数等方法重新建立回归模型，直到满足要求。

通过 LIBSVM 工具箱中训练函数中参数的设置来设定 3 个待优化参数。如：惩罚因子（对误差的宽容度）C 由 "－c" 参数设置，核函数参数 γ 由 "－g" 参数设置，不敏感损失函数 ε 由 "－p" 参数设置。用 LIBSVM，在 SVM 模型训练时，确定惩罚因子（对误差的宽容度）C 和核参数 σ（核函数参数 $g=1/2\sigma^2$）后，分别在不同的容许误差 ε 下试验，观察训练结果。当误差 ε 和参数 σ 一定时，参数 C 在变化时，观察训练结果；对核参数 σ 的选择类似。也就是说，根据经验取定 C 和 σ，取模型表现最好时 ε 的取值；而后固定 ε 和 σ 的取值，取模型表现最好时 C 的值；同理，确定 σ 的值。当模型的性能相同时，为了缩短计算时间，优化选择惩罚因子 C 比较小的参数组合。经过实验，最终确定惩罚因子 C、参数 σ、容许误差 ε 时，模型有最好的表现，此时的模型可作为预测模型。在使用 LIBSVM 工具箱训练 SVM 时，如果采用的是径向基核函数，该核函数的参数只有一个 γ，可用 "－g" 参数来设置其值，且在 ε-SVM 中 "－p" 参数的默认值为 0.1。网格参数寻优法、粒子群参数寻优法、遗传算法寻优法三种方法都可用于寻找最优的参数组合。

在 libsvm-mat 工具箱里，利用网格参数寻优函数 SVMcgForClass：[bestVaccuracy，bestc，bestg] = SVMcgForClass（train ＿ label，train，cmin，cmax，gmin，gmax，v，cstep，gstep，accstep）确定惩罚参数 C 和 RBF 核参数 g 的变化范围、步距以及交叉验证过程中的参数 v 之后进行参数寻优。GridSearch 方法（网格参数寻优，简称 GS）让 C 和 g 在一定的范围内取值，对于取定的 C、g 组合，把训练集作为原始数据集利用 K-CV 方法得到该 C、g 组合下训练集验证的准确率，最终取使得训练集验证准确率最高的那组 C、g 作为最佳的参数。GS 寻优方法将待搜索参数在一定的空间范围中划分成网格，通过遍历网格中所有的点来寻找最优参数。以 MSE 为 z 轴，$\log_2 C$ 为 x 轴，$\log_2 g$ 为 y 轴，绘出该方法寻优所得结果的 3D 视图。对于不同网格处的 C、g 组合，其所得的 MSE 值不同，MSE 较小的值集中在某区域，其他网格区域 MSE 值相对较大，整个网格寻优过程基本呈阶梯下降趋势。GS 算法能够找到全局最优解，但有时候可能会很费时。采用 GA、PSO 等启发式算法则可以不必遍历网格内的所有参数点也能找到全局最优解。

LIBSVM 软件中，参数优化还可以利用遗传算法进行计算得到。在遗传算法优化计算模型中，需要设置：最优前端个体系数、种群大小、最大进化代数、适应度函数值偏差。遗传算法（genetic algorithm，GA）通过模拟自然进化过程来搜索最优解。对于任何一个具体的优化问题，调节遗传算法的参数可能有利于求解问题更好、更快的收敛。GA 寻优算法用适应度来评价个体或粒子，根据适应度随着进化代数的变化可知终止时的代数。随着进化代数的增加，群体的最佳适应度逐渐趋于稳定，而平均适应度仍然处于不断变化中。寻优方法均能找到最佳的 C、g 组合，预测的精度较高。

遗传算法优化 SVM 参数就是使用遗传算法在交叉验证划分的网格内寻找 C 和 g 的最优解。在采用遗传算法优化支持向量机回归参数并建立模型时，设置：最大进化代数 maxgen；种群数量 sizepop；惩罚参数 C 的范围；核函数参数 g 的范围；设置 "-p"。支持向量回归机训练的均方误差如果为适应度函数，应该考虑到：均方误差越小，个体的适应度越高。训练过程中使用交叉验证。设定：交叉重组概率；变异概率；代沟率 ggap。基于 GA-SVM 的预测模型的建立过程如下：①通过遗传算法寻找出 SVM 的最优参数 C 和 g；②用寻找出的最优参数作为 SVM 训练函数的参数，通过调用训练函数 svmtrain 来训练模型，并将训练好的模型保存在文件中；③在测试程序中将训练好的模型载入，用训练好的模型来预测预测样本的输出。

粒子群优化算法（PSO）同遗传算法类似，是一种基于迭代的优化算法。与遗传算法相比，不存在遗传算法的交叉及变异，而是粒子在解空间追随最优的粒子进行搜索。利用 PSO 寻优时，根据适应度曲线判断进化终止时的代数。在利用 PSO 方法进行寻优时，一开始就能寻找到最佳适应度，且随着进化代数的增加最佳适应度不再改变，而平均适应度却一直处于变化中。利用 GA 寻优方法得到的相关参数：最佳准确率、最佳 C 值、最佳 g 值、训练样本回归后所得的 MSE、相关系数。PSO-SVM 预测模型预测效果与 PSO 初始参数、影响因素、训练样本及核函数选取等有关。PSO 模型是根据自己的速度来决定搜索，且"粒子"还有一个重要的特点，就是有记忆。在 PSO 模型中，只有最优的 g 将信息传递给其他的粒子，这是单向的信息流动。整个搜索更新过程是跟随当前最优解的过程，在大多数的情况下，所有的"粒子"可以更快地收敛于最优解。用 PSO 算法，调用 psoSVMcgForRegress 函数，选择初始参数（种群数量、迭代次数等）不断进行迭代计算，搜索最优的模型相关参数，即惩罚因子 C 及核函数中的核参数 γ。优化后的参数调用 svmtrain 函数进行样本训练，获得支持向量、不为零的系数以及偏置常数的数值，由此建立 PSO-SVM 预测模型。通过训练建立的 PSO-SVM 预测模型，调用 svmpredict 函数对测试样本（同时也对训练样本）进行预测，再调用反归一化函数进行结果对比，观测该模型是否满足精度要求，若达不到精度，可改变 PSO 的初始参数重新优化或改变核函数类型重新计算，直到满足精度要求为止。

0.4 数据挖掘模型的应用

对于能源化工装置，建立的模型对于不同条件可做出准确的预测，能够为工程设计人员提供设计参数。在此基础上建立的控制模型能够对控制变量进行优化组合，使系统的效果达到要求，为实现在线控制提供一条可行的途径。

建立模型之后，为了验证模型预测的准确性以及探讨各种因素对装置性能的影响，可以采用单因素调整分析的方法，控制其他变量不变，通过输出参数的变化趋势，进行曲线拟合分析，得出影响装置性能的因素。另外，通过对装置的实际运行数据代入模型中进行仿真计算，将计算结果与实际运行值进行比较，判断模型的输出准确性，使之具有工程应用价值。所建立的数学模型具有较好的预测能力时，可对实际系统进行在线优化和先进控制的指导。

对于 BP 神经网络模型，可通过评估输入变量对输出变量敏感性的方法来对其过程进行解释，即利用连接权法以训练好的神经网络的连接权值来计算输入变量对输出变量的贡献率。当计算结果为正值时，认为输入变量对输出变量起正向刺激（激励）作用，相反，则起负向抑制作用，其表达式为式(0-29)和式(0-30)。式(0-29)和式(0-30)中，OI_i、RI_i分别表示第 i 个输入对第 k 个输出的综合连接权贡献度和相对贡献率；i、j、k 分别为输入层、隐含层和输出层的节点序号；l、m、n 分别为各层的节点数；W_{ij}、W_{jk} 分别为输入层到隐含层和隐含层到输出层的连接权。

$$OI_i = \sum_{j=1}^{m} W_{ij} W_{jk} \tag{0-29}$$

$$RI_i = \frac{OI_i}{\sum_{i=1}^{l} |OI_i|} \times 100\% \tag{0-30}$$

过程参数优化首先需要在各有关参数之间已经建立的数学模型的基础之上选择一种合适的优化方法。确立数据挖掘模型以及非线性约束条件以后，对最佳的组合变量进行寻优。例如：利用 MATLAB 调用优化工具箱中的 fmincon 进行优化计算。调用格式如下：x＝fmincon(fun, x0, A, b, Aeq, beq, lb, ub, nonlcon, options)。其中，x0 是初值；A、b 是线性不等式约束；Aeq、beq 是线性等式约束；lb 是下界，ub 是上界；nonlcon 是非线性约束条件；options 是其他参数。

神经网络建模后，要对过程参数进行优化时，可以采用遗传算法来完成针对已建立的人工神经网络模型的全局寻优过程。遗传算法优化程序包括编码子程序（encoding）、解码子程序（decoding）、选择子程序（selection）、交叉子程序（crossover）、变异子程序（mutation）。①用二进制数构成的符号串来表示个体，用 encoding 函数来实现编码并产生初始种群。根据各决策变量的上、下界及其搜索精度来确定表示各决策变量的二进制串的长度，然后随机产生一个种群大小为 popsize 的初始种群。②将编码后的个体构成的种群通过 decoding 函数解码以转换成原问题空间的决策变量，并通过已建好的神经网络模型求得各个体对应的输出值，并进行适应值的计算。③将解码后求得的各个体适应值采用最优保存策略和比例选择法，将适应值差的淘汰掉，选出一些优良的个体以进行下一步的交叉和变异操作。找出当前群体中适应值最高和最低的个体，将最佳个体保留并用它替换最差个体。为保证当前最佳个体不被交叉、变异操作破坏，允许最佳个体不参与交叉、变异操作而直接进入下一代，然后将剩下的个体按比例选择法进行操作。④采用单点交叉的方法来实现交叉算子，即按交叉概率 pc 在两两配对的个体编码串中随机设置一个交叉点，然后在该点相互交换两个配对个体的部分基因，从而形成两个新的个体。⑤按照变异概率 pm 随机选择变异点，对于二进制基因串来说在变异点处将其位取反即可。遗传算法参数设置为：最大进化代数（遗传代数）、初始种群数（种群大小）、变异概率、交叉概率。在此条件下进行寻优，得到每代种群适应度变化。随着迭代次数的增加，种群的适应度先呈现曲折上升的趋势，后逐渐趋于平稳状态。此时群体中对应于最大适应度的个体已经达到该优化算法下的最优解。由此得到最优个体，即优化目标最优时的各因素的最佳取值。

第1章

能源化工典型装置运行数据挖掘

流程装置运行参量的数据挖掘模型主要是基于运行数据建立软测量模型。软测量技术是根据流程装置内工艺生产过程中有关变量的相关性，对直接测量花费较高的、较难测量的或不可能直接测量的过程参数（例如精馏过程的产品组分浓度、反应器反应物浓度等）进行监控、预测和推断。其中，主导变量是不可直接测量或直接测量成本高的工艺参数；辅助变量是与主导变量密切相关又比较容易准确测量的参数。软测量的关键是构造表征主导变量和辅助变量之间数学关系的数据挖掘模型，软测量的本质是完成辅助变量构成的可测参数集到主导变量工艺参数的映射。

软测量结果精确，能够给操作员的系统操作提供有价值的参考数据。例如，作为压力容器超压泄放场合的一种精密的压力开关——爆破片，在承受循环变化的载荷作用下，从加载开始到最终爆破片发生翻转爆破的总疲劳循环下的疲劳寿命 t，取决于实际工程领域中一天等效施加疲劳循环载荷次数 N_1、抽样爆破压力 P_b、最高工作压力（例如夏天操作压力）P_w。根据 N_1、P_b、P_w 与 t 之间的数学模型，可以达到预测爆破片疲劳寿命 t 的目的。流程装置运行数据挖掘过程中，并不是所有输入变量都与软测量结果紧密相关，变量组的选择不当必会影响预测模型的精度及稳定性。对装置进行机理分析，找到影响要软测量的量的主要因素，将主要因素提取出来作为系统软测量模型的输入量；对选取后的数据进行重复数据去重、离群点处理、高频滤波和零值化处理等；软测量模型建立；对处理后的数据进行动态建模，并对建立的模型提出改进。模型建立前，对数据进行预处理。数据去重又称重复数据删除，是指在一个数字文件集合中，找出重复的数据并将其删除，只保存唯一的数据单元。在删除的同时，要考虑数据重建，即虽然文件的部分内容被删除，但当需要时，仍然将完整的文件内容重建出来，这就需要保留文件与唯一数据单元之间的索引信息。对数据进行去粗大值（异常值），目的是把数据中由于噪声干扰等因素引起的输出值超出正常范围的数据去掉。为了消除噪声的干扰，提高曲线的光滑度，需对采样数据进行平滑处理。例如，平滑处理采用的"五值平均法"，即 $y(i)=[y(i-2)+y(i-1)+y(i)+y(i+1)+y(i+2)]$，其中 $i \geqslant 3$；去零值通过找几个稳态（加扰动之前）的值进行平均，再把所有的数据都减去这个平均值，采集后的数据从第 1 个到第 10 个点处于稳态，选取前 6 点进行平均作为零值。最小二乘支持向量机算法（least square support vector machine，LSSVM）建模时只需求解线性方程组，运算速度快，适合工业设备现场应用。在 SVM 建模过程中，径向基核函数是最常用的核函数之一，具有参数少、适应任意分布样本的优点。

1.1 粉磨装置

在水泥厂对水泥的高耗能、连续粉磨过程中，出磨水泥细度的测量需要化验室每小时对水泥成品现场取样、实验室筛析等，耗时冗长。离线的细度测量有很大的时间滞后，致使中控操作人员无法对粉磨过程中的参数做出及时调整。过度粉磨会导致不必要的能量消耗以及水泥过快凝固和易于破裂；而欠粉磨造成水泥凝固时间加长，降低建筑物的强度。在粉磨装置中，水泥成品的细度与原材料的粗细、配比、易磨性，磨内通风情况、磨内物料多少，选粉机与循环风机频率，辊压机电流，磨机电流等因素相关。其中，原材料的粗细、磨内通风状况、磨内物料多少等参数与喂料量、风机频率、磨机电流、出磨负压、出磨提升机电流等相关。预测出磨水泥细度时，采用喂料量、选粉机频率、循环风机频率、磨机电流、出磨负压、出磨提升机电流，以及实测的水泥出磨细度等参数。数据取自水泥厂中控室 DCS 系统实时采样的历史归档数据及对应时间段的化验室的水泥细度测量值。化验室测量水泥细度之前 1 个小时的 DCS 数据的算术平均值作为软测量的输入数据。不同变量的物理意义不同、单位不同，数据在数值上也相差很大。过大的数值差异，会导致神经网络学习速度变慢、迭代次数增加、学习结果变差。MATLAB 的 premnmx 函数，将训练样本物理意义不同、单位不同、数量级不同的数据进行归一化处理。根据归一化后的数据，建立 BP 神经网络模型时，模型的输入层为喂料量、选粉机频率、循环风机频率、磨机电流、出磨负压和出磨提升机电流 6 个神经元，输出层为化验室实测的出磨水泥细度。拥有一个隐含层的神经网络，能以任意精度逼近任意连续函数，能够描述任意的 n 维到 m 维的映射关系，选用单隐含层的网络结构。隐含层神经元个数的增加会导致模型训练的误差均方根逐渐减小，训练时间变长，但过多的隐含层神经元个数，也会导致模型泛化能力下降，出现过拟合的现象。对于单隐层 BP 神经网络，Kolmogorov 定理给出了输入层 N_{in} 与隐含层 N_{hid} 神经元数目之间的关系：$N_{hid} = 2N_{in} + 1$。输入层有 6 个神经元时，隐含层神经元个数为 13 个。隐含层的传递函数选用 tan-sigmoid 函数，输出层的传递函数选用 purelin 函数。在 MATLAB 软件中建立起神经网络模型时，对现场取到的样本选取其中 70% 的样本作为神经网络的训练样本，15% 的样本作为验证样本，防止因过度训练而出现的过拟合状况；最后 15% 的样本用于对训练好的神经网络模型进行测试。设置好神经网络的目标误差，经过迭代，达到最终误差后，神经网络训练结束。取未参与训练的 15% 的数据进行模型验证，可以看出最大的误差出现在第几个点以及相对误差值。

1.2 电站锅炉

电厂燃煤机组中，锅炉入炉煤量的准确测量对提高燃烧效率、降低能耗有重要意义。煤粉在气流中受风压、风速、煤粉湿度等各种变化因素的影响，计算入炉煤量值与实际入炉煤量值偏差较大。入炉煤量软测量的辅助变量包括：一次风量；一次风压；磨煤机电机电流；磨煤机分离器出口压力；磨煤机磨碗上下压差；磨煤机进出口压差；磨煤机出口风粉混合物温度；磨煤机风量一次风量调节阀位置反馈；磨煤机风量一次风温调节阀位置反馈；角风压均值。基于支持向量机的电站入炉煤量软测量建模过程中，通过对比试验结果粗略找到预测结果较好的参数之后，然后给定参数变化的一个小区间，在该区间中寻找惩罚因子 C 和核

函数参数 γ 的最优值。

火力发电流程装置中，较低的飞灰含碳量代表着锅炉燃烧具有较高的效率。一些参数如燃料发热量、煤粉颗粒粗细、烟气含氧量、飞灰含碳量等，尚无成熟的传感设备实现直接测量。为此，软测量建模时，需要考虑以下因素：飞灰含碳量 $y(t)$ 不仅与对应时刻的输入 $x(t)$ 有关，还与 $x(t)$ 及 $y(t)$ 的历史值有关；电厂每天只进行一次飞灰采样和分析，每天只能获得锅炉飞灰含碳量的一个化验值；炉内各参数对飞灰的影响迅速，延迟时间较短；炉外参数（例如，煤机瞬时给煤量）延迟时间较长。火电机组燃烧所采用煤质和煤粉细度趋于固定时，电厂的煤质和煤粉细度对飞灰含碳量的影响较小。

对于电站锅炉，采用离线化验手段获得飞灰含碳量，导致现场工作量大，无法及时反映燃烧效率。为了评价锅炉燃烧过程的风煤配比，用氧化锆氧量计测量烟气含氧量，但检测装置需定期检验，现场维护量大。锅炉飞灰含碳量及烟气含氧量数据挖掘模型结构分别如图1-1和图1-2所示。

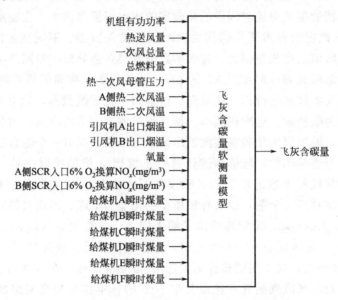

机组有功率
热送风量
一次风总量
总燃料量
热一次风母管压力
A侧热二次风温
B侧热二次风温
引风机A出口烟温
引风机B出口烟温
氧量
A侧SCR入口6% O_2换算NO_x(mg/m³)
B侧SCR入口6% O_2换算NO_x(mg/m³)
给煤机A瞬时煤量
给煤机B瞬时煤量
给煤机C瞬时煤量
给煤机D瞬时煤量
给煤机E瞬时煤量
给煤机F瞬时煤量
→ 飞灰含碳量软测量模型 → 飞灰含碳量

图 1-1　锅炉飞灰含碳量数据挖掘模型结构

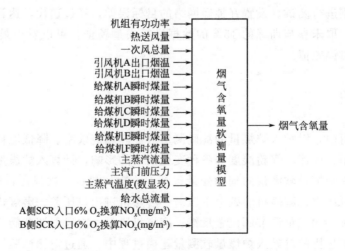

机组有功率
热送风量
一次风总量
引风机A出口烟温
引风机B出口烟温
给煤机A瞬时煤量
给煤机B瞬时煤量
给煤机C瞬时煤量
给煤机D瞬时煤量
给煤机E瞬时煤量
给煤机F瞬时煤量
主蒸汽流量
主汽门前压力
主蒸汽温度(数显表)
给水总流量
A侧SCR入口6% O_2换算NO_x(mg/m³)
B侧SCR入口6% O_2换算NO_x(mg/m³)
→ 烟气含氧量软测量模型 → 烟气含氧量

图 1-2　锅炉烟气含氧量数据挖掘模型结构

在燃煤火力发电厂，产生气体分析仪对 NO_x 的测量存在滞后，影响脱硝系统的品质控制。

机组负荷、脱销进口烟温、进口 NO_x 浓度、进口 O_2 浓度这几项参数对 NO_x 排放浓度影响最大，作为输入因子；NO_x 排放浓度作为输出因子。利用 BP 神经网络对输入因子和输出因子进行训练。对电厂机组实时的机组负荷、脱硝进口烟温、进口 NO_x 浓度、进口 O_2 浓度、出口 NO_x 浓度的样本进行训练，得出训练模型。通过训练后的 BP 神经网络模型对未知的 NO_x 排放浓度进行预测。对测试所输出的结果进行归一化，然后再将输出结果经过反归一化处理得到燃煤电厂 NO_x 排放浓度的最终预测结果。

对于电厂选择性催化还原（SCR）脱硝装置，锅炉负荷、烟气体积流量、SCR 烟气温度、脱硝进口 NO_x 质量浓度以及喷氨质量流量为输入变量，以 SCR 脱硝效率为输出变量，利用机组的历史运行数据构造五输入一输出的预测模型。先用训练样本训练，达到预期的误差目标要求，得到最终的径向基（RBF）网络结构，再对选取的测试样本进行预测。如果用 RBF 神经网络建立的 SCR 脱硝效率预测模型足够准确，则可以用喷氨质量流量降低 SCR 系统的运行成本。氨耗成本和电耗成本与 NO_x 排放费用的临界点为最小 SCR 系统运行成本对应的最佳喷氨质量流量。

对于 NO_x 浓度软测量模型，在平稳工况下，A 磨未启动，A 磨风量、煤量及一次和二次风门开度均为 0，这些变量从辅助变量中剔除，剩下的辅助变量如表 1-1 所示。输出变量为 SCR 入口 NO_x 浓度。30 个输入变量是：T_1 为空预器一次风温；T_2 为空预器二次风温；$S_A \sim S_E$，$S_{AA} \sim S_{DE}$ 为各二次风门挡板开度；$S_{OFA1} \sim S_{SOFA3}$ 为各燃尽风门开度；O_2 为烟气含氧量。采集 660MW 燃煤电厂 SIS 系统中 26h 运行数据，采样间隔为 10s，共 8640 组。选择前 4500 组作为训练样本，后 650 组作为测试样本。

表 1-1 输入变量与取值范围

变量	取值范围	变量	取值范围
机组负荷/kW	[199.65, 261.4]	S_D/%	[1.204, 5.626]
总风量/(t/h)	[957.5, 1269.8]	S_E/%	[2.069, 5.163]
一次风量/(t/h)	[327.36, 636.3]	S_{AB}/%	[12.091, 44.216]
总煤量/(t/h)	[92.88, 154.4]	S_{BC}/%	[12.044, 22.367]
O_2/%	[1.1043, 5.2]	S_{CD}/%	[9.820, 16.1517]
烟气流量/(t/h)	[843.44, 1101.8]	S_{DE}/%	[10.194, 30.631]
B~E 磨总风量/(t/h)	[0, 98.6]	S_{EF}/%	[5.067, 25.418]
B~E 磨给煤量/(t/h)	[0, 36.29]	S_{OFA1}/%	[0, 48.745]
T_1/℃	[327.36, 340.87]	S_{OFA2}/%	[26.549, 88.779]
T_2/℃	[301.69, 347.50]	S_{SOFA1}/%	[40.654, 75.346]
S_B/%	[1.1918, 5.309]	S_{SOFA2}/%	[34.492, 73.885]
S_C/%	[1.845, 5.426]	S_{SOFA3}/%	[0, 88.961]

软测量技术基于电厂 DCS 采集的脱硫系统原始数据预测湿法烟气脱硫效率时，石灰石耗量（x_1）、进口 O_2 含量（x_2）、粉尘浓度（x_3）、液气比（x_4）、出口 O_2 含量（x_5）、出口粉尘浓度（x_6）、烟气流量（x_7）、烟气温度（x_8）、浆液 pH 值（x_9）、石灰石浆液量（x_{10}）作为模型的输入，将脱硫效率作为模型的输出。

1.3 换热装置

图 1-3 的光管换热器管内流动的是通过向自来水中添加 $CaCl_2$ 和 Na_2CO_3 药品配制而成

的析晶垢，硬度为 800mg/L，通过化学滴定法保持硬度不变。光管外面是恒温水浴，由温控仪控制以实现水浴温度恒定（水浴温度维持在 40℃）。紧贴管壁安装有 DS18B20、智能 SCL-61D 超声波流量计以测得壁温、出口和入口温度和工质流量。工质由高位水箱流经管段时，在恒温水浴箱中进行换热，之后进入低位水箱。循环水被冷却后再由泵打到高位水箱，然后再进入管段，如此形成工质的循环。不锈钢光管有效换热长度为 2.235m，直径为 0.011m，壁厚为 1.5mm。每隔 5～10min 采集一次管壁挂垢数据。采集到历时 50 多个小时的 130 多组数据，取其中的 60 组作为训练样本，其余作为测试样本。对于光管换热器，建立污垢特性预测模型时，以 3 个壁温、出口温度、入口温度作为模型的输入变量，以污垢热阻值作为模型的输出变量，所得污垢预测值能够为设计和运行人员在已知水质环境参数的条件下，提前预知换热器污垢特性以便为防垢、抑垢提供方法。

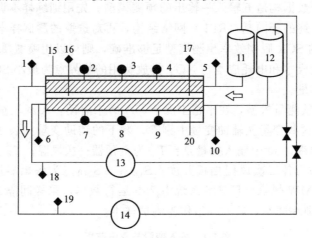

图 1-3　光管换热器

1,6—出口温度；2,3,4,7,8,9—壁温；5,10—入口温度；11,12—水箱；

13,14—泵；15,20—实验管；16,17—水浴温度；18,19—流量计

1.3.1　空调装置

在图 1-4 的空调系统中，接入流量计和压力表测量制冷量将破坏空调成品，所以确定空调制冷量而直接测得其制冷剂流量和压力难以实现。空调系统制冷量 φ_{tci} 的软测量模型可以表示为式(1-1)。式(1-1) 中，各符号的含义：压缩机转速 n，室内侧进风口干球温度 T_S，出风口湿球温度 T_D，压缩机制冷剂吸气口温度 $T_{a,in}$，压缩机制冷剂排气口温度 $T_{a,out}$，蒸发器进口制冷剂温度 $T_{r,in}$，蒸发器出口制冷剂温度 $T_{r,out}$，蒸发器管路中间制冷剂温度 T_g。

$$\varphi_{tci}=f(n,T_S,T_D,T_{a,in},T_{a,out},T_{r,in},T_{r,out},T_g) \tag{1-1}$$

某正常运行使用的工程包含多联机空调系统 2 套，内机 32 台，采集为期 5 天的共计 58 万余条运行数据（室内环境温度、入管温度、出管温度、回风口温度、模式、风速、设定温度）。用 SPSS 软件对样本数据进行均值和标准差的描述性计算结果见表 1-2。从表 1-2 可以看出，室内环境温度的均值为 22.46℃，标准差为 1.656，结果表明在该样本段内，室内环境温度离散度较小，都在均值附近分布，表明系统运行平稳，室内温度环境较为均匀。结果表明设定温度的均值为 18.33℃，标准差为 4.183，表明设定温度离散度相对较大，根据空调的运行原理和使用情况推测，用户在不同时段的设定温度差异较大，但总体设定温度偏低

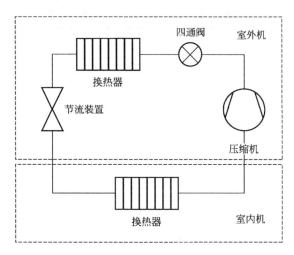

图 1-4　空调系统

（可设温度范围为 16～30℃）。管温、风速等参数与系统运行关系较大，跟实际用户密切程度较低。各参数指标赋值见表 1-3。使用 SPSS 软件，做室内环境温度与入管温度、出管温度、回风口温度、模式、风速、设定温度的 Pearson 相关性分析结果见表 1-4。Pearson 系数相关系数的绝对值越大，变量相关性越强；相关系数越接近于 1 或 −1，相关度越强，相关系数越接近于 0，相关度越弱。结果显示室内环境温度与入管温度、出管温度和回风口温度正相关性很强，与设定温度正相关性较强，与风速负相关性较强，符合空调系统控制逻辑和运行规律。室内环境温度与模式之间正相关性极弱，根据空调系统的使用规律，在同一季节，运行模式一般不会变化，例如夏季运行制冷模式，冬季运行制热模式，因此针对固定时间内采集样本，模式基本无变化，模式与室内温度之间的相关性可忽略不计，因此不需要把模式作为自变量纳入模型进行分析。采用多元线性回归模型进行分析，入管温度、出管温度、回风口温度、风速和设定温度作为解释变量，需要求出回归系数，最终确定自变量和解释变量之间的关系。为判断各自变量之间是否存在多重共线性，对自变量进行共线性诊断，结果见表 1-5。结果显示入管温度和出管温度的容差值分别为 0.125 和 0.129，均小于 0.2；方差膨胀系数（VIF）分别为 8.031 和 7.754，均大于 5，提示入管温度和出管温度存在多重共线性。多重共线性是指模型中的解释变量之间由于存在高度相关关系而使模型估计结果与真实情况不符，估计失真。为消除多重共线性的影响，需要排除一个自变量，排除入管温度。故最后纳入模型的解释变量为出管温度、回风口温度、风速、设定温度。对数据进行多元线性回归分析，模型结果汇总见表 1-6。从表 1-6 可看出 R^2 为 0.971，接近于 1，表示模型的拟合优度非常好。DW（Durbin-Waston）值为 1.33，查 DW 临界表得出，无自相关。对模型进行统计学检验，结果见表 1-7。显著性表示自变量对因变量的影响程度，小于 0.05 表示模型有统计学意义。多元线性回归模型见表 1-8。以室内环境温度为自变量 y，出管温度、回风口温度、设定温度、风速分别为 X_1、X_2、X_3、X_4。筛选出显著性小于 0.05 的自变量进入模型，最后得出的方程见式(1-2)。模型方程的统计学意义可从回归方程直接看出：出管温度每升高 1℃，室内环境温度升高 0.014℃；回风口温度每升高 1℃，室内环境温度升高 0.94℃；温度设定每升高 1℃，室内环境温度降低 0.009℃；风速每增加一个单位，室内环境温度增加 0.018℃。对空调系统运行来讲，该方程能够较好地反映自变量与因变量之间的关系。

表 1-2　对样本数据进行均值和标准偏差的描述性计算结果

变量	N（样本个数）	均值	标准偏差
室内环境温度	65082	22.46℃	1.656
入管温度	65082	14.7℃	7.353
出管温度	65082	17℃	5.458
回风口温度	65082	22.5℃	1.718
模式	65082	1.07（量纲为1）	0.457
风速	65082	5.07（量纲为1）	2.773
设定温度	65082	18.33℃	4.183

表 1-3　各参数指标赋值

指标	变量名	赋值及单位	指标	变量名	赋值及单位
y	室内环境温度	连续性变量/℃	X_4	风速	连续性变量（量纲为1）
X_1	出管温度	连续性变量/℃	X_5	模式	0,1,2,3,4（量纲为1）
X_2	回风口温度	连续性变量/℃	X_6	入管温度	连续性变量/℃
X_3	设定温度	连续性变量/℃			

表 1-4　Pearson 相关性分析结果

变量组合	相关系数	p 值	变量组合	相关系数	p 值
室内环境温度与入管温度	0.640	0	室内环境温度与模式	0.114	0
室内环境温度与出管温度	0.668	0	室内环境温度与风速	−0.371	0
室内环境温度与回风口温度	0.984	0	室内环境温度与设定温度	0.373	0

表 1-5　对自变量进行共线性诊断

参数	容差	VIF	参数	容差	VIF
入管温度	0.125	8.031	风速	0.253	3.949
出管温度	0.129	7.754	设定温度	0.338	2.955
回风口温度	0.518	1.929			

表 1-6　模型结果汇总

模型	R	R^2	调整 R^2	DW
1	0.985	0.970	0.970	1.33

表 1-7　模型统计学检验

	平方和	自由度	均方	F	显著性
回归	173220.697	4	43305.174	535846.271	0.000
残差	5259.694	65082	0.081		
总计	178480.391	65086			

表 1-8　多元线性回归模型

参数	非标准化系数		t	显著性	B 的 95.0% 置信区间		共线性统计	
	B	标准误差			下限	上限	容差	VIF
（常量）	1.16	0.019	59.58	<0.001	1.122	1.198		
出管温度	0.014	0	38.904	<0.001	0.013	0.015	0.328	3.045
回风口温度	0.94	0.001	1051.857	<0.001	0.938	0.941	0.527	1.897
温度设定	−0.009	0	−20.441	<0.001	−0.01	−0.008	0.338	2.954
风速	0.018	0.001	22.774	<0.001	0.016	0.019	0.268	3.736

$$y = 1.16 + 0.014X_1 + 0.94X_2 - 0.009X_3 + 0.018X_4 \tag{1-2}$$

1.3.2 板式换热器

图 1-5 的封闭式循环冷却水系统里，冷却水入口温度由空冷散热器维持恒定在 27～28℃ 之间；热水进口温度恒定在 46～47℃ 之间；冷却水流速为 0.104m/s，冷却水为江水；板式换热器型号为 BR0.015F，板片厚度为 0.6mm，波纹板夹角为 120°。封闭式循环冷却水系统主要由冷却系统、加热系统、数据采集系统和板式换热器组成。其中，冷却系统主要由空冷换热扇、空冷水泵、散热器和空冷水箱组成，其作用主要是保证工质（江水）进口的温度恒定不变。加热系统主要由恒温水箱、电加热器和温度控制器组成，其作用主要是控制恒温水箱中热水的温度，当恒温水箱水温升高时，其温度控制系统会自动启动；反之，则停止加热。数据采集系统主要由电磁流量计、热电阻等组成，主要用于测量工质流量和冷、热水进口和出口温度。低温介质由水泵抽送流经电磁流量计和流量平衡阀，进入板式换热器与高温介质进行换热，然后再流回水箱通过冷却系统冷却。在电磁流量计之前开设旁通阀，通过它来调节回路的流量和压差。热水由水泵抽送流经涡轮流量计和流量平衡阀，在板式换热器中与循环冷却水进行热交换（温度降低），然后流回高温介质水箱通过加热系统对热水进行加热。所有测量数据送入微机和数据采集前端，即可得污垢热阻。通过测量高温介质和低温介质的流量和进、出口温度，计算出污垢热阻。采用第一运行周期数据用于建立基于水质参数的污垢热阻预测模型，第二运行周期数据用于模型的预测精度检验。为了提高模型运算速度，对数据进行归一化预处理：$x'_i = x_i / x_{i,\max}$。i 为各指标编号；$x_{i,\max}$ 为各单一指标中的数值最大者。在此次冷却水污垢热阻的预测中，将 pH 值、电导率、溶解氧、浊度、硬度、碱度、氯离子浓度、化学需氧量、铁离子浓度和细菌总数 10 个参数作为模型的输入变量，污垢热阻作为模型的输出变量。

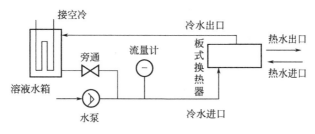

图 1-5 封闭式循环冷却水系统

1.3.3 连续螺旋折流板管壳式换热器

换热器的设计中，要求精度和对雷诺数 Re 扰动最不敏感而稳健度高的高性能关联式。工业换热器内一般采用热阻分离法确定换热面两侧在不同流量下的热阻，传热面的传热特性描述为无量纲量表示的关联式时，先假设一个含有若干自由常数的函数表达式，然后运用回归方法寻找合适的常数使预测数据和实验数据的误差最小。在对流换热研究中，多用幂函数形式。某连续螺旋折流板管壳式换热器壳程传热的实验数据如表 1-9 所示。表 1-9 中，Re、Pr 和 Nu 分别为壳侧流体的雷诺数、普朗特数和努塞尔数。假定关联式为 $Nu = CRePr^{1/3}$，用 Origin 拟合的结果为式(1-3)。在 MATLAB 环境下的遗传规划工具箱 GPLAB 进行符号回归时，rand() 为 MATLAB 中的随机数生成函数；终止条件 [90,10] 的意思是只要有

90％的数据点的预测值和目标值间的误差不超过 5％，即认为搜索成功，得到的结果为运行 10 次，成功求解 5 次，剔除两个较复杂的表达式，得到三个备选表达式(1-4) ～式(1-6)。式(1-3) 的最大偏差为 8.2％，平均偏差为 4.0％。式(1-4) 的最大偏差为 10.8％，平均偏差为 4.7％。式(1-5) 的最大偏差为 10.0％，平均偏差为 4.1％。式(1-6) 的最大偏差为 5.9％，平均偏差为 2.7％。式(1-6) 的精度最高。当雷诺数 Re 增大 0.5％后和减小 0.5％后，式(1-4) 的最大偏差为 11.86％，式(1-5) 的最大偏差为 10.80％，式(1-6) 的最大偏差为 7.28％，式(1-3) 的最大偏差为 15.74％。因此认为式(1-6)的稳健度最高。

$$Nu = 2.34702 \times 10^{-5} Re^{1.79759} Pr^{1/3} \tag{1-3}$$

$$Nu = \left[(Re - Pr)^{0.0094828} Pr \right]^{1.9556} \tag{1-4}$$

$$Nu = 0.00038 Re^{1.8696} Pr^{2.301} \tag{1-5}$$

$$Nu = 1.193 \times 10^{-7} Re^{3.2995} Pr^{4.2774} + 4.1683 \tag{1-6}$$

表 1-9　连续螺旋折流板管壳式换热器壳程传热的实验数据

编号	Nu	Re	Pr
1	5.720	1263.39	0.195
2	5.512	1311.91	0.182
3	6.458	1362.03	0.193
4	6.350	1477.99	0.181
5	7.636	1535.59	0.192
6	7.691	1651.42	0.180
7	9.464	1742.67	0.191
8	9.699	1925.75	0.179
9	11.190	1927.80	0.190
10	12.752	2100.18	0.190
11	11.533	2177.45	0.178
12	13.218	2117.77	0.188
13	12.302	2245.63	0.178
14	15.942	2310.97	0.188
15	14.258	2457.82	0.176
16	19.032	2504.48	0.187
17	21.528	2612.82	0.187
18	17.258	2687.71	0.175
19	18.835	2697.36	0.174
20	21.286	2806.66	0.175

1.4　气化炉

在气化生产中，气化炉炉温关系到合成效率和生产安全稳定性。在现场炉膛高温（煤渣熔融温度浮动-50～100℃）高压、强腐蚀强气流的环境下，炉温的实时监控测量用的热电偶损耗后难以频繁更换，仅在大修期间有更换的机会。然而，在实际生产中，炉膛温度过低，导致可能出现堵塞现象；温度过高，会导致耐火砖寿命缩短，合成气体中有效气比率下降。生产中气化炉的炉膛温度必须保持在一定范围内。实际安装的热电偶的读数仅在气化炉开车初期是有效的。针对具体的气化炉，在热电偶读数失效后，需要选取相关的辅助变量基于回归分析、神经网络（黑箱算法）等算法建模，根据模型变量的样本观测数据求出样本估计式，进而根据该式推算出炉温软测量的值。炉膛温度为模型的因变量，涉及水煤浆制备、气化反应等多个环节，与炉膛温度相关的数据包括煤浆浓度、氧气供应量、氢气含量、甲烷含量、一氧化碳含量等几十个自变量参数。相关系数法可以计算出与目标变量相关性较大的操作变量。相关系数可以分为弱相关性、显著相关性、高强度相关性三个等级。在实际生产中，采集工业装置历史操作数据如煤浆浓度、氧气流量等作为操作变量，炉膛温度历史数据作为目标变量，分别计算它们的相关系数，然后以设定的阈值初步筛选出操作变量；考虑到自变量之间存在的自相关问题，结合业务逻辑，将自相关系数较高的几套系数降维，仅保留其中最具代表性的特征参数，经此步骤后，模型的自变量参数可降至数个。模型的目标变量为气化炉在正常测温期间的高温热电偶数据，模型的自变量为该期间内筛选过后的数个相关变量。以时间为标准，将采集数据的中前部（约 80%）作为训练集，以拟合炉温数据挖掘模型。将采集数据中剩余的部分（约 20%）作为验证集，对拟合出的炉温数据挖掘模型进行验证。若精度满足预定标准要求，则说明模型有较高的指导意义。多元线性回归模型是指用多个影响因素作为自变量来线性地解释因变量的变化。设 Y 为因变量，$X_1, X_2, \cdots, X_n$ 为自变量，则多元线性回归模型为：$Y = c + b_1 X_1 + b_2 X_2 + \cdots + b_n X_n$。其中，$c$ 为常数项；$b_1, b_2, \cdots, b_n$ 为回归系数。运用训练集中的数据，通过回归模型拟合，计算出炉温数据挖掘模型的常数项与回归系数。将所获得的回归模型应用于验证集中的数据，通过比较热电偶实际读数与炉温数据挖掘模型的预测值，计算从实时数据库读取的炉温实际值与基于多元线性回归方法的气化炉炉温数据挖掘模型拟合精度、回归模型的输出值与热电偶读数真实值之间的相对误差，以判断能否满足实际工业生产要求。

　　对于煤气化装置，煤粉质量流量计测量精度仍难以满足生产工艺要求。根据干粉煤气化工艺的特点和工艺专家函询的结果，选择煤粉密度、煤粉流速、管道压力、管道温度、给料器与气化炉压差和调速器阀门开度等工艺参数作为辅助变量，气化炉煤粉质量流量作为数据挖掘模型的主导变量。

1.5　裂解炉

　　对于乙烯装置裂解炉，液相裂解原料通常用丙乙比（丙烯和乙烯质量比）、甲丙比（甲烷和丙烯质量比）表征；气相裂解原料通常用乙烷转化率或丙烷转化率表征；炉管出口温度 COT（TIC ∗.PV）、进料量（FIC ∗.PV）和汽烃比（DOR ∗.PV）等作为软测量模型的辅助变量，用来预测裂解深度。

　　裂解炉乙烯裂解深度软测量模型见图 1-6。其中，COT 为裂解炉平均出口温度；汽烃比为稀释蒸汽与原料的质量比；裂解原料分为石脑油、煤油、轻柴油等；裂解深度为双烯（乙烯和丙烯）收率。

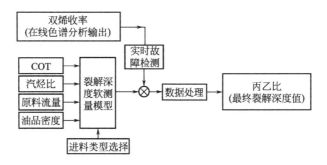

图 1-6　裂解炉乙烯裂解深度软测量模型

1.6 反应装置

1.6.1 原料利用率的预测

对于循环流化床半干法烟气脱硫装置，建立基于 RBF 神经网络的循环灰利用率软测量模型时，从工艺机理出发，新鲜脱硫剂石灰的掺入量、反应器入口的二氧化硫浓度、入口烟气的流量作为辅助变量。

1.6.2 产品质量的预测

松茸发酵过程中，为了测量关键生物参量，通常将发酵液于 3500r/min 离心 20min，菌丝体经去离子水反复洗涤，离心多次，取沉淀物于 60℃烘干至恒重，用分析天平称重。此种离线化验时滞性很大，并且在线取样容易引入人为污染，会降低发酵品质，因此，软测量技术的引入是解决上述问题的有效途径。在建立松茸发酵关键参量数据挖掘模型之前，必须对发酵机理进行分析。在松茸发酵过程中，既对主导变量（菌丝生物量）有影响，又易于在线实时测量的有：空气流量 q、发酵罐压力 p、发酵罐温度 T、发酵液体积 V、CO_2 释放率 C_{ER}、氨水流加速率 η、葡萄糖流加速率 l、溶解氧 DO、电机搅拌速度 r、发酵液酸碱度 pH 值。关于辅助变量的选取数量，过多会导致模型复杂，延长模型学习训练的时间；过少会导致模型学习能力差，预测结果不准确。环境变量数据和主导输出变量之间的关联度见式(1-7)、式(1-8)。式(1-7)、式(1-8) 中，k 为采样时刻，μ_{ij} 是两个变量的相关系数，s_i 是不易测变量数据组，s_j 是可测变量数据组，m 为样本大小。$\lambda_{ij}(k)$ 是变化率相关系数，M 为取样个数，ζ_k 是符号因子，r_{ij} 是关联度，β 是数据变化率对关联度的影响。选择关联度最高的前 4 个作为辅助变量，即电机搅拌转速 r、空气流量 q、溶解氧 DO、发酵液酸碱度 pH 值。该软测量的主导变量与辅助变量之间的模型见式(1-9)。

$$\begin{cases} \mu_{ij} = \dfrac{1}{1 + \left| \dfrac{|\Delta s_i(k)|}{\overline{\Delta}_i} - \dfrac{\Delta s_j(k)}{\overline{\Delta}_j} \right|} \\ \Delta s_i(k) = s_i(k+1) - s_i(k) \\ \Delta s_j(k) = s_j(k+1) - s_j(k) \\ \overline{\Delta}_z = \dfrac{1}{m-1} \sum_{k=2}^{m} |\Delta s_z(k)| \quad z = i, j \end{cases} \tag{1-7}$$

$$\begin{cases} \lambda_{ij}(k) = \dfrac{1}{1 + \left| \dfrac{|\Delta s_i(k) - \Delta s_i(k-1)|}{\overline{\Delta}_i} - \dfrac{|\Delta s_j(k) - \Delta s_j(k-1)|}{\overline{\Delta}_j} \right|} \\ r_{ij} = \left| \dfrac{1}{M-1} \sum_{k=1}^{M-1} \zeta_k \mu_{ij}(k) \right|^{\beta} \\ \beta = \left| \dfrac{1}{M-2} \sum_{k=2}^{M-1} \zeta_k \lambda_{ij}(k) \right| \end{cases} \tag{1-8}$$

$$\varphi(X) = f(\text{pH}, r, q, \text{DO}) \tag{1-9}$$

在光合细菌发酵过程中，影响关键参量活菌浓度，且可实时在线检测的潜在辅助变量有：光照强度 E、空气流量 H、发酵罐压力 p、发酵液温度 T、发酵液体积 V、氨水流加速率 S、葡萄糖流加速率 C、电机搅拌速度 U、发酵液酸碱度 pH 值等环境参量。光合细菌（PSB）发酵过程中，直接反映发酵品质的关键参量活菌浓度难以在线测量。为此，构建光合细菌发酵过程活菌浓度数据挖掘模型时，一致关联度法获得各参量与活菌浓度的关联度，关联度最高的前 5 个（光照强度 E、发酵罐温度 T、空气流量 H、葡萄糖流加速率 C、发酵液酸碱度 pH 值）作为辅助变量。分别取 6 批次发酵数据（包含 480 个样本）、2 批次发酵数据（包含 120 个样本）和其余 2 批次发酵数据分别作为训练样本、验证样本和测试样本，采用 IBA-LSSVM 软测量方法建立光合细菌发酵过程活菌浓度的数据挖掘模型时，在训练过程中采用 IBA 对 LSSVM 的惩罚参数 g 与核函数宽度 σ 进行组合寻优，改进的蝙蝠算法（improve bat algorithm，IBA）模型参数设置为：蝙蝠种群规模（数目）$N=50$，最大迭代次数 $M_{max}=300$、搜索精度 $\varepsilon=0.05$、搜索脉冲频率范围 $[0,10]$、最大脉冲音强 $A=0.5$、音强衰减系数 $\beta=0.95$、最大脉冲频率 $R_0=0.5$、频度增加系数 $\gamma=0.9$、$[0,1]$ 的 1 个实数 $\tau=0.6$、权重范围 $[0.2,0.9]$、初始缩放因子 $F_0=1$，描述每个蝙蝠位置的参数 g 和 σ 的取值范围均设置为 $[0.01, 1000]$。

在海洋蛋白酶（marineprotease，MP）发酵罐里，当 pH 在 9.0～10.0 时相对酶活最高；pH 偏高或偏低都会使得相对酶活降低。每批 MP 从开始发酵到发酵结束具有相同的过程。调控 MP 发酵液 pH 的最直接可控变量为 f_c、f_{nh}、f_s、f_p、f_{tw} 以及 S_c、S_{nh}、S_p、S_{tw}。f_c、f_{nh}、f_s、f_p、f_{tw} 分别为葡萄糖、氨水、硫酸铵、磷酸二氢钾（KDP）和产酶促进剂（吐温-80）的流加液速率；S_c、S_{nh}、S_p、S_{tw} 分别为葡萄糖、氨水、磷酸二氢钾和吐温-80 的流加液浓度；γ 为 H^+ 比消耗速率。对于 10 个发酵批次的样本数据，采样时间为 5min，取出 6 个批次（包含 480 个样本）作为软测量模型的训练样本；取出 2 个批次（包含 160 个样本）作为软测量模型的验证集合；余下 2 个批次（包含 160 个样本）作为模型的测试集合；反复训练直到预测误差降低至 5% 以内。

对于污水处理装置内的生化反应，影响出水生化需氧量（biochemical oxygen demand，BOD，水中可降解有机物的含量）的关联因素中相关性较大的参数主要有混合液悬浮固体（mixed liquor suspended solid，MLSS）、污泥沉降（sludge settling，SV）、温度、酸碱度、进出水油、出水氨氮、进水总磷（total phosphorus，TP）、氧化还原电位、进水流量、溶解氧和固体悬浮物浓度等。BOD 测量时，需要将待测水样进行培养，操作复杂，测试周期较长，无法进行在线连续测量，不能及时反映出水质的情况。选择混合液悬浮固体、污泥沉降、进出水油、出水氨氮、进水总磷作为辅助变量，或者选取流量（Q）、化学需氧量（COD）、氧化还原电位（ORP）、溶解氧（DO）、水温（T）和酸碱度（pH）值作为辅助变量，建立参数 BOD 的数学模型，达到对参数 BOD 软测量的目的。

胶料与配合剂在混合器的机械作用下混合均匀，制造轮胎胶料门尼黏度（质量变量）软测量时，选择混合器内温度、电机功率、活塞压力和能量作为过程变量。

聚合物多元醇（POP）生产是把混合液送入反应系统，在一定的温度、压力下，进行聚合反应，生成的 POP 进入后处理；在一定的温度下经过闪蒸罐在真空状态下进行闪蒸，并通过控制闪蒸罐的液位来控制物料在闪蒸罐中的停留时间，将绝大部分的异丙醇和未反应的苯乙烯、丙烯腈单体蒸出；经过闪蒸罐脱去单体的物料，经过机膜蒸发器脱水，再经冷却器冷却，加入定量的抗氧剂后，充分循环均化，生成成品 POP。预闪釜内的 POP 黏度直接关系到产品的最终质量。搅拌扭矩（搅拌耗费的电流）、物料温度、气相温度、液位高度作为 POP 黏度软测量的辅助变量。

用 60# 石蜡和微晶蜡为反应原料，制备氧化蜡的石蜡催化氧化反应装置见图 1-7。石蜡氧化反应的 BP 神经网络模型见图 1-8。该反应为多输入多输出的实际情况，隐含层设计 2 层，每层设 10 个神经元。

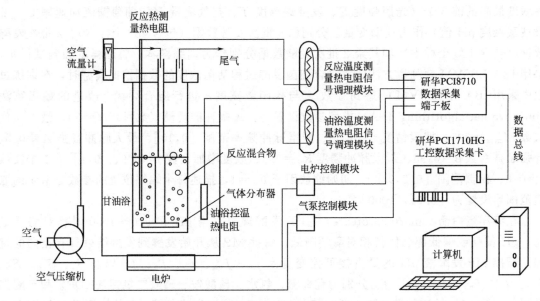

图 1-7　制备氧化蜡的石蜡催化氧化反应装置

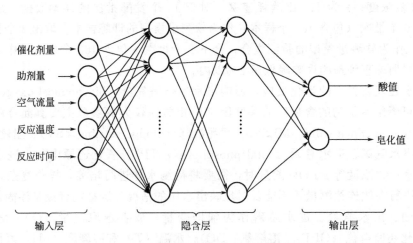

图 1-8　石蜡氧化反应的 BP 神经网络模型

如图 1-9 所示，重馏分加氢系统由反应器Ⅰ、加热炉和反应器Ⅱ构成。采用 RBF 神经网络建立用于预测重汽油产品硫含量的模型时，原料汽油的进料量、原料汽油的硫含量、90％馏出点、分馏塔底温度、反应器Ⅰ进口温度、反应器Ⅱ一段进口温度、反应器Ⅱ二段进口温度和循环氢量共 8 个变量作为 RBF 神经网络的输入变量，重汽油产品的硫含量作为单一输出变量。

氯碱厂离子膜装置电解槽运行数据有运行时间、槽电流、槽电压、pH、阳极液出口游离氯含量，这些都会影响氯气纯度。可以建立电解槽运行数据与氯气纯度间的数据挖掘模

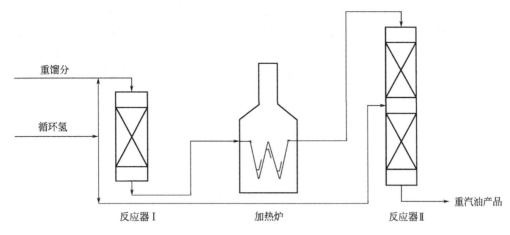

图 1-9　催化裂化汽油重馏分加氢的流程

型，达到减少装置综合能耗的目的。

1.6.3　产品转化率的预测

对于小规模生物发酵罐，获取的原始数据量很少，采样间隔时间较长，需要利用插值拟合来补充"丢失"的实验数据。由于生物发酵过程是一个缓慢的过程，两次采样之间的数据不会有大的突变，采用 3 次平滑样条插值拟合方法，通过发酵实验获得用于建模的数据集合。实验室 5L 生物反应器中的丁二酸发酵过程中最主要的指标就是丁二酸浓度。建模所用数据是在温度 37℃、反应器搅拌速率 120r/min 及 pH 值为 6.8 的恒定发酵条件下获取的，预估丁二酸浓度的软测量模型的输入变量为发酵时间、光密度、葡萄糖浓度、副产物乙酸浓度、当前丁二酸浓度这 5 个变量；而模型的输出变量为下一时刻丁二酸浓度。

在甲醇实际生产中，从人工采样、分析到获得最终结果要花费几个小时；在线分析仪不但价格昂贵，且维护保养复杂，其存在的测量滞后也难以满足生产要求。对于低压甲醇合成塔，用铜基催化剂，在合成塔反应器中，在反应温度为 225～255℃、压力为 6～7MPa 的条件下，得到粗甲醇。对合成塔出口粗甲醇的转化率，以日报表数据进行软测量建模时，辅助变量是压缩合成气体积流量、原料气各组分物质的量（H_2、CO、CO_2）、合成塔压力和汽包温度。

对于氨氧化生产硝酸过程，优化的性能指标是硝酸的产率。影响硝酸产率的可控变量有反应器入口温度、反应温度、氨/空比、反应压力。从现场采集若干组数据并剔除不合理的值后，用于 BP 神经网络的训练和测试。通过优化，可以得到硝酸装置产率最高时的反应温度、氧化炉压力、氧化炉入口温度、氨/空比。

1.7　离心式压缩机透平

透平将高温、高压蒸汽具有的热能转换为机械能，以驱动压缩机，原理如图 1-10 所示。透平的蒸汽供给量 $Q_{蒸汽}$ 的多少决定透平所产生力矩 M_0 的大小。在透平带动下，对气体压缩过程中透平受到被压缩气体的反作用力矩 M_1。M_1 是由当前状况下的被压缩气体 CO_2 的状态关系函数 F_{CO_2} 所确定的。同时 M_0 和 M_1 组成合力矩 M，对应的是当前的实际转速 n。

建立离心式压缩机转速模型时，考虑以下因素：$Q_{蒸汽}$ 是透平的蒸汽供给量；Q_i 是二氧化碳入口流量；K 是回流阀门开度；Q_o 是二氧化碳出口流量；T_1、P_1 分别是一段压缩机入口温度、压力；T_2、P_2 分别是四段压缩机出口温度、压力。在图 1-11 中，压缩机的入口流量和回流阀打开时的回流流量没有设置流量计，$Q_{供给}$ 为压缩机的入口流量。

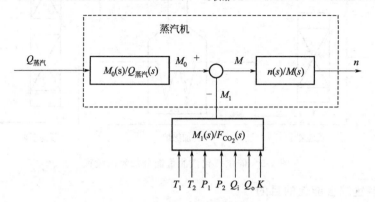

图 1-10　透平驱动压缩机的原理

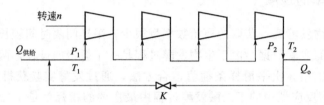

图 1-11　压缩机的测量参数

1.8　工艺管道

对于含蜡原油的管道蜡沉积问题，以油温、壁温、流速、原油动力黏度、管壁处剪切应力、管壁处温度梯度、管壁处蜡分子浓度梯度这 7 个影响因素作为输入向量，以蜡沉积速率作为输出向量，建立数据挖掘模型，实现蜡沉积速率预测。

对于炭黑气力输送装置，建立预测破碎率的 BP 神经网络模型的过程中，影响炭黑破碎率的各个参数（主管压力、辅管压力、压送罐压力、弯头结束压力以及辅管开启压力）数据作为输入层，炭黑破碎率的值为期望值作为输出层。

第2章

基于RBFNN的流化床装置运行数据挖掘

　　上升的气体或液体使固体颗粒悬浮时，固体颗粒被赋予流体特性，即所谓"流态化"。流化床（fluidizedbed）是发生流态化即颗粒流现象的装置，广泛用于循环流化床锅炉、颗粒输送、生物质流化床气化/热解、工业废气的处理、催化剂合成、谷物干燥、造粒和包衣过程等，例如煤/生物质热解、高分子裂解等。对于流化床装置内过程，控制各影响因素，维持高效的固气接触和较佳的床层流化质量，以实现良好的传热和传质，保持流化床装置内过程的稳定，进行床内过程特性因素间关系的高精度预测成为急需解决的课题之一。

　　流化床装置内的颗粒数量多，还混杂有细颗粒、不规则大尺度颗粒，颗粒形状为球形、非球形（例如圆柱状颗粒、正方体颗粒、稻谷颗粒、玉米粒），气固运动复杂。通过分析机理在主观性假设的基础上获得的解析数学表达式只能部分地符合实验数据，许多现象不能得到很好的解释。因此，为了准确地进行流化床的改进而不得不进行实验。实验研究需要高额仪器设备资金。为了消除实验误差，不得不重复实验，费时费力、效率低、随机性大。在实验室内完成的多数实验，不仅产能小，生产也缺乏连续性，很难模拟实际生产状态。极端情况下（例如高温、高压）的流化床，存在易燃、易爆、中毒的风险，故仅仅进行冷态实验而不进行热态实验的研究很常见。模拟某些极端条件下运行的流化床的计算流体力学（CFD）法的有效性难以得到实验数据的验证，而且被模拟的床内颗粒数量与外边界复杂的真实流化床差距较大，结果仅能用来对流化床装置特性作初步的定性分析。

　　做流化床实验时，研究者被迫采取特殊的技术以测量颗粒球形度、床层空隙率等。通过压力测点多层布置，选择精度高、采样频率和采样时间合适的压差变送器，以确定床内颗粒浓度。通过由测量极板及相应的轴径向保护极板组成的电容传感器，记录初始时间和位置，以间接测量颗粒在床内的停留时间。对于气相法聚合流化床反应器，尤其是发黏物料和细粉物料，在保证颗粒充分混合和良好流动，防止局部过热引起颗粒状粉末熔成团状，在细粉夹带量最小的前提下，能量消耗最少时的流化气速即初始湍动速度，不得不借助声信号的多尺度分析来获取。借助电容层析成像测量气固流化床的固相浓度、固相速度等，但是成像时的空间分辨率低、信号弱等问题还需要解决。

　　确定流化床的流化特性时，人工化验的负面影响是：难以实现过程控制，还造成能源的浪费。即使采用在线分析仪表检测，不仅价格昂贵、维护保养复杂，而且有较大的测量滞后，不能满足在线实时控制的要求。数量庞大的测点，也不利于测量系统的安装和后期维修。对于流化床装置内过程的研究，仅仅进行了实验，还没有建立数学模型的现象很常见，典型案例见表2-1。

表 2-1　没有建立数学模型的流化床装置内过程

不同领域	特性	影响特性的各因素
垃圾衍生燃料（RDF）流化床富氧气化装置	气体产物中 H_2 体积分数、CO 体积分数、气体热值和气化效率	空气体积流量、氧气体积流量、进料速率、气化温度
感冒清热颗粒中药渣气化的循环流化床	气化效率、碳转化率	原料含水率、原料粒径以及空气当量比 ER
活性炭负载 DBU 流化床	CO_2 吸附量	CO_2 浓度、DBU 负载率、吸附剂质量、水蒸气预处理时间、再生温度和气体流量

通过仪器设备测量得到的实验数据蕴含了实验流化床装置内过程的大量信息。在此基础上进行数据驱动的建模预测流化床装置的特性是很有必要的。例如，对于循环流化床电站锅炉，日益重视基于运行数据的统计分析和数据挖掘等技术。对于实现催化剂还原与氧化过程的流化床反应器，准确预测反应器内流体流动行为，才能使得反应器工业放大过程中的气固接触时间和固体停留时间接近实际设想值。在鼓泡流化床中，准确预测鼓泡的特性对于理解流化床工作原理并进行设计具有重要的意义。对于流化床干燥器，如果能找到适合的数据挖掘模型，根据干燥介质进风温度和出风温度、干燥器内气相温度和气相湿度，就可以实时预报干燥器出口物料的湿含量，有利于运行人员及时调整流化床干燥器的操作，确保生产效益。对于生物质气化的流化床气化炉，有了数学模型，就可以根据反应温度、床高、通入气流速率等初始参数预测热值、产气量、生成气组分、能量转换效率等。

影响流化过程特性的诸多因素具有相互耦合性强、非线性强等特征，说明流化床装置内过程特性不是由各要素独立确定的，它们是相互作用和影响来决定的。因此，流化过程特性的预测，难以采用机理建模，比较适合辨识建模。对流化床装置特性进行合理的建模还有望解决长期稳定运行数据缺乏的问题。数学模型也为过程的实时控制提供保证。研究流化床装置特性模型参数的辨识算法和数值实现方式，缩短其计算时间，适应多种因素的情况。

流化床装置特性影响因素间的关系中，最具代表性、应用最为广泛的是基于最小二乘法的回归模型，属于显函数模型。另外，还有支持向量机模型、神经网络模型等，但相关研究并不多，而且对模型优化的问题缺乏研究。

2.1　传统的经验关联方法存在的问题

在测量的基础上，对预测流化床装置特性的数学模型研究时，首先假设数学模型的结构，或者对建立数学模型的流化床装置特性的实验数据进行逐步回归、主成分分析、"去噪"等预处理，然后通过回归的方法进行数学建模找到模型的参数。其中，滤掉噪声影响，减少模型训练过程中的振荡，减少学习时的数据处理量，达到加快模型学习速度的目的。这样的处理等于排除掉一些数学模型，或者排除掉部分作为解释变量的影响因素，或者排除掉一些既不用来建模也不用来测试的样本，因此所建立的模型不能全面而准确地描述流化床装置内过程特性因素间的关系，存在不科学性的缺点，很难为流化床的参数设计和运行提供有用依据。当前，在流化床装置特性数据回归关联中，存在以下问题：

① 流化床装置特性数据分段和全域拟合、回归时，基于机理分析的半经验关联方法所得模型方程多利用常见的幂函数方程、多项式方程、指数函数和有理式等多种基本数学运算和函数的组合得到显式的数学模型，其精度较低，计算也复杂。实际上，统计学所建立的数据间关系模型往往是清晰的多元回归方程、结构方程等，但流化床装置内特性因素各变量之

间的实际关系往往是不清晰的，甚至是很难用数学公式来表达的。说明在样本量有限的情况下，基于最小二乘线性拟合得到的关联式，对模型的复杂性和多样性考虑不足，甚至没有考虑流化床装置特性因素间的非线性关系以及因素间的交互作用，并没有用不同的方程对流化床数据关联式精度进行对比，因此并不反映出系统内复杂的非线性关系。

② 由于全部实验数据未必都参与关联，因此关联所得的数学模型的泛化能力值得怀疑；关联所得的数学模型，对未参与建模、仅仅用来检验的实验数据的预测相对误差很高，应用范围也受到限制。

③ 即使剔除存在较大误差的数据，关联所得的数学模型本身对参与关联的实验数据的拟合相对误差也很高。例如用于预测的经验或半经验关联式计算值与实验值的最大相对误差甚至在30％以上，平均相对误差也在10％甚至15％以上，说明预测值与实验数据变化趋势的吻合程度并不理想。

④ 为了解决预测流化床装置特性的数学模型精度较低的问题，如果假设一些参数例如孔隙率和球形度等为固定值，把本来需要考虑多个因素的问题简化为单因素问题，例如：预测临界流化速度时，只考虑颗粒平均粒径的影响，忽略初始料层高度、流体黏度、气体密度、物料与气体的密度差、孔隙率的影响；对于工厂化循环水养殖中生物流化床，根据静止高度、表观流速、滤料粒径，分别预测石英砂床层膨胀率。在单一因素的实验数据基础上得到的关联式，可能导致数学模型过多的问题，而且数学模型的推广能力也不高。针对多因素下的实验数据数学模型的适用性有待研究。

流化床装置特性研究中建模时，误差较高，与建模时没有对不同的模型进行大量的对比学习有关，也与评价模型好坏的指标不合理选择有关，因此所得模型的联想记忆能力和泛化能力不高。充分考虑多因素的影响，才能满足预测流化床装置特性的数学模型的需求。

在特定体系、特定物性的条件下，基于实验数据利用传统数学方法得出的关于流化床装置特性的常规非线性回归关联式，适用范围有限。但不同关联式之间的相互预测就不够准确，推广应用误差很大。说明实际数据往往并不具有先验知识认为的那样有规律性。

2.2　模型优化需要解决的问题

对于那些用常见模型难以描述的数据，基于神经网络的隐式数学建模后相当于得到一个黑匣子，越来越多的应用于非线性系统建模中。对于流化床装置特性因素间关系预测问题，与神经网络所得到的隐含数学模型相比，是否存在精度更高的模型，这也是本项目要探讨的科学问题。

神经网络可以无限地逼近系统的非线性特性。神经网络完全不用考虑流化床运行原理与流体动力学特性，利用给定的输入直接给出预测输出，并且具有很高的可靠性。将实际的输入作为神经网络的输入，实际的输出作为神经网络的输出，通过多组实际的输入和输出数据对神经网络进行训练得到最终的神经网络模型。即使建立隐式的数学模型，神经网络建立的研究中，多侧重于网络参数对所建立的神经网络的影响。但它算法复杂，应用较烦琐，计算时间取决于多因素，应用时其学习和计算的速度需要加以考虑。由于神经网络进行非线性建模时，模型的辨识参数比较多。然而，这些模型参数的辨识并没有可靠的理论指导，一般基于经验和实验数据分析确定，具有一定程度的随意性。目前，神经网络模型预测值相对于实验值的相对误差还比较高。神经网络建立的研究中，仅仅考虑网络参数对所建立的神经网络的影响是不够的。实际上，输入样本本身对所建立的神经网络的影响，更值得研究。

流化床装置内过程特性影响因素间多对多的非线性复杂关系是由其颗粒流态化的特征所决定的，所以单纯用一种模型来描述流化床装置内过程特性影响因素间多对多的非线性复杂关系很可能是不合适的。基于大规模模型筛选的思路，寻找到神经网络模型的最佳结构参数，得到相应的神经网络模型，在对比的基础上，找到最佳的数学模型。在该过程中，需要仔细探讨影响问题产生的原因。通过对工程上非线性问题的数据建模研究，有望解决流化床装置特性预测模型误差大的问题。

按照"多元回归模型的预测值减去流化床装置特性的测量值后，再除以流化床装置特性的测量值，最后乘以 100%"的相对误差作为评价回归模型精度的指标，在对流化床装置特性预测的回归建模中现有回归关联式进行定量评价的基础上，发现：现有的回归建模所得的回归关联式的相对误差比较大，预测值与流化床装置特性测量值的变化趋势的吻合程度并不理想。多元回归模型用于流化床装置特性预测时的误差较大，说明流化床装置特性预测时应该考虑非线性建模。研究目的是：基于非线性系统建模的径向基神经网络（RBFNN）的技术路线找到精度更高的数学模型，达到解决回归建模中的关键问题的目的，以快速准确地估计流化床装置特性的软测量中所需要的定量关系。

RBFNN 建模必须在计算机上进行计算。很多计算软件提供的算法可以达到此目的。研究选择 SPSS 软件。具体内容是：

① 为了说明本项目所采用方法的预测效果，基于公开文献中的数据，采用本项目所提出方法的预测结果和资料方法的预测结果进行直接比较的研究方法，以找到精度更高的数学模型为目标，尽可能降低所得数学模型的误差。为此，针对三个典型应用中公开文献存在的流化床装置特性预测的回归建模误差大的问题，分别探讨本项目提出的技术路线是否能够得到与流化床装置特性的测量值更接近的 RBFNN 模型。

② 流化床装置特性预测的 RBFNN 建模中，用到的不同组样本数据涉及不同时刻的测量结果。不同组样本数据用来进行 RBFNN 建模时，效果是不一样的。为此，设计出不同的检验样本组合方案，探讨不同的检验样本组合方案流化床装置特性预测的 RBFNN 建模的效果，从中找出 RBFNN 模型精度较高时的检验样本组合方案。

③ 要达到流化床装置特性预测的 RBFNN 建模得到高精度模型的目的，针对具体的流化床装置特性预测的 RBFNN 建模问题，分别设计了"人工法""随机法""冒泡法"三种不同的选择检验样本组合方案的技术路线，考察流化床装置基于 RBFNN 的数据挖掘的可能性。

为了检验本项目所采取的技术路线的可行性，分别用三个实例的文献进行对比研究，探讨是否能够得到比资料方法更好的结果：在考虑模型的泛化能力的前提下，RBFNN 模型预测值的相对误差（绝对值）能否由文献报道的 37.025%、27.597%、1.237%大幅度降低。

2.3 研究方案

拟构造 RBFNN 数学模型的流化床装置特性关系，其中的自变量为拟构造 RBFNN 数学模型的输入变量；流化床装置特性作为拟构造 RBFNN 数学模型的输出变量。假设有 m 组样本数据，每组样本数据包括 $i=1,2,\cdots,n$ 个"控制变量 x_i"数据，以及"被预测的变量 y"数据；训练样本参与 RBFNN 数学模型的拟合，检验样本仅仅用来测试 RBFNN 数学模型的误差，但是不参与 RBFNN 数学模型的拟合。假设已经通过试验得到了用于流化床装置特性关系预测用的若干组样本数据。每组试验对应一组样本数据，包含多个自变量数据和 1 个特性数据。除了不进行归一化以外，归一化还分别对比 SPSS 软件提供的"Standardized""Normalized""Adjusted Normalized"方案，分别对应归一化方法（1）、归一化方法（2）、归一化方法（3）。基于 RBFNN 建立的样本称为训练样本。用来对根据训练样本建立起来的 RBFNN 进行检验的那些样本称为检验样本。无论是训练样本，还是检验样本，根据训练样本建立起来的 RBFNN 模型能够预测相应的特性值。预测的特性值再减去试验的特性值，再乘以 100，接着取绝对值，再除以实验的特性值，最后取百分号，称为预测相对误差。如果 RBFNN 模型的预测相对误差较小，则该模型的精度较高；否则，该模型的精度较低。研究目的是找到精度较高的 RBFNN 模型，用于高精度预测流化床装置特性。

2.3.1　基于人工选择检验样本

进行 RBFNN 数学模型建立时，如果样本的数量较多，基于人工选择检验样本的方法，获得精度较高的 RBFNN 数学模型的路线［记为"技术路线（1）"］，见图 2-1。

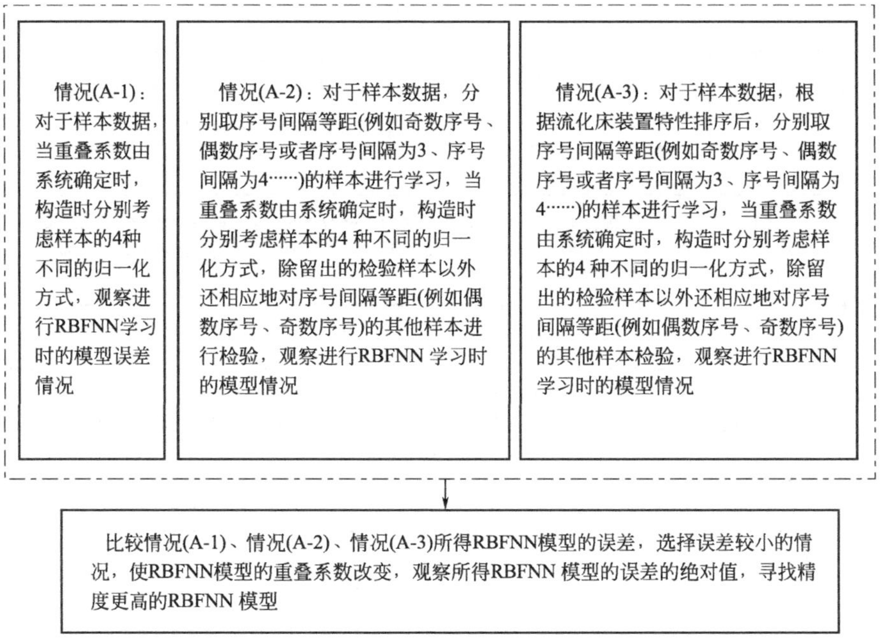

情况(A-1)：对于样本数据，当重叠系数由系统确定时，构造时分别考虑样本的4种不同的归一化方式，观察进行RBFNN学习时的模型误差情况

情况(A-2)：对于样本数据，分别取序号间隔等距(例如奇数序号、偶数序号或者序号间隔为3、序号间隔为4……)的样本进行学习，当重叠系数由系统确定时，构造时分别考虑样本的 4 种不同的归一化方式，除留出的检验样本以外还相应地对序号间隔等距(例如偶数序号、奇数序号)的其他样本进行检验，观察进行RBFNN 学习时的模型情况

情况(A-3)：对于样本数据，根据流化床装置特性排序后，分别取序号间隔等距(例如奇数序号、偶数序号或者序号间隔为3、序号间隔为4……)的样本进行学习，当重叠系数由系统确定时，构造时分别考虑样本的4种不同的归一化方式，除留出的检验样本以外还相应地对序号间隔等距(例如偶数序号、奇数序号)的其他样本检验，观察进行RBFNN学习时的模型情况

比较情况(A-1)、情况(A-2)、情况(A-3)所得RBFNN模型的误差，选择误差较小的情况，使RBFNN模型的重叠系数改变，观察所得RBFNN 模型的误差的绝对值，寻找精度更高的RBFNN 模型

图 2-1　技术路线（1）

2.3.2　基于随机选择检验样本

进行 RBFNN 数学模型建立时，如果样本的数量较少，基于随机选择检验样本的方法，获得精度较高的 RBFNN 数学模型的路线［记为"技术路线（2）"］，见图 2-2。

2.3.3　基于连续冒泡法选择检验样本

进行 RBFNN 数学模型建立时，如果样本的数量较少，基于连续冒泡的方法，还可以采取第三种获得精度较高的 RBFNN 数学模型的路线［记为"技术路线（3）"］，见图 2-3。

情况(B-1)：从m组样本选择1组样本作为"检验样本"，同时剩余的$(m-1)$组作为"训练样本"，进行模型的构造，构造时分别考虑样本的4种不同的归一化方式，分别计算所得到的$4m$个RBFNN数学模型对于"m组本数据"的预测误差，比较$4m$个RBFNN模型的误差的最大值，选择其中"误差较小的"那个RBFNN数学模型	情况(B-2)：从m组样本任意选择2组样本作为"检验样本"、同时剩余的$(m-1)$组作为"训练样本"，进行模型的构造，构造时分别考虑样本的4种不同的归一化方式，分别计算所得到的$4m(m-1)/2$个RBFNN数学模型对于"m组样本数据"的预测误差，比较$4m(m-1)/2$个RBFNN模型的误差的最大值，选择其中"误差较小的"那个RBFNN数学模型	……	情况[B-$(k-1)$]：从m组样本任意选择$k-1$组样本($k\leqslant m/2$，k为整数)作为"检验样本"、同时剩余的$(m-k+1)$组作为"训练样本"，进行模型的构造，构造时分别考虑样本的4种不同的归一化方式，分别计算所得到的$4m(m-1)…(m-k)/(k-1)!$个RBFNN数学模型对于"m组样本数据"的预测误差，比较$4m(m-1)…(m-k+1)/k!$个RBFNN模型的误差的最大值，选择其中"误差较小的"那个RBFNN数学模型	情况(B-k)：从m组样本任意选择k组样本($k\leqslant m/2$，k为整数)作为"检验样本"、同时剩余的$(m-k)$组作为"训练样本"，进行模型的构造，构造时分别考虑样本的4种不同的归一化方式，分别计算所得到的$4m(m-1)…(m-k+1)/k!$个RBFNN数学模型对于"m组样本数据"的预测误差，比较$4m(m-1)…(m-k+1)/k!$个RBFNN模型的误差的最大值，选择其中"误差较小的"那个RBFNN数学模型

比较情况(B-1)、情况(B-2)、………、情况(B-k)所得RBFNN模型的误差，选择误差较小的情况，使RBFNN模型的重叠系数改变，观察所得RBFNN模型的误差的绝对值，进一步寻找精度更高的RBFNN模型

图 2-2 技术路线（2）

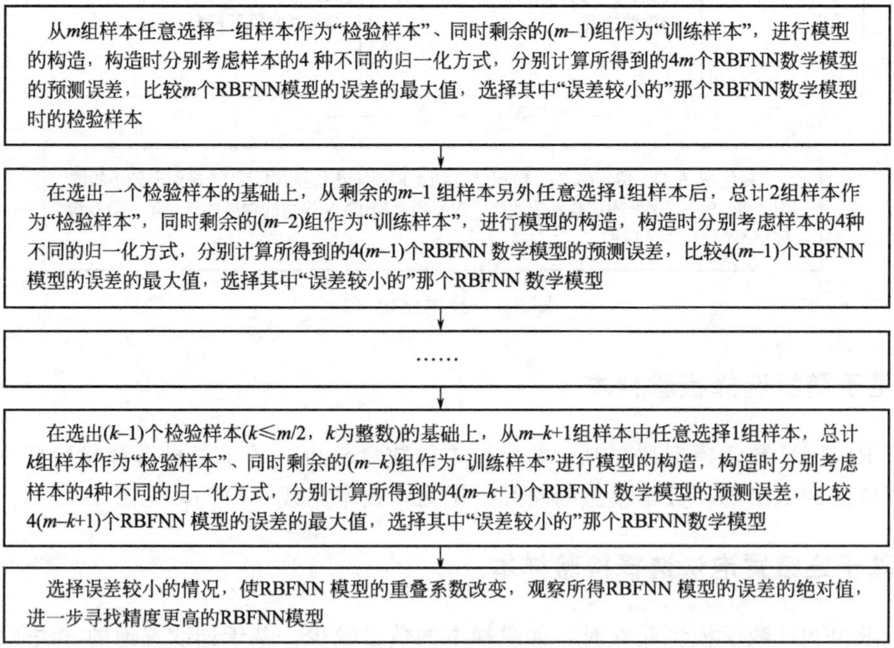

从m组样本任意选择一组样本作为"检验样本"、同时剩余的$(m-1)$组作为"训练样本"，进行模型的构造，构造时分别考虑样本的4种不同的归一化方式，分别计算所得到的$4m$个RBFNN数学模型的预测误差，比较m个RBFNN模型的误差的最大值，选择其中"误差较小的"那个RBFNN数学模型时的检验样本

在选出一个检验样本的基础上，从剩余的$m-1$组样本另外任意选择1组样本后，总计2组样本作为"检验样本"，同时剩余的$(m-2)$组作为"训练样本"，进行模型的构造，构造时分别考虑样本的4种不同的归一化方式，分别计算所得到的$4(m-1)$个RBFNN数学模型的预测误差，比较$4(m-1)$个RBFNN模型的误差的最大值，选择其中"误差较小的"那个RBFNN数学模型

……

在选出$(k-1)$个检验样本($k\leqslant m/2$，k为整数)的基础上，从$m-k+1$组样本中任意选择1组样本，总计k组样本作为"检验样本"、同时剩余的$(m-k)$组作为"训练样本"进行模型的构造，构造时分别考虑样本的4种不同的归一化方式，分别计算所得到的$4(m-k+1)$个RBFNN数学模型的预测误差，比较$4(m-k+1)$个RBFNN模型的误差的最大值，选择其中"误差较小的"那个RBFNN数学模型

选择误差较小的情况，使RBFNN模型的重叠系数改变，观察所得RBFNN模型的误差的绝对值，进一步寻找精度更高的RBFNN模型

图 2-3 技术路线（3）

2.3.4　三种技术路线的特点和对比

在建模领域，不仅要考虑模型的精度，还要考虑建模本身所花费的计算时间。为了解决流化床装置基于RBFNN的数据挖掘方法问题，设计了三条技术路线，分别对应技术路线（1）、技术路线（2）、技术路线（3）。由图2-1、图2-2、图2-3可知，技术路线（1）的计算工作量越大，得到的结果也越好，用于被处理的样本数据较少的情况；技术路线（2）、技术路线（3），用于被处理的样本数据较多的情况，计算工作量较少。对于三条技术路线，实际运用时，根据情况选择合适的路线。

对于流化床装置特性的实际测量数据，进行RBFNN建模时，参与检验的样本数据的个数越少，则控制模型的测试精度越不容易。如果想办法设计出不同的检验样本的组合方案，则可以找到精度不同的各种RBFNN模型。对于测量样本数据组的个数比较多的流化床装置特性的实际测量数据，不仅是单纯地考虑模型精度问题，还应考虑RBFNN建模的时间。实际参与RBFNN建模的流化床装置特性的实际测量样本数据组的个数有的多，有的少，因此应该设计不同的检验样本组合筛选的技术路线，从各种精度不同的RBFNN模型中选择所要的模型。选择流化床装置特性的三个典型实际测量数据建模问题，检验所提出的技术路线的实施效果。具体内容是：①流化床装置内球形大颗粒停留时间预测的RBFNN建模问题；②流化床干燥时生产热效率预测的RBFNN模型误差降低问题；③流化床干燥悬浮液时产品含固率预测模型误差降低问题。其中，②、③分别见第11章。

2.4　流化床内球形大颗粒停留时间预测模型优化

工程中流化床的运行和设计时，对于流化床内球形大颗粒停留时间的预测，建立高精度的数学模型很重要。在资料［蔡容容，张衍国，蒙晨玮，等. 流化床内球形大颗粒停留时间分布的正交实验研究［J］. 中国电机工程学报，2014，34(5)：713-717.］中，表2-2中试验数据关联选择工程热物理领域常见的幂函数拟合出来的显式数学模型见式(2-1)。式(2-1)是根据序号1～序号9的试验数据进行回归得到的。式(2-1)中，影响平均停留时间t_m的因素是风速v、密度ρ、粒径D。

表 2-2　文献关联的数据及式(2-1) 的预测结果

样本序号	风速 $v/(m/s)$	密度 $\rho/(g/cm^3)$	粒径 D/cm	平均停留时间 t_m/s	式(2-1)计算的结果 t_m/s	相对误差 $e/\%$
1	0.830	0.900	4.000	44.700	32.65	−26.964
2	0.830	1.630	5.000	42.870	52.79	23.147
3	0.830	2.450	3.000	149.410	154.43	3.360
4	0.990	0.900	5.000	11.570	15.85	37.025
5	0.990	1.630	3.000	45.350	58.33	28.617
6	0.990	2.450	4.000	60.810	69.76	14.724
7	1.120	0.900	3.000	29.320	20.18	−31.160
8	1.120	1.630	4.000	24.710	30.36	22.877
9	1.120	2.450	5.000	53.680	39.04	−27.277
10	0.826	1.081	2.996	46.860	57.23	22.138
11	0.910	0.893	4.004	20.540	25.25	22.918
12	0.910	1.880	5.012	54.790	49.05	−10.472
13	0.991	1.081	4.004	27.330	25.41	−7.023
14	1.075	1.880	4.004	36.390	40.39	10.984

由表 2-2 可知：对于参与式(2-1) 关联的序号 1～序号 9 的试验数据，式(2-1) 的相对误差的最大值为 37.025%；对于没有参与式(2-1) 关联的序号 10～序号 14 的试验数据，式(2-1) 的相对误差绝对值的最大值为 22.918%。能否基于研究提出的技术路线找到精度更高的数学模型，成为需要探讨的问题。

$$t_m = 33.68 \times (v/0.27)^{-2.68} \times (\rho/0.47)^{1.23} \times (D/280)^{-1.12} \qquad (2\text{-}1)$$

针对式(2-1) 的预测精度比较低的缺陷，研究选择 SPSS 软件中的 RBFNN，用表 2-2 中前 9 组数据建立误差较小、具有泛化能力的 RBFNN 数学模型后，用所得模型对后 5 组数据进行检验，使所得的 RBFNN 数学模型比式(2-1) 的模型对表 2-2 中的数据的相对误差更低，成为研究的目标。

建立 RBFNN 数学模型时，应尽可能从前 9 组数据中留出至少 1 组样本为检验样本，即最多 8 组样本用来训练。通过改变归一化方案、隐含层神经元的重叠系数，直到找到精度较高的 RBFNN 数学模型。

对于表 2-2 中前 9 组数据，基于技术路线选择检验样本连同表 2-2 中后 5 组样本一起进行检验，观察所得 RBFNN 模型的精度。三种不同的归一化方法以及不进行归一化下所得 RBFNN 数学模型，对全部样本预测时的误差绝对值的最大值的结果分别见表 2-3。

表 2-3 对全部样本预测时的误差绝对值最大值的结果

训练样本的序号	归一化方法(1)	归一化方法(2)	归一化方法(3)	不归一化
全部	63.319	66.969	58.249	100.449
奇数序号	238.413	155.502	223.996	339.952
偶数序号	51.187	61.310	60.151	164.270
1、3、5、7	273.528	119.337	270.562	430.448
3、5、7、9	212.364	214.917	216.121	81.389
2、3、5、6、8、9	143.902	85.634	144.527	234.394
2、3、4、6、7、8	85.064	117.193	84.552	102.863
2、3、4、5、7、8、9	29.979	35.408	30.263	74.528
2、3、4、5、6、8、9	46.134	110.604	79.284	237.326
2、3、4、5、6、7、9	42.088	47.571	33.531	84.606
2、3、4、5、6、7、8	39.695	56.225	44.184	56.857
1、3、4、6、7、9	81.115	98.606	68.645	105.573
1、3、4、5、7、8、9	63.164	50.706	59.755	103.635
1、3、4、5、6、8、9	59.930	103.347	68.600	103.347
1、3、4、5、6、7、9	58.703	63.902	58.500	109.774
1、3、4、5、6、7、8	68.735	58.787	60.670	139.769

由表 2-3 可知，误差绝对值的最优值为 29.979%。此时，取编号为"2、3、4、5、7、8、9"的样本为训练样本，编号为"1、6、10～14"的样本为检验样本，选择第一种归一化方法，使 RBFNN 的重叠系数在 1～2 范围内改变，所得 RBFNN 的结果见表 2-4。

表 2-4 使 RBFNN 的重叠系数在 1～2 范围内改变时的结果

重叠系数	结果	重叠系数	结果	重叠系数	结果
1	29.600	0.75	29.900	1.125	29.694
2	31.787	0.875	29.649	0.96875	29.597
1.5	30.435	1.25	29.884	10.0625	29.632
0.5	31.163	0.9375	29.604	0.984375	29.597

由表 2-4 可知，当重叠系数为 0.96875 时，所得 RBFNN 的误差的绝对值可以降低

为 29.597%。

选择 RBFNN 建立数学模型。分别取"前 9 组样本""前 9 组样本中任意 8 组样本""前 9 组样本中任意 7 组样本""前 9 组样本中任意 6 组样本""前 9 组样本中任意 5 组样本"建立径 RBFNN。建立 RBFNN 时，分别选择不同的归一化方案。首先自动确定隐含层神经元的个数和隐含层神经元的重叠系数，观察较佳的训练样本组合和较佳的归一化方案。找到较佳的训练样本组合和较佳的归一化方案后，改变隐含层神经元的重叠系数，观察所得 RBFNN 的精度，直到找到 RBFNN 数学模型精度较高时的重叠系数。需要指出：限于篇幅，这里只给出较好的结果。

分别选择不同的归一化方法，直接以表 2-2 中的前 9 组样本中任意选择 8 组样本学习得到的 RBFNN 模型，对前 9 组样本、后 5 组样本预测，比较得到的 RBFNN 模型的误差绝对值的最大值结果。结果表明，此时，较好的方案是：选择序号为 1 的样本用来测试，剩余 8 组样本学习，同时选择较好的归一化方法（1）。对于此方案，使 RBFNN 的重叠系数在 0.125～2 范围内改变，当重叠系数为 0.272375 时，所得 RBFNN 的误差的绝对值可以降低 23.021%。

分别选择不同的归一化方法，直接以表 2-2 中的前 9 组样本中任意选择 7 组样本学习得到的 RBFNN 模型，对前 9 组样本、后 5 组样本预测，比较得到的 RBFNN 模型的误差绝对值的最大值结果。结果表明，此时，较好的方案是：选择序号为 1、6 的样本用来测试，剩余 7 组样本学习，同时选择较好的归一化方法（1）。对于此方案，使 RBFNN 的重叠系数在 0.5～2 范围内改变，当重叠系数为 0.95 时，所得 RBFNN 的误差的绝对值可以降低 29.6%。

分别选择不同的归一化方法，直接以表 2-2 中的前 9 组样本中任意选择 6 组样本学习得到的 RBFNN 模型，对前 9 组样本、后 5 组样本预测，比较得到的 RBFNN 的误差绝对值的最大值结果。结果表明，此时，较好的方案是：选择序号为 1、6、8 的样本用来测试，剩余 6 组样本学习，同时选择较好的归一化方法（3）。对于此方案，使 RBFNN 的重叠系数在 0.9～2 范围内改变，当重叠系数为 1.233 时，所得 RBFNN 的误差的绝对值可以降低 25.536%。

分别选择不同的归一化方法，直接以表 2-2 中的前 9 组样本中任意选择 5 组样本学习得到的 RBFNN 模型，对前 9 组样本、后 5 组样本预测，比较得到的 RBFNN 模型的误差绝对值的最大值结果。结果表明，此时，较好的方案是：选择序号为 1、2、6、8 的样本用来测试，剩余 5 组样本学习，同时选择归一化方法（3）。对于此方案，使 RBFNN 的重叠系数在 0.9～2 范围内改变，当重叠系数为 2.4625 时，所得 RBFNN 的误差的绝对值可以降低 27.224%。

分别选择序号为 2、3、4、5、6、7、8、9 的 8 组样本，序号为 2、3、4、5、7、8、9 的 7 组样本、序号为 2、3、4、5、7、9 的 6 组样本，序号为 3、4、5、7、9 的 5 组样本来进行训练时，根据技术路线采用全面试验所得到的 RBFNN 数学模型的最大误差分别是 23.021%、29.6%、25.536%、27.224%。

显然，选择序号为 2、3、4、5、6、7、8、9 的 8 组样本来进行训练时所得到的 RBFNN 数学模型的精度较高。此时，剩余的 1、10、11、12、13、14 个样本共 6 组样本作为 RBFNN 学习时的检验样本。此时得到的 RBFNN 数学模型的精度见表 2-5，误差绝对值的最大值是 23.021%、误差绝对值的平均值是 7.542%。在取全部 9 组样本数据进行训练的前提下，文献的误差绝对值的最大值是 37.025%、误差绝对值的平均值是 20.62%。在精度较高时，研究得到的 RBFNN 是取部分样本进行训练，因此，与文献相比，研究得到的 RBFNN 的泛化能力更高，而且精度更高。

表 2-5　研究的 RBFNN 模型时、式(2-1) 时的预测误差

样本序号	研究模型	文献模型	样本序号	研究模型	文献模型
1	−23.021	−26.964	8	0	22.877
2	0	23.147	9	0	−27.277
3	0	3.36	10	3.945	22.138
4	0	37.025	11	−18.625	22.918
5	0	28.617	12	−21.518	−10.472
6	0	14.724	13	−23.017	−7.023
7	0	−31.16	14	−15.462	10.984

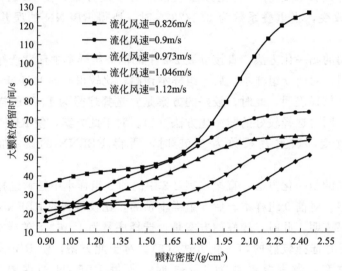

图 2-4　颗粒密度和流化风速对停留时间的影响

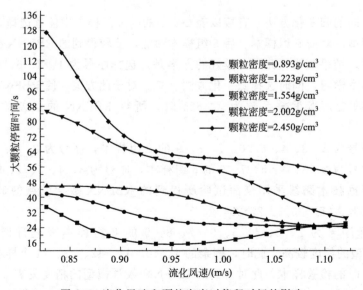

图 2-5　流化风速和颗粒密度对停留时间的影响

　　根据学习好的 RBFNN 数学模型，可以预测各因素变化时对大颗粒停留时间的影响趋势，见图 2-4～图 2-9。由图 2-4 可知，随着颗粒密度的增大，停留时间非线性延长。由图 2-5 可知，当颗粒密度较大时，随着流化风速的提高，停留时间缩短。由图 2-6 可知，当大颗粒粒径较小时，随着流化风速的提高，停留时间缩短。由图 2-7 可知，当流化风速较小时，随着大颗粒粒径的增大，停留时间缩短。由图 2-8 可知，随着颗粒密度的增大，停留时间延长。由图 2-9 可知，大颗粒粒径在 4cm 以上时，随着大颗粒粒径的增大，停留时间缩短。

　　根据流化床装置内球形大颗粒停留时间分布的实验数据，基于 SPSS 的 RBFNN 建模功能，设计了人工定义检验样本（A）和全面组合定义检验样本（B），分别考虑了三种不同的归一化方案和不进行归一化的方案，找到较佳的检验样本组合，使 RBFNN 的重叠系数变化，经过大量的计算对比，找到了比文献方法所得模型的最高相对误差、平均相对误差均降

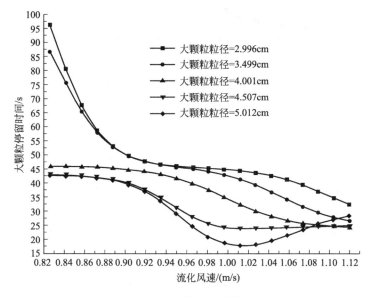

图 2-6　流化风速和大颗粒粒径对停留时间的影响

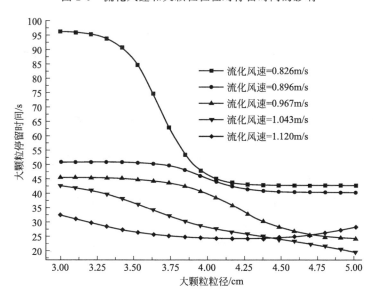

图 2-7　大颗粒粒径和流化风速对停留时间的影响

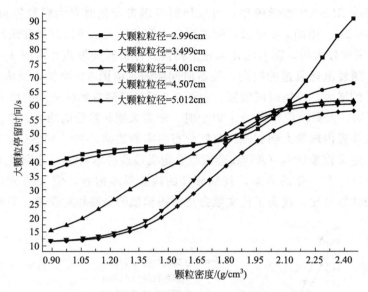

图 2-8　颗粒密度和大颗粒粒径对停留时间的影响

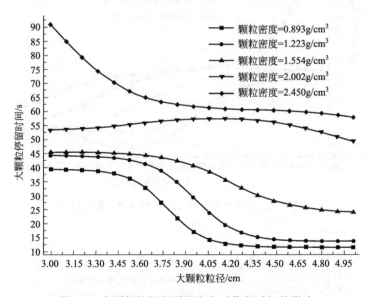

图 2-9　大颗粒粒径和颗粒密度对停留时间的影响

低的 RBFNN 模型。较佳的 RBFNN 模型使最高相对误差由文献的 37.025％降低到研究的 23.021％，使平均相对误差由文献的 20.62％降低到研究的 7.542％。资料得到的式(2-1)是基于前 9 行数据进行回归，并没有在建模阶段考虑回归模型的泛化能力控制。本项目的方法是部分数据进行训练、部分数据进行检验，考虑了 RBFNN 模型的泛化能力控制。因此本项目的计算方法更有利于描述流化床装置内球形大颗粒停留时间分布的实验数据间的关系，可以在类似场合推广应用。根据找到的 RBFNN 模型，讨论了流化床装置内球形大颗粒停留时间及其影响因素间的关系，进一步证明了流化床装置内球形大颗粒停留时间及其影响因素间的非线性关系，说明采用基于 RBFNN 建模这种非线性建模方法的合理性。

第 3 章

石灰石湿法烟气脱硫装置运行数据挖掘

从石灰石湿法烟气脱硫装置的日常运行数据出发，选择基于 GeneXproTools 软件的基因表达式建模，考虑归一化方法、解释变量对模型的影响，利用正交试验、均匀设计试验、响应面设计考察模型的优化过程，找到高精度数据挖掘模型，根据高精度模型的预测能力，研究各影响因素对要软测量的量的影响。

3.1　基于 GeneXproTools 的基因表达式建模

3.1.1　模型建立过程

打开 GeneXproTools 5.0 软件，进入软件界面，如图 3-1 所示。

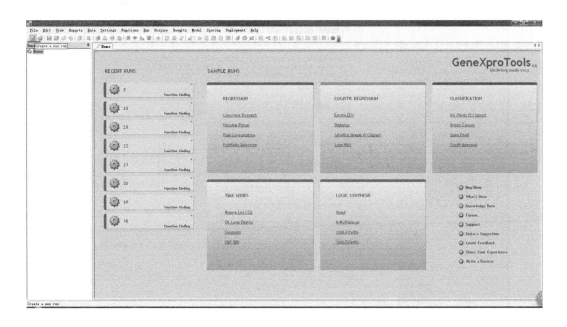

图 3-1　GeneXproTools 运行窗口

单击图 3-1 中左上角用线画出的 New Run Wizard 图标，建立新任务，得到如图 3-2 所示界面。

在 Run Name 中修改新建文件名（如图 3-3 所示：Run Name 命名为 "1"），因为该试验属于回归类型，在 Run Categoryt 选择"Function Finding（Regression）"，如图 3-3 所示。

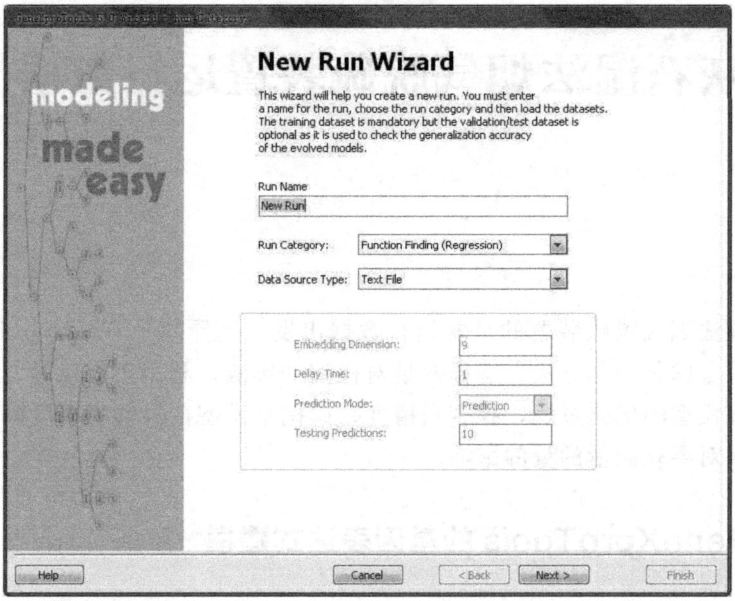

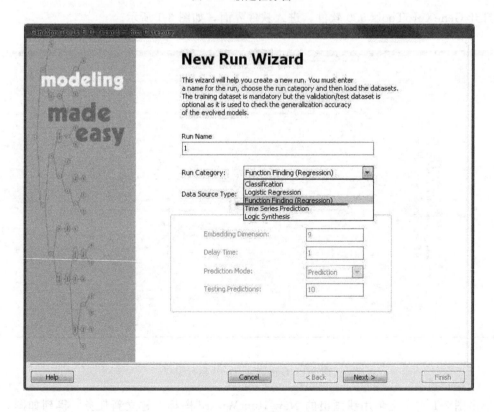

图 3-2　新建任务窗口

图 3-3　选择新建任务类型

选择导入数据文件格式，使用文本格式，选项如图 3-4 所示。

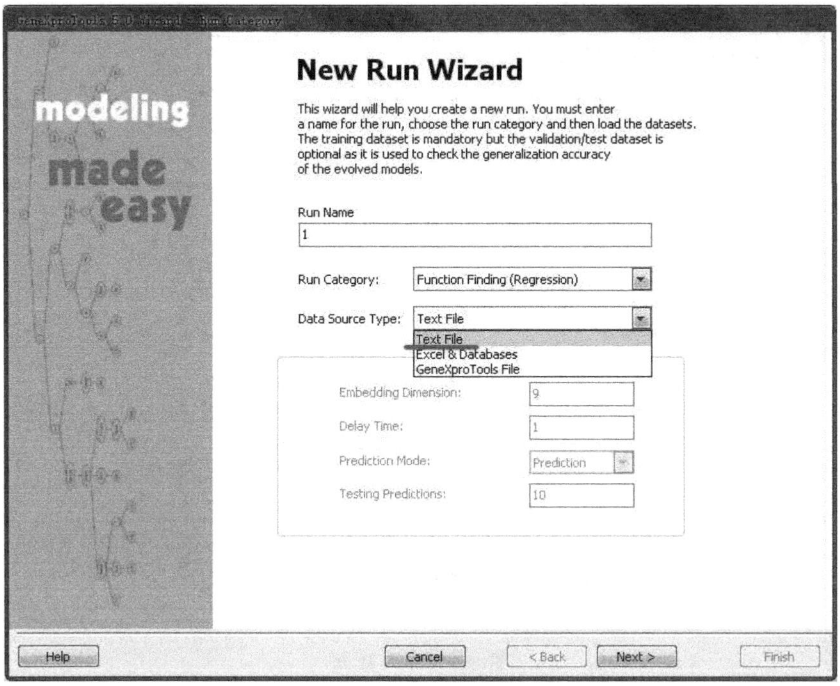

图 3-4　导入数据格式

　　完成该步骤后单击 Next，进行数据导入，单击如图 3-5 所示标出的按钮，选择数据路径。

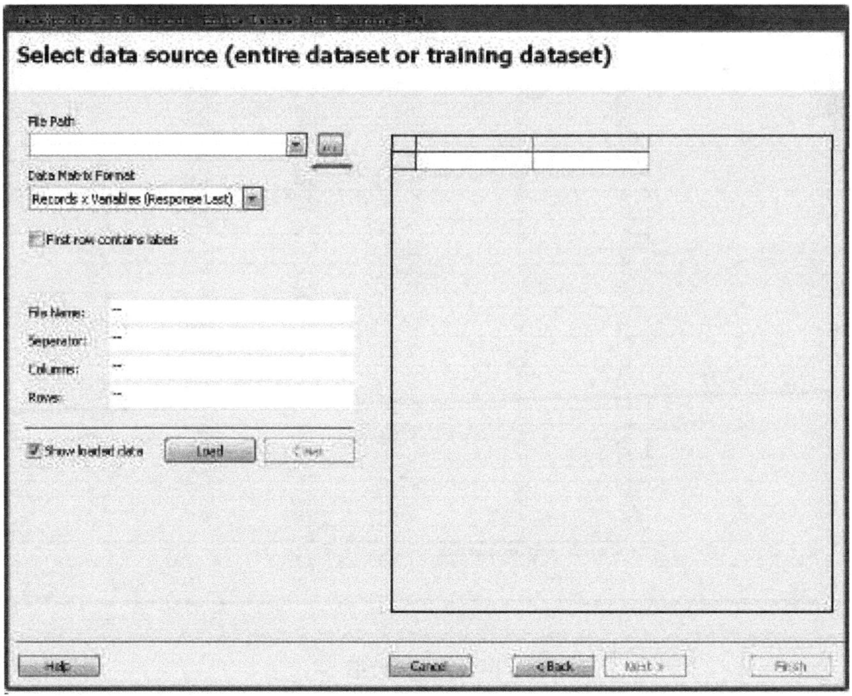

图 3-5　选择数据路径

按储存路径找到数据文件后，单击"打开"，如图 3-6 所示。

图 3-6　导入数据

数据导入成功后会显示在窗口中，之后单击"Next"建立任务，如图 3-7 所示。

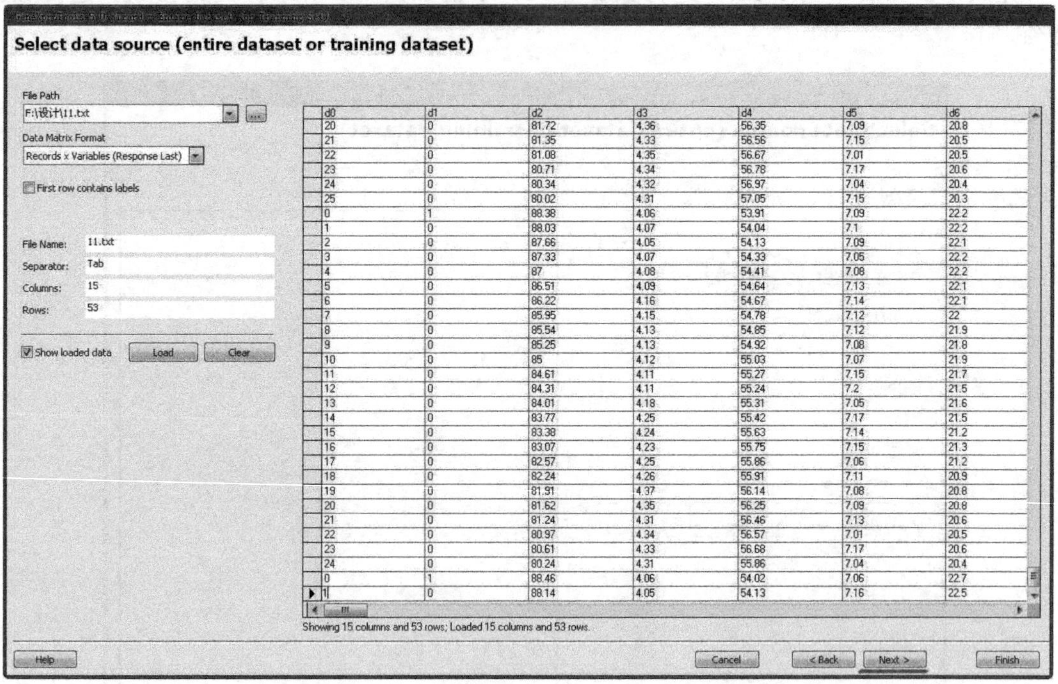

图 3-7　源数据

对新任务的保存路径进行设置，由于计算量过大，需选择可用空间较大的位置进行保存，选定位置后，单击"保存"，如图 3-8 所示。

图 3-8　保存路径

保存成功后进入新建任务界面，如图 3-9 所示。

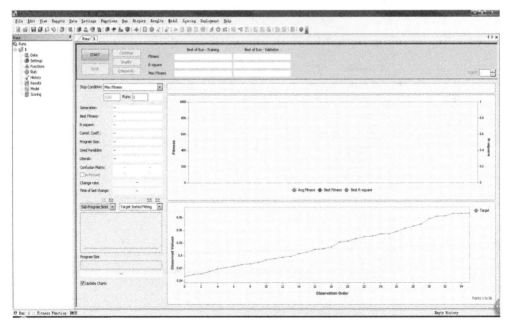

图 3-9　新建任务界面

在窗口左侧选择"Settings"，打开对试验参数进行设置的窗口，初始数据如图 3-10 所示。

本窗口中需要设置的参数有 3 个，分别为 Number of Chromosomes（染色体条数）、Head Size（基因头部长度）、Number of Genes（基因个数）。由于每次试验存在误差，因此需要进行 10 次试验然后取平均值，为了比较模型的差异，需保存、添加每次计算的最佳模型，更改后的参数及设置如图 3-11 所示。

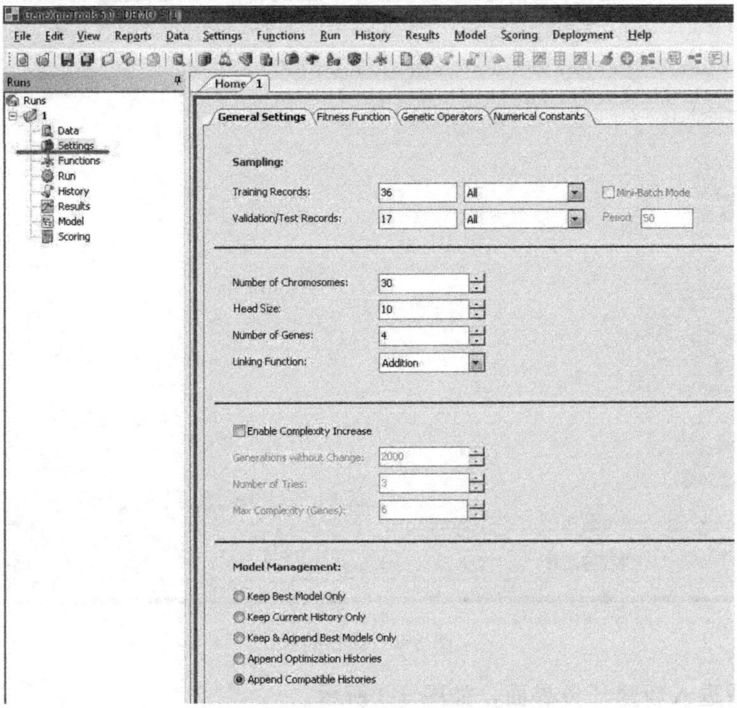

图 3-10 参数设置窗口（1）

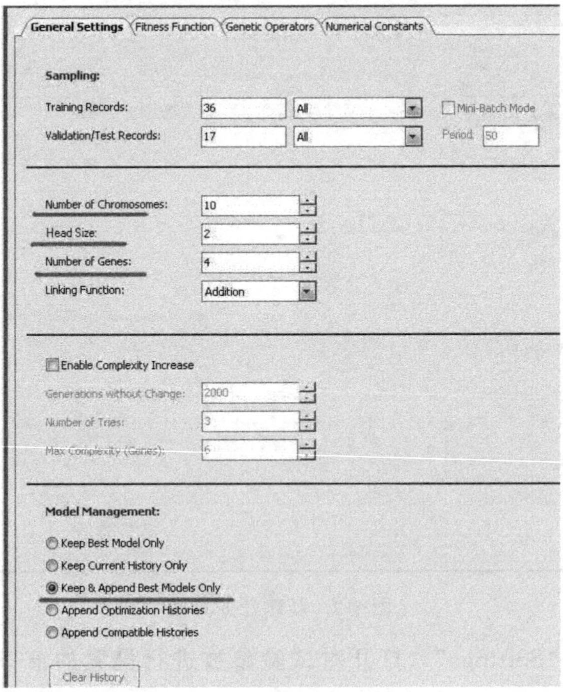

图 3-11 参数设置窗口（2）

点击中间窗口顶部的"Fitness Function"选项，对 Fitness Function（适应度函数）进行修改，如图 3-12 所示。

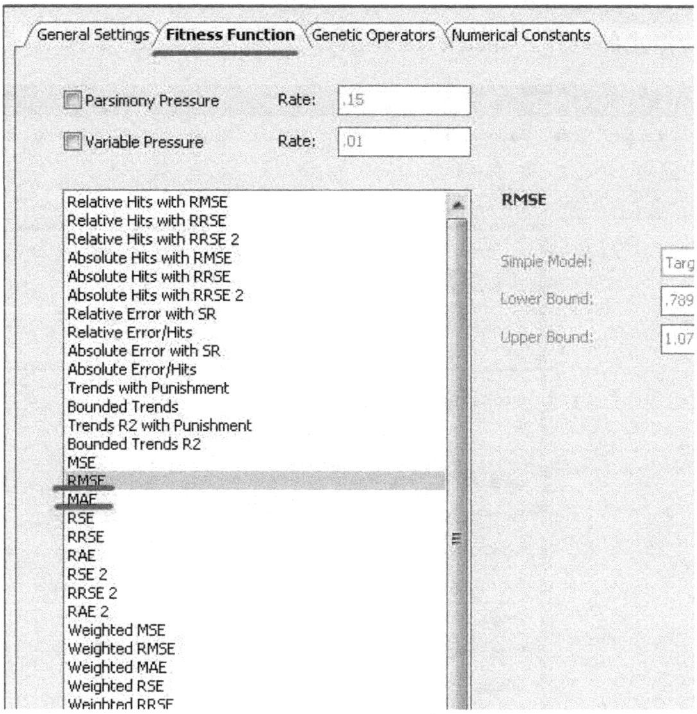

图 3-12　适应度函数设置窗口

点击中间窗口顶部的"Genetic Operators"选项，对 Genetic Operators（遗传算子）进行修改，修改后的数据如图 3-13 所示。

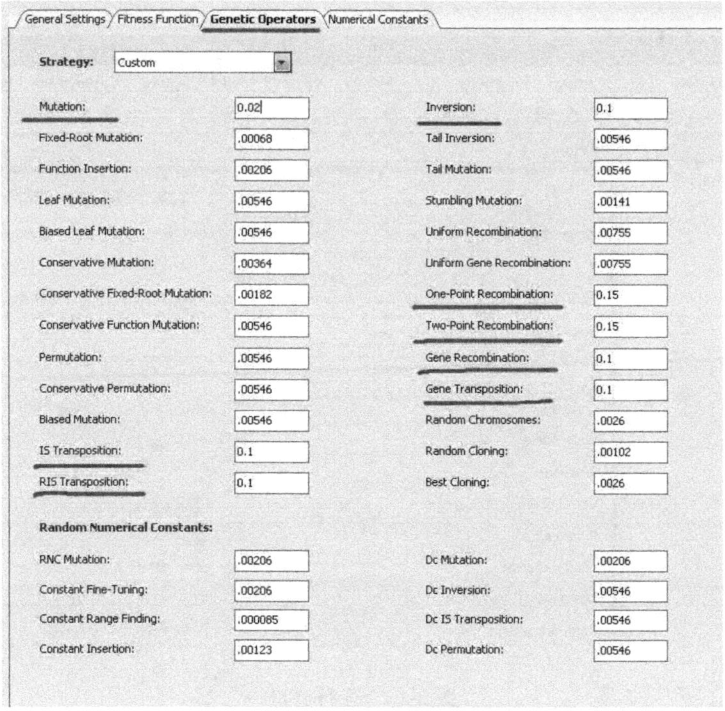

图 3-13　遗传算子设置窗口

设置完成后在窗口左侧选择"Run",对 Generation Number(最大遗传代数)进行修改,首先选择试验停止的条件,如图 3-14 所示。

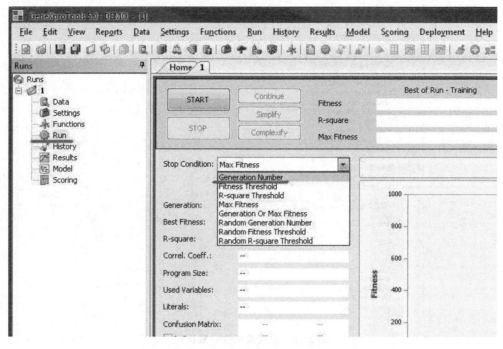

图 3-14 停止条件设置窗口

选择停止条件后,再对最大代数进行修改,修改完成后,点击"START"进行运算,如图 3-15 所示。

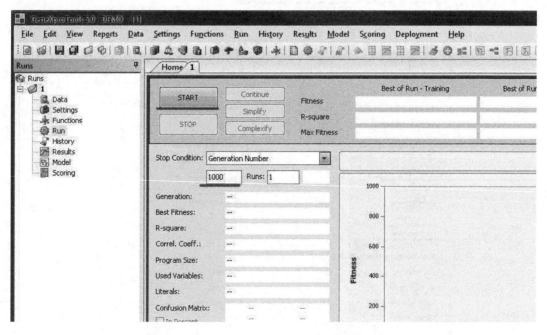

图 3-15 运行窗口

运行时,界面如图 3-16 所示。

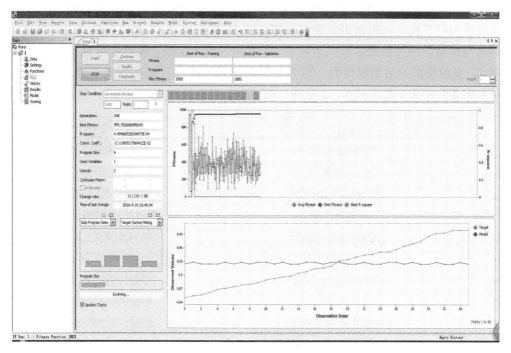

图 3-16　软件运行界面

　　当最大代数达到停止条件后，第 1 次试验完成，再次点击 "START" 进行第 2 次运算，共重复进行 10 次，完成后在窗口左侧选择 "History" 查看运行结果，对结果中的 10 次检验相关系数（Validation R-square）在 Excel 中计算平均值，填入 13 因素两水平表格中，进行下一组数据的试验，训练评估结果如图 3-17 所示。

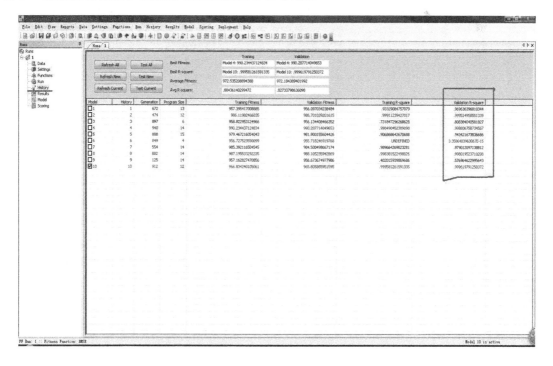

图 3-17　训练评估结果

由于 GeneXproTools 软件每次进行建模，总是存在所建模型不一样的问题。为提高试验的准确性与可靠性，每组数据在建模时都计算 10 次，取每 10 次的平均值进行对比。

训练与检验的相关系数的有效值在 0～1 之间，从 History 选项中可以查寻，相关系数越接近 1，表明模型的结果越精确，因为建模的结果不唯一，因此需要多次试验求平均值，求值过程中忽略相关系数不在 0～1 范围内的结果，每组进行 10 次计算，如图 3-18 所示。

Training R-square	Validation R-square
.93329084757079	.969636396810344
.99911239427017	.999514958551339
.731847296268628	.808384040581827
.998490452389098	.998806758734567
.906868642670688	.943421673836686
UNDEFINED	3.3586483963067E-15
.989664269823281	.979012097138812
.998381522498826	.998019523710208
.402015939869686	.576964622995643
.999581261591335	.999619791250372

图 3-18 训练与检验的相关系数

训练样本的真实值与预测值表格可以用来计算训练相对误差，该表可在“Results”选项查寻，如图 3-19 所示。

	Record ID	Target	Model	Residual
1	44	.8965	.874357401129969	2.2142598700013E-02
2	36	.9451	.959909600032428	-1.48396003242799E-02
3	32	.8745	.834673484047753	3.95265151522473E-02
4	45	.8902	.863563249880236	2.66367501197643E-02
5	43	.9022	.885151952379702	1.70484476202984E-02
6	40	.9204	.917534006128901	2.86599307109943E-03
7	8	.9583	.98146553752227	-2.3165537522700E-02
8	21	.8804	.844966252935934	3.54033747060664E-02
9	29	.9674	1.01549865807241	-4.80986580724108E-02
10	12	.9345	.939830954130873	-5.33095413087314E-03
11	27	.9999	1.05625980768324	-5.64159807683244E-02
12	24	.8624	.813385182346287	4.90148176537131E-02
13	17	.9048	.887402229489313	1.73977805106871E-02
14	30	.8862	.855790776543666	3.04092234563337E-02
15	50	.8895	.838050472024466	5.14495279755339E-02
16	35	.9162	.908219511185226	7.98048881477353E-03
17	51	.8896	.83205339639960	5.19466036004004E-02
18	39	.9268	.938281573963400	-1.52818739617354E-02
19	3	.9871	1.03389427216426	-4.67942721642606E-02
20	53	.9942	1.04006235889268	-4.58623588926794E-02
21	1	1	1.06549257466373	-6.54925746637264E-02
22	49	.8658	.818726324735647	4.77263675264353E-02
23	10	.9462	.960644245826787	-1.44424582678664E-02
24	31	.9758	1.01468813673765	-3.88813673764972E-02
25	11	.9408	.949854094577054	-9.05409457705375E-03
26	18	.8985	.876600806823958	2.18991931760419E-02
27	42	.9085	.895945702629434	1.25542963705655E-02
28	14	.9227	.918242651631457	4.45734836856268E-03
29	47	.8787	.841203936577217	3.74960634227826E-02
30	34	.9572	.982298913627298	-2.50989136272985E-02
31	7	.9652	.992259688772433	-2.70596887724330E-02
32	25	.8586	.803362041902106	5.31379580978937E-02
33	41	.9145	.909468094407615	8.53155923849E-03

图 3-19 训练样本真实值预测值表格

检验样本、训练样本的真实值分别与预测值的比较如图 3-20、图 3-21 所示，可以直观地看出检验结果、训练结果分别与真实值的接近程度，该图在“Results”选项中查寻，其中 Model 线表示预测值，Target 表示真实值。

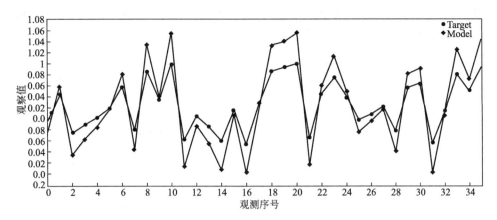

图 3-20　训练样本真实值与预测值折线图

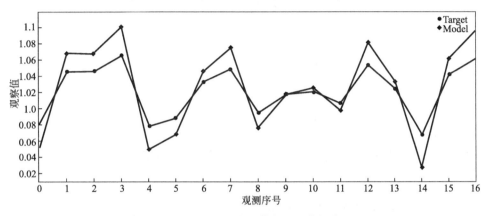

图 3-21　检验样本真实值与预测值折线图

3.1.2　模型预测过程

选择 History 训练评估结果中模型相似系数最大（即精度最高）的一个模型作为预测模型，如图 3-22 所示，选择第 2 个模型。

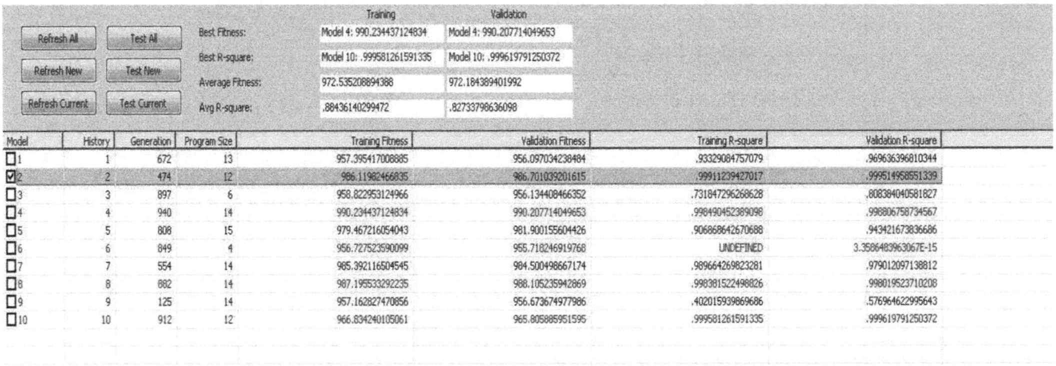

Model	History	Generation	Program Size	Training Fitness	Validation Fitness	Training R-square	Validation R-square
☐1	1	672	13	957.395417008885	956.097034238484	.93329084757079	.969636396810344
☑2	2	474	12	986.11982466835	986.701039201615	.99911239427017	.999514958051339
☐3	3	897	6	958.822953124966	956.134408466352	.731847296268628	.808384040581827
☐4	4	940	14	990.234437124834	990.207714049653	.99849045238909	.998806758734567
☐5	5	808	15	979.467216054043	981.900155604426	.906868642670688	.943421673836686
☐6	6	849	4	956.727523590099	955.718246919768	UNDEFINED	3.3586483963067E-15
☐7	7	554	14	985.392116504545	984.500498667174	.98966426982321	.97901209713881
☐8	8	882	14	987.195533292235	988.105235942869	.99838152249882	.998019523710208
☐9	9	125	14	957.162827470856	956.673674977986	.402015939869686	.576964622995643
☐10	10	912	12	966.834240105061	965.805885951595	.99958126159135	.9996199791250372

Best Fitness: Training Model 4: 990.234437124834　Validation Model 4: 990.207714049653

Best R-square: Training Model 10: .99958126159135　Validation Model 10: .9996199791250372

Average Fitness: Training 972.535208894388　Validation 972.184389401992

Avg R-square: Training .88436140299472　Validation .82733796636098

图 3-22　训练评估结果

单击"Scoring"进入预测界面，单击"Text Files"选择用以预测的数据文件格式，该试验采用的文件格式为文本格式，如图 3-23 所示。

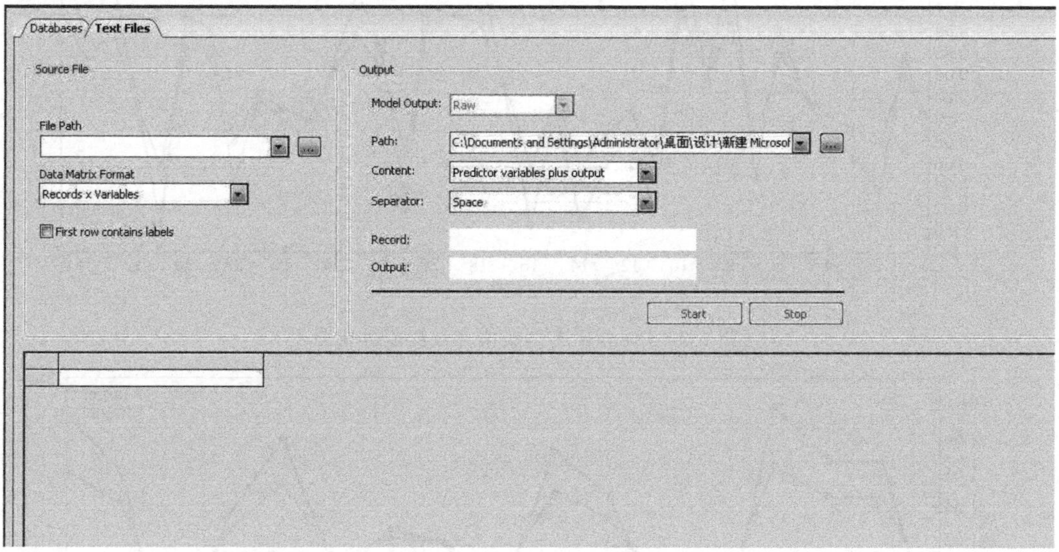

图 3-23　预测数据导入界面

在"Flie Path"中按预测数据文件路径导入预测数据，如图 3-24 所示。

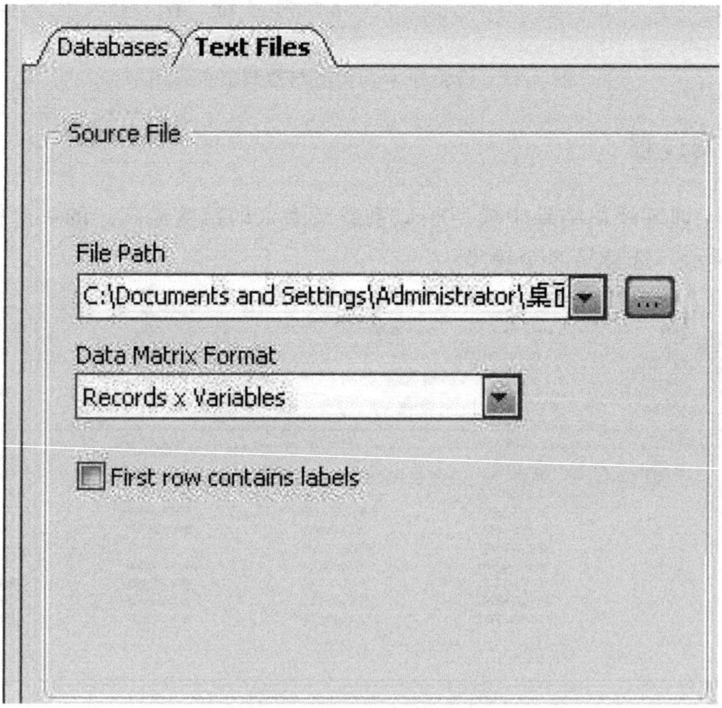

图 3-24　成功导入预测数据

单击"Start"按钮，对需要预测的数据进行计算，得到预测结果，如图 3-25 所示。

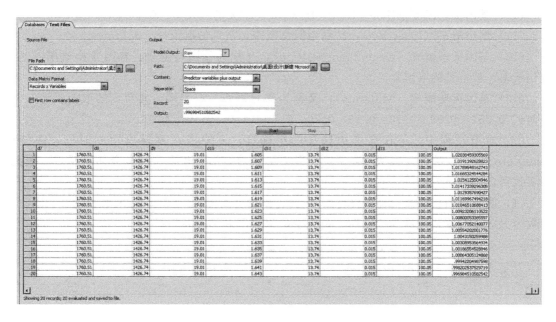

图 3-25　预测数据及预测结果

3.1.3　最大遗传代数的影响

遗传算法工具 GeneXproTools 可设置的变量有以下 13 个。

（1）染色体条数（Number of Chromosomes），又称为种群数、种群大小（个）、种群规模、染色体个数、染色体数目。其常见的取值是：10、15、20、30、40、50、60、70、80、90、100、200、1000。

（2）遗传代数（Generation Number），又称为最大迭代次数、进化代数、最大演化代数。其常见的取值是：100、200、300、1000、10000、15000、20000。

（3）基因头部长度（Head Size），又称为头部大小、基因"头长"。其常见的取值是：2、4、6、8、9、10、12、14、16、18、19、20。

（4）基因个数（Number of Genes），又称为基因数量、个体基因数、基因数、染色体中基因个数、染色体中基因数、基因个数、基因数目。其常见的取值是：1、2、3、4、5、6、7、8、9、10、11、16。

（5）适应度函数（Fitness Function）。其常见的取值是：MSE、RMSE、RESR、AESR、R-Squire、MAE、RSE、RRSE、RAE。

（6）插串概率（IS Transposition），又称为 IS 移位率、IS 插串率、基因 IS 变换概率。其常见的取值是：0.1、0.3。

（7）根插串概率（RIS Transposition），又称为根插串率、RIS 插串、RIS 变换概率、RIS 移位率。其常见的取值是：0.1、0.3。

（8）单点重组概率（One-Point Recombination），又称为一点重组率。其常见的取值是：0.15、0.2、0.3、0.4、0.7。

（9）双点重组概率（Two-Point Recombination），又称为两点重组概率、两点重组率、双点重组率。其常见的取值是：0.15、0.2、0.3、0.5。

（10）基因重组概率（Gene Recombination）。常见的取值是：0.1、0.3。

（11）倒串概率（Inversion），又称为倒位概率。常见的取值是：0.1。

（12）基因插串概率（Gene Transposition），又称为基因转座率、基因变换概率、基因变化概率。其常见的取值是：0.1。

（13）基因突变概率（Mutation），又称为变异概率、变异率。其常见的取值是：0.02、0.044、0.051、0.08、0.12、0.16、0.20、0.24、0.28、0.32、0.36。

由于建模过程中，不仅要考虑模型的精确度，还要考虑建模所用的时间，在使用 GeneXproTools 软件建立模型时随着最大遗传代数的增加，建模时间也会随之延长。因此，需要找到合适的最大遗传代数。

（1）使用原始数据时，染色体数目为 30，基因头部长度为 10，基因数目为 4，适应度函数为 RMSE，遗传代数为 500 时，最大检验相对误差见表 3-1。

表 3-1　遗传代数为 500 时的最大检验相对误差

次数/次	最大检验相对误差/%	试验起止时间	所用时长/s
1	2.030453112	14:40:10—14:40:26	16
2	2.820571957	14:42:20—14:42:37	17
3	62.10174543	14:43:05—14:43:18	13
4	1.547599165	14:43:48—14:44:03	15
5	1.194595468	14:44:29—14:44:49	20
6	5.167169545	14:45:18—14:45:35	17
7	0.922141763	14:45:57—14:46:14	17
8	2.013204618	14:46:39—14:46:56	17
9	2.083498006	14:47:28—14:47:45	17
10	4.863433567	14:48:05—14:48:23	17

遗传代数为 500 时，模型的最大检验相对误差<1%时算某次运行结果成功，得表 3-2。

表 3-2　遗传代数为 500 时的试验结果

挖掘次数/次	成功次数/次	成功率/%	总用时/s	成功挖掘平均用时/s
10	1	10	166	166

（2）使用原始数据时，染色体数目为 30，基因头部长度为 10，基因数目为 4，适应度函数为 RMSE，遗传代数为 1000 时，最大检验相对误差见表 3-3。

表 3-3　遗传代数为 1000 时的最大检验相对误差

次数/次	最大检验相对误差/%	试验起止时间	所用时长/s
1	0.665085389	15:20:13—15:21:01	48
2	1.780538994	15:21:45—15:22:32	47
3	0.996595317	15:22:58—15:23:44	46
4	0.947774921	15:24:14—15:25:01	47
5	3.331214566	15:26:22—15:27:10	48
6	1.796296436	15:27:33—15:28:23	50
7	0.544642844	15:28:42—15:29:27	45
8	4.945552935	15:29:55—15:30:44	49
9	15.79705078	15:31:03—15:31:50	47
10	2.176605976	15:32:11—15:32:58	47

遗传代数为 1000 时，模型的最大检验相对误差<1%时算某次运行结果成功，得表 3-4。

表 3-4　遗传代数为 1000 时的试验结果

挖掘次数/次	成功次数/次	成功率/%	总用时/s	成功挖掘平均用时/s
10	4	40	474	118.5

（3）使用原始数据时，染色体数目为 30，基因头部长度为 10，基因数目为 4，适应度函数为 RMSE，遗传代数为 1500 时，最大检验相对误差见表 3-5。

表 3-5　遗传代数为 1500 时的最大检验相对误差

次数/次	最大检验相对误差/%	试验起止时间	所用时长/s
1	3.578255256	15:43:59—15:45:00	61
2	2.453905839	15:45:51—15:46:55	64
3	1.140993357	15:47:18—15:48:21	63
4	6.666828606	15:48:51—15:50:00	69
5	3.850576587	15:50:20—15:51:25	65
6	1.254832604	15:51:45—15:52:44	59
7	0.995171423	15:53:17—15:54:20	63
8	0.256091321	5:54:39—15:55:44	65
9	0.698513615	15:56:05—15:57:07	62
10	1.755185279	15:09:00—16:10:01	61

遗传代数为 1500 时，模型的最大检验相对误差<1%时算某次运行结果成功，得表 3-6。

表 3-6　遗传代数为 1000 时的试验结果

挖掘次数/次	成功次数/次	成功率/%	总用时/s	成功挖掘平均用时/s
10	3	30	632	210.7

（4）使用原始数据时，染色体数目为 30，基因头部长度为 10，基因数目为 4，适应度函数为 RMSE，遗传代数为 2000 时，最大检验相对误差见表 3-7。

表 3-7　遗传代数为 2000 时的最大检验相对误差

次数/次	最大检验相对误差/%	试验起止时间	所用时长/s
1	4.695105148	16:12:07—16:13:42	95
2	3.353895253	16:14:18—16:15:50	92
3	0.532855184	16:16:10—16:17:43	93
4	2.366641817	16:31:32—16:33:03	91
5	0.604276225	16:33:44—16:35:18	94
6	2.729360584	16:35:45—16:37:21	96
7	0.493058872	16:37:41—16:39:18	97
8	1.493857671	16:39:39—16:41:12	93
9	2.028449616	16:41:30—16:43:00	90
10	2.820897795	16:43:19—16:44:51	92

遗传代数为 2000 时，模型的最大检验相对误差<1%时算某次运行结果成功，得表 3-8。

表 3-8　遗传代数为 2000 时的试验结果

挖掘次数/次	成功次数/次	成功率/%	总用时/s	成功挖掘平均用时/s
10	3	30	933	311

最大遗传代数与成功次数的关系如图 3-26 所示。

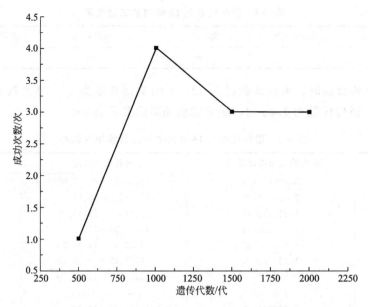

图 3-26　遗传代数与成功次数的关系图

由图 3-27 可知，当遗传代数为 1000 时，10 次计算中模型的最大检验相对误差＜1％时的次数最多（即成功次数最多），因此在此范围内遗传代数选择 1000 最好。

3.1.4　基于正交试验的模型优化

为找寻最佳模型，需要进行一系列的试验，来找寻最优的参数组合。使用正交试验的方法进行尝试，试验的平台是 GeneXproTools 软件。该软件能够得到基因表达式模型。

打开 Minitab 软件，进入 Minitab 运行主界面，如图 3-27 所示。

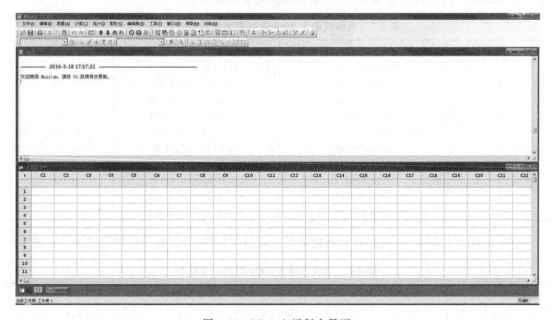

图 3-27　Minitab 运行主界面

在软件上方菜单栏中，选择"统计"选项，然后选择"DOE"选项，从"DOE"选项中选择"田口",单击"创建田口设计",打开"田口设计"窗口,如图 3-28 所示。

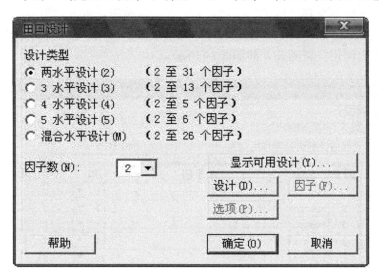

图 3-28 田口设计窗口

由于影响 GEP 模型精度的参数较多,为减少试验复杂性与运行时间,选择较少水平进行设计正交表格。设计类型选择"两水平设计",因子数设为 13 个,之后单击"设计"按钮,进入"田口设计:设计窗口",如图 3-29 所示。

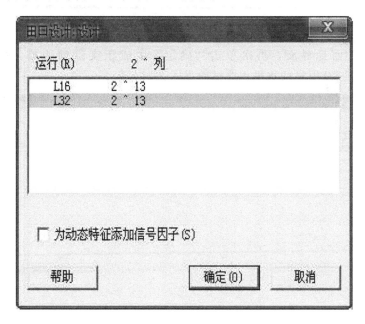

图 3-29 田口设计:设计窗口

进行正交表格设计时,各因素水平如下:染色体条数(10,100)、最大遗传代数(1000,10000)、基因头部长度(2,20)、基因个数(4,11)、适应度函数(RMSE,MAE)、插串概率(0.1,0.3)、根插串概率(0.1,0.3)、单点重组概率(0.15,0.4)、双点重组概率(0.15,0.5)、基因重组概率(0.1,0.3)、倒串概率(0.1,0.3)、基因插串(0.1,0.3)、基因突变概率(0.02,0.36)。

在图 3-29 所示的界面中，选择"L32"的设计方案，点击"确定"，回到图 3-28 所示的田口设计窗口，此时会发现"因子"按钮点亮，单击该按钮，进入"田口设计：因子窗口"，对因子名称以及各水平进行设置。在"名称"列输入因子名称，在"水平值"列输入各水平值，水平与水平之间用空格隔开，如图 3-30 所示。

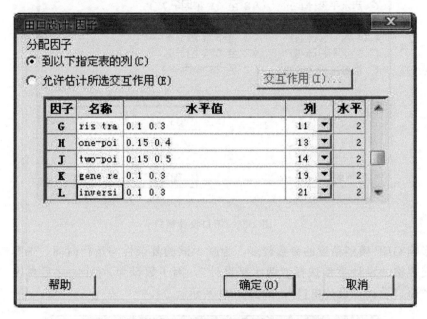

图 3-30　田口设计：因子窗口

单击"确定"回到界面，再次单击"确定"生成正交试验表格，如图 3-32 所示。Minitab 软件生成的 13 因素两水平正交试验见图 3-31、表 3-9。

	C2	C3	C4	C5-T	C6	C7	C8	C9	C10	C11	C12	C13	C14	C15
	generation number	head size	number of genes	fitness function	is transpositon	ris transposition	one-point recombination	two-point recombination	gene recombination	inversion	gene transposition	mutation		
4	1000	2	11	RMSE	0.1	0.3	0.40	0.50	0.3	0.3	0.3	0.02		
5	1000	20	4	RMSE	0.3	0.1	0.40	0.50	0.1	0.1	0.3	0.02		
6	1000	20	4	MAE	0.3	0.1	0.40	0.50	0.3	0.1	0.1	0.36		
7	1000	20	11	RMSE	0.3	0.1	0.15	0.15	0.1	0.3	0.3	0.36		
8	1000	20	11	MAE	0.3	0.1	0.15	0.15	0.3	0.1	0.1	0.02		
9	10000	2	4	RMSE	0.3	0.3	0.15	0.50	0.3	0.3	0.1	0.02		
10	10000	2	4	MAE	0.3	0.3	0.15	0.50	0.1	0.3	0.1	0.36		
11	10000	2	11	RMSE	0.3	0.3	0.40	0.15	0.3	0.1	0.3	0.36		
12	10000	2	11	MAE	0.3	0.3	0.40	0.15	0.1	0.3	0.1	0.02		
13	10000	20	4	RMSE	0.1	0.3	0.40	0.50	0.3	0.1	0.1	0.02		
14	10000	20	4	MAE	0.1	0.3	0.40	0.15	0.1	0.1	0.3	0.36		
15	10000	20	11	RMSE	0.1	0.1	0.15	0.50	0.3	0.3	0.1	0.36		
16	10000	20	11	MAE	0.1	0.1	0.15	0.15	0.1	0.3	0.3	0.02		
17	1000	2	4	RMSE	0.3	0.3	0.40	0.15	0.3	0.3	0.3	0.36		
18	1000	2	4	MAE	0.3	0.3	0.40	0.15	0.1	0.1	0.1	0.02		
19	1000	2	11	RMSE	0.3	0.3	0.15	0.50	0.3	0.1	0.1	0.02		
20	1000	2	11	MAE	0.3	0.3	0.15	0.50	0.1	0.1	0.1	0.36		
21	1000	20	4	RMSE	0.1	0.3	0.15	0.50	0.1	0.3	0.3	0.02		
22	1000	20	4	MAE	0.1	0.3	0.15	0.50	0.3	0.1	0.1	0.02		
23	1000	20	11	RMSE	0.1	0.1	0.40	0.15	0.3	0.3	0.1	0.02		
24	1000	20	11	MAE	0.1	0.1	0.40	0.15	0.1	0.1	0.3	0.02		
25	10000	2	4	RMSE	0.1	0.1	0.40	0.50	0.3	0.3	0.1	0.02		
26	10000	2	4	MAE	0.1	0.1	0.40	0.50	0.3	0.1	0.1	0.02		
27	10000	2	11	MAE	0.1	0.3	0.15	0.15	0.3	0.3	0.3	0.36		
28	10000	2	11	MAE	0.1	0.3	0.15	0.15	0.3	0.1	0.36			
29	10000	20	4	RMSE	0.3	0.1	0.15	0.15	0.1	0.1	0.3	0.36		
30	10000	20	4	MAE	0.3	0.1	0.15	0.15	0.3	0.1	0.3	0.02		
31	10000	20	11	RMSE	0.3	0.3	0.40	0.50	0.1	0.1	0.02			

图 3-31　Minitab 中生成的正交试验表格

表 3-9　13 因素两水平正交试验表

序号	染色体条数	最大遗传代数	基因头部长度	基因个数	适应度函数	插串概率	根插串概率	单点重组概率	双点重组概率	基因重组概率	倒串概率	基因插串概率	基因突变概率
1	10	1000	2	4	RMSE	0.1	0.1	0.15	0.15	0.1	0.1	0.1	0.02
2	10	1000	2	4	MAE	0.1	0.1	0.15	0.15	0.3	0.3	0.3	0.36
3	10	1000	2	11	RMSE	0.1	0.3	0.4	0.5	0.1	0.1	0.1	0.36
4	10	1000	2	11	MAE	0.1	0.3	0.4	0.5	0.3	0.3	0.3	0.02
5	10	1000	20	4	RMSE	0.3	0.1	0.4	0.5	0.1	0.3	0.3	0.02
6	10	1000	20	4	MAE	0.3	0.1	0.4	0.5	0.3	0.1	0.1	0.36
7	10	1000	20	11	RMSE	0.3	0.3	0.15	0.15	0.1	0.1	0.3	0.36
8	10	1000	20	11	MAE	0.3	0.3	0.15	0.15	0.3	0.1	0.1	0.02
9	10	10000	2	4	RMSE	0.3	0.3	0.15	0.5	0.1	0.1	0.3	0.02
10	10	10000	2	4	MAE	0.3	0.3	0.15	0.5	0.1	0.3	0.1	0.36
11	10	10000	2	11	RMSE	0.3	0.1	0.4	0.15	0.3	0.1	0.3	0.36
12	10	10000	2	11	MAE	0.3	0.1	0.4	0.15	0.1	0.1	0.1	0.02
13	10	10000	20	4	RMSE	0.1	0.3	0.4	0.15	0.3	0.1	0.1	0.02
14	10	10000	20	4	MAE	0.1	0.3	0.4	0.15	0.1	0.3	0.3	0.36
15	10	10000	20	11	RMSE	0.1	0.1	0.15	0.5	0.3	0.3	0.1	0.36
16	10	10000	20	11	MAE	0.1	0.1	0.15	0.5	0.3	0.1	0.3	0.02
17	100	1000	2	4	RMSE	0.3	0.3	0.4	0.15	0.3	0.1	0.3	0.36
18	100	1000	2	4	MAE	0.3	0.3	0.4	0.15	0.1	0.1	0.1	0.02
19	100	1000	2	11	RMSE	0.3	0.1	0.15	0.5	0.1	0.1	0.3	0.02
20	100	1000	2	11	MAE	0.3	0.1	0.15	0.5	0.1	0.1	0.3	0.36
21	100	1000	20	4	RMSE	0.1	0.3	0.15	0.5	0.3	0.1	0.1	0.36
22	100	1000	20	4	MAE	0.1	0.3	0.15	0.5	0.1	0.3	0.1	0.02
23	100	1000	20	11	RMSE	0.1	0.1	0.4	0.15	0.3	0.1	0.3	0.02
24	100	1000	20	11	MAE	0.1	0.1	0.4	0.15	0.3	0.1	0.3	0.36
25	100	10000	2	4	RMSE	0.1	0.1	0.4	0.5	0.1	0.3	0.3	0.36
26	100	10000	2	4	MAE	0.1	0.1	0.4	0.5	0.3	0.1	0.1	0.02
27	100	10000	2	11	RMSE	0.1	0.3	0.15	0.15	0.1	0.3	0.3	0.02
28	100	10000	2	11	MAE	0.1	0.3	0.15	0.15	0.3	0.1	0.1	0.36
29	100	10000	20	4	RMSE	0.3	0.1	0.15	0.15	0.1	0.1	0.1	0.36
30	100	10000	20	4	MAE	0.3	0.1	0.15	0.15	0.3	0.3	0.3	0.02
31	100	10000	20	11	RMSE	0.3	0.3	0.4	0.5	0.1	0.1	0.1	0.02
32	100	10000	20	11	MAE	0.3	0.3	0.4	0.5	0.3	0.3	0.3	0.36

按照 13 因素两水平正交试验表进行试验后，结果如表 3-10 所示。

表 3-10　13 因素两水平正交试验结果

序号	相关系数	序号	相关系数
1	0.919264429	17	0.973438318
2	0.748651559	18	0.98036965
3	0.720735824	19	0.589434072
4	0.608633782	20	0.69701224
5	0.87127913	21	0.988353878
6	0.794810845	22	0.990994705
7	0.648394474	23	0.660703846
8	0.524215127	24	0.645016933
9	0.800195864	25	0.994985913
10	0.932293566	26	0.998354381
11	0.590388444	27	0.893830029
12	0.46064213	28	0.61580057
13	0.950433722	29	0.997018033
14	0.97982457	30	0.998048963
15	0.642965642	31	0.941093581
16	0.719539676	32	0.727175211

在表 3-10 的基础上进行均值比较后，选择相关系数较大的水平重新组合起来，用于寻找最优的参数组合，所得的结果如表 3-11 所示。

表 3-11 各水平时均值及最优组合

因素名称	一水平时的均值	两水平时的均值	最优水平
染色体条数	0.744516799	0.855726895	100
最大遗传代数	0.772581801	0.827661893	10000
基因头部长度	0.782751923	0.817491771	20
基因个数	0.932394845	0.667848849	4
适应度函数	0.8239072	0.776336494	RMSE
插串概率	0.817380591	0.782863103	0.1
根插串概率	0.770507265	0.829736429	0.3
单点重组概率	0.794125802	0.806117892	0.4
双点重组概率	0.78662755	0.813616144	0.5
基因重组概率	0.83701843	0.763225264	0.1
倒串概率	0.80798006	0.792263634	0.1
基因插串概率	0.793531992	0.806711702	0.3
基因突变概率	0.806689568	0.793554126	0.02

使用表 3-11 中所找到的最优参数组合，进行新一次的建模计算，所得的相关系数为 0.99838616768098，该结果要好于表 3-10 所有组合的相关系数，因此 13 因素两水平正交试验是成功的，能够得到比较好的数据挖掘模型参数。

3.1.5 基于单因素分析及均匀设计的模型优化

由 13 因素两水平正交试验表的计算结果，通过求取平均值，可以得到每种因素的两个水平的平均相关系数，通过求取极差的办法，可以得到对建模精度影响最大的参数，如表 3-12 所示，其中，按参数的影响程度对 13 个因素进行排序，影响程度随着序号的增加依次减小。

表 3-12 各参数的影响程度

序号	因素名称	两水平极差	序号	因素名称	两水平极差
1	基因个数	0.264545996	8	插串概率	0.034517488
2	染色体条数	0.111210096	9	双点重组概率	0.026988594
3	基因重组概率	0.073793166	10	倒串概率	0.015716426
4	根插串概率	0.059229164	11	基因插串概率	0.01317971
5	最大遗传代数	0.055080092	12	基因突变概率	0.013135442
6	适应度函数	0.047570706	13	单点重组概率	0.01199209
7	基因头部长度	0.034739848			

由表 3-11 可知，基因个数对相关系数的影响是最大的，考虑基因个数对模型精确度的影响，设计一个单因素分析表格，找到最合适的基因个数取值。

由 13 因素两水平正交表所得到的最佳参数组合，改变其中的基因个数这一因素，取 1~20 共 20 个水平，其余 12 个因素全部取最优值，构建单因素分析表格，见表 3-13。

根据基因个数单因素分析表格进行计算，每组数据进行 10 次计算，求取平均值后得到如表 3-14 所示的结果。

表 3-13　基因个数单因素分析表

序号	染色体条数	最大遗传代数	基因头部长度	基因个数	适应度函数	插串概率	根插串概率	单点重组概率	双点重组概率	基因重组概率	倒串概率	基因插串概率	基因突变概率
1	100	10000	20	1	RMSE	0.1	0.3	0.4	0.5	0.1	0.1	0.3	0.02
2	100	10000	20	2	RMSE	0.1	0.3	0.4	0.5	0.1	0.1	0.3	0.02
3	100	10000	20	3	RMSE	0.1	0.3	0.4	0.5	0.1	0.1	0.3	0.02
4	100	10000	20	4	RMSE	0.1	0.3	0.4	0.5	0.1	0.1	0.3	0.02
5	100	10000	20	5	RMSE	0.1	0.3	0.4	0.5	0.1	0.1	0.3	0.02
6	100	10000	20	6	RMSE	0.1	0.3	0.4	0.5	0.1	0.1	0.3	0.02
7	100	10000	20	7	RMSE	0.1	0.3	0.4	0.5	0.1	0.1	0.3	0.02
8	100	10000	20	8	RMSE	0.1	0.3	0.4	0.5	0.1	0.1	0.3	0.02
9	100	10000	20	9	RMSE	0.1	0.3	0.4	0.5	0.1	0.1	0.3	0.02
10	100	10000	20	10	RMSE	0.1	0.3	0.4	0.5	0.1	0.1	0.3	0.02
11	100	10000	20	11	RMSE	0.1	0.3	0.4	0.5	0.1	0.1	0.3	0.02
12	100	10000	20	12	RMSE	0.1	0.3	0.4	0.5	0.1	0.1	0.3	0.02
13	100	10000	20	13	RMSE	0.1	0.3	0.4	0.5	0.1	0.1	0.3	0.02
14	100	10000	20	14	RMSE	0.1	0.3	0.4	0.5	0.1	0.1	0.3	0.02
15	100	10000	20	15	RMSE	0.1	0.3	0.4	0.5	0.1	0.1	0.3	0.02
16	100	10000	20	16	RMSE	0.1	0.3	0.4	0.5	0.1	0.1	0.3	0.02
17	100	10000	20	17	RMSE	0.1	0.3	0.4	0.5	0.1	0.1	0.3	0.02
18	100	10000	20	18	RMSE	0.1	0.3	0.4	0.5	0.1	0.1	0.3	0.02
19	100	10000	20	19	RMSE	0.1	0.3	0.4	0.5	0.1	0.1	0.3	0.02
20	100	10000	20	20	RMSE	0.1	0.3	0.4	0.5	0.1	0.1	0.3	0.02

表 3-14　基因个数单因素分析结果

序号	相关系数	序号	相关系数	序号	相关系数
1	0.995860621	8	0.952146742	15	0.85412073
2	0.974024195	9	0.965197619	16	0.712118899
3	0.975767616	10	0.884098624	17	0.792672084
4	0.998189546	11	0.940788433	18	0.819760542
5	0.969446222	12	0.925746402	19	0.935050188
6	0.96534904	13	0.792015985	20	0.897308176
7	0.96829419	14	0.857986121		

　　由表 3-14 可以明显看出，第 4 组试验所得的相关系数最大，此时基因个数取 4，可以得出结论，基因个数在 1～20 的范围内时，当基因个数取 4 时，模型的精度最高。

　　均匀试验时，目标是相关系数，影响因素如下：染色体条数、最大遗传代数、基因头部长度、基因个数、运算次数、插串概率、根插串概率、单点重组概率、双点重组概率、基因重组概率、倒串概率、基因插串、基因突变概率。由于因素比较多，考虑均匀设计的方法，以便以较少的实验次数找到影响相关系数的最佳因素组合。为此，均匀设计表见表 3-15。计算结果见表 3-16。

表 3-15　13 因素均匀设计表

序号	染色体条数	最大遗传代数	基因头部长度	基因个数	运算次数	基因插串概率	根插串概率	单点重组概率	双点重组概率	基因重组概率	倒串概率	基因突变概率	基因变换率
1	543	238	3	16	6	0.300	0.223	0.585	0.377	0.131	0.165	0.334	0.262
2	695	862	8	20	7	0.238	0.192	0.308	1.000	0.269	0.127	0.046	0.165
3	162	1000	9	10	9	0.254	0.146	1.000	0.862	0.208	0.204	0.282	0.281
4	315	585	6	8	8	0.115	0.285	0.169	0.931	0.100	0.242	0.255	0.127
5	238	100	5	7	10	0.192	0.131	0.238	0.100	0.223	0.146	0.098	0.185
6	619	169	17	11	8	0.223	0.100	0.862	0.723	0.115	0.281	0.072	0.146

续表

序号	染色体条数	最大遗传代数	基因头部长度	基因个数	运算次数	基因插串概率	根插串概率	单点重组概率	双点重组概率	基因重组概率	倒串概率	基因突变概率	基因变换率
7	391	931	12	4	8	0.269	0.254	0.654	0.308	0.146	0.088	0.020	0.088
8	848	792	16	19	9	0.177	0.162	0.446	0.169	0.162	0.223	0.308	0.108
9	1000	515	2	1	7	0.146	0.177	0.931	0.446	0.254	0.185	0.229	0.069
10	467	723	19	2	6	0.131	0.115	0.377	0.585	0.177	0.108	0.177	0.300
11	924	308	10	14	10	0.100	0.269	0.723	0.792	0.192	0.069	0.151	0.223
12	10	377	20	13	8	0.208	0.208	0.515	0.654	0.285	0.050	0.360	0.050
13	86	654	13	17	7	0.162	0.300	0.792	0.238	0.238	0.262	0.125	0.204
14	772	446	14	5	9	0.285	0.238	0.100	0.515	0.300	0.300	0.203	0.242

表 3-16　13 因素均匀设计计算结果

序号	相关系数	序号	相关系数
1	0.701222741	8	0.519768994
2	0.743549976	9	0.976922211
3	0.344908335	10	0.996897274
4	0.6701446	11	0.455447411
5	0.757753835	12	0.932596245
6	0.516377883	13	0.46566063
7	0.975958019	14	0.987905633

用 Origin 软件进行线性回归分析，发现调整拟合优度不在正常范围（正常范围为 0～1，且越接近 1 表明效果越好）内，说明 13 个因素和模型相关系数之间并非线性关系，无法用线性回归对均匀设计结果进行进一步的优化。

3.1.6　基于响应面设计的模型优化

基于 Design-Expert 软件进行响应面试验设计的方法：

① 运行 Design-Expert 软件，进入软件的主运行界面，如图 3-32 所示。

图 3-32　Design-Expert 主运行界面

② 单击新建任务，开始一个新的设计，如图 3-33 所示。

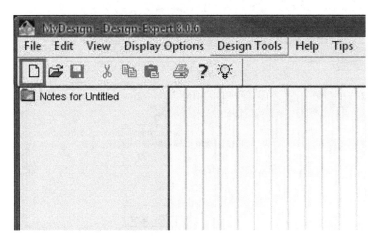

图 3-33　开始一个新的设计

③ 在 Design-Expert 软件窗口的左侧，选择设计类型，在"Response Surface"选项中，选择"Central Composite"，进行响应面设计，如图 3-34 所示。

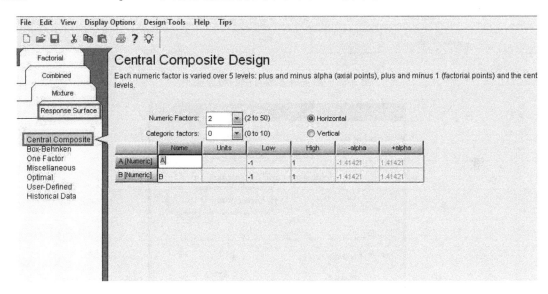

图 3-34　响应面设计

④ 调整因素数与中心组合类型，如图 3-35 所示。要对 8 个参数进行设计，故因素数改为 8。

⑤ 选择中心组合设计中心试验次数，之后单击"OK"按钮完成设置，如图 3-36 所示。

⑥ 因为响应面设计中，软件可能会赋予因素小数值与负值，由于基因遗传算法软件中有部分参数只可取正值且为整数，因此进行响应面设计时，只有 8 个因素参与设计，其中包括：插串概率（IS Transposition）、根插串概率（RIS Transposition）、单点重组概率（One-Point Recombination）、双点重组概率（Two-Point Recombination）、基因重组概率（Gene Recombination）、倒串概率（Inversion）、基因插串概率（Gene Transposition）、基因突变概率（Mutation）。考虑会出现负值的情况，因此对因数的设置如图 3-37 所示。

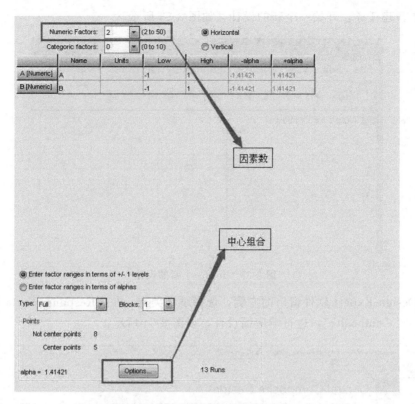

图 3-35　调整因素数与中心组合类型

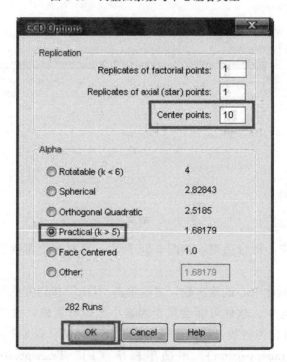

图 3-36　选择中心组合设计中心试验次数

⑦ 由于试验需要较长的时间，为缩短试验时间，在选择表格类型的时候，选择试验次数最少的选项，如图 3-38 所示。

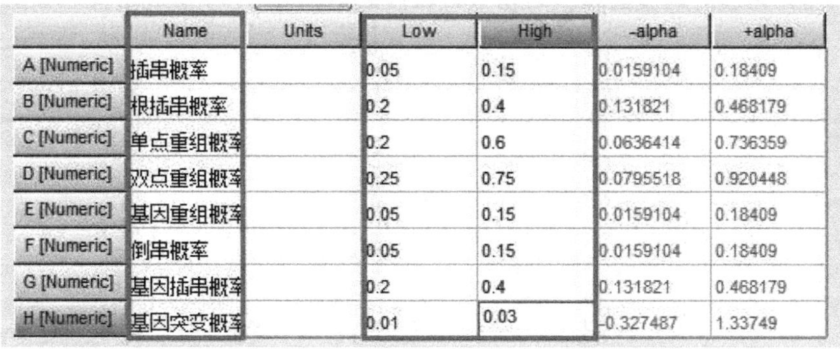

	Name	Units	Low	High	-alpha	+alpha
A [Numeric]	插串概率		0.05	0.15	0.0159104	0.18409
B [Numeric]	根插串概率		0.2	0.4	0.131821	0.468179
C [Numeric]	单点重组概率		0.2	0.6	0.0636414	0.736359
D [Numeric]	双点重组概率		0.25	0.75	0.0795518	0.920448
E [Numeric]	基因重组概率		0.05	0.15	0.0159104	0.18409
F [Numeric]	倒串概率		0.05	0.15	0.0159104	0.18409
G [Numeric]	基因插串概率		0.2	0.4	0.131821	0.468179
H [Numeric]	基因突变概率		0.01	0.03	-0.327487	1.33749

图 3-37 对各因素的名称及最大值、最小值进行设置

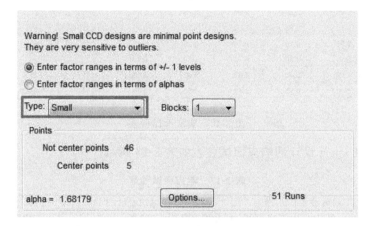

图 3-38 选择表格类型

⑧ 给因变量命名，单击"Continue"进行下一步，如图 3-39 所示。

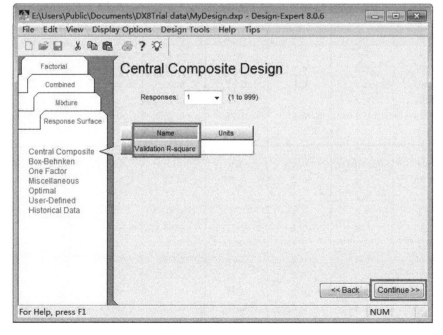

图 3-39 因变量命名

⑨ 得到设计完成的响应面试验表格，该试验表格共有 51 种参数组合，如图 3-40 所示。

Select	Std	Run	Factor 1 A:IS Transpo..	Factor 2 B:RIS Transp..	Factor 3 C:One-Point ..	Factor 4 D:Two-Point ..	Factor 5 E:Gene Reco..	Factor 6 F:Inversion	Factor 7 G:Gene Tran..	Factor 8 H:Mutation	Response 1 Validation R-..
	45	37	0.10	0.30	0.40	0.50	0.10	0.10	0.30	0.00	
	30	38	0.05	0.20	0.20	0.25	0.05	0.05	0.20	0.01	
	26	39	0.05	0.40	0.20	0.75	0.15	0.15	0.40	0.03	
	43	40	0.10	0.30	0.40	0.50	0.10	0.10	0.13	0.02	
	29	41	0.05	0.40	0.20	0.75	0.05	0.05	0.20	0.03	
	8	42	0.15	0.40	0.60	0.75	0.15	0.05	0.40	0.01	
	32	43	0.18	0.30	0.40	0.50	0.10	0.10	0.30	0.02	
	33	44	0.10	0.13	0.40	0.50	0.10	0.10	0.30	0.02	
	44	45	0.10	0.30	0.40	0.50	0.10	0.10	0.47	0.02	
	5	46	0.05	0.20	0.60	0.75	0.15	0.15	0.20	0.01	
	25	47	0.15	0.20	0.60	0.25	0.05	0.15	0.40	0.03	
	15	48	0.05	0.40	0.20	0.25	0.15	0.15	0.40	0.01	
	36	49	0.10	0.30	0.74	0.50	0.10	0.10	0.30	0.02	
	1	50	0.15	0.40	0.60	0.25	0.05	0.15	0.40	0.03	
	31	51	0.02	0.30	0.40	0.50	0.10	0.10	0.30	0.02	

图 3-40　响应面试验表

通过 Design-Expert 设计的响应面试验表如表 3-17 所示。

表 3-17　响应面试验表

序号	插串概率	根插串概率	单点重组概率	双点重组概率	基因重组概率	倒串概率	基因插串概率	基因突变概率
1	0.05	0.2	0.2	0.25	0.05	0.05	0.2	0.01
2	0.1	0.3	0.736359	0.5	0.1	0.1	0.3	0.02
3	0.1	0.3	0.4	0.5	0.1	0.1	0.3	0.02
4	0.05	0.4	0.2	0.75	0.15	0.15	0.4	0.03
5	0.1	0.3	0.4	0.079552	0.1	0.1	0.3	0.02
6	0.05	0.2	0.6	0.75	0.15	0.05	0.2	0.03
7	0.05	0.4	0.6	0.75	0.05	0.15	0.2	0.01
8	0.05	0.2	0.6	0.75	0.15	0.15	0.2	0.01
9	0.05	0.4	0.6	0.25	0.05	0.05	0.4	0.03
10	0.05	0.2	0.6	0.25	0.15	0.05	0.2	0.01
11	0.15	0.4	0.2	0.75	0.05	0.15	0.2	0.03
12	0.1	0.3	0.4	0.920448	0.1	0.1	0.3	0.02
13	0.1	0.3	0.4	0.5	0.1	0.015910	0.3	0.02
14	0.1	0.131821	0.4	0.5	0.1	0.1	0.3	0.02
15	0.15	0.4	0.2	0.25	0.15	0.15	0.2	0.01
16	0.05	0.2	0.2	0.25	0.05	0.15	0.4	0.01
17	0.1	0.3	0.4	0.5	0.184090	0.1	0.3	0.02
18	0.15	0.4	0.6	0.25	0.05	0.15	04	0.03
19	0.1	0.468179	0.4	0.5	0.1	0.1	0.3	0.02
20	0.05	0.4	0.2	0.75	0.05	0.05	0.2	0.03
21	0.15	0.2	0.2	0.25	0.05	0.05	0.2	0.01
22	0.15	0.2	0.2	0.75	0.15	0.15	0.2	0.03
23	0.15	0.2	0.2	0.25	0.15	0.15	0.4	0.03
24	0.1	0.3	0.4	0.5	0.1	0.184090	0.3	0.02
25	0.15	0.4	0.2	0.75	0.05	0.05	0.4	0.01

序号	插串概率	根插串概率	单点重组概率	双点重组概率	基因重组概率	倒串概率	基因插串概率	基因突变概率
26	0.1	0.3	0.4	0.5	0.1	0.1	0.3	0.036818
27	0.1	0.3	0.4	0.5	0.1	0.1	0.3	0.02
28	0.15	0.2	0.6	0.75	0.15	0.05	0.4	0.01
29	0.15	0.2	0.6	0.25	0.05	0.05	0.2	0.03
30	0.15	0.2	0.2	0.75	0.15	0.05	0.4	0.01
31	0.1	0.3	0.4	0.5	0.0159103	0.1	0.3	0.02
32	0.05	0.4	0.2	0.25	0.15	0.15	0.4	0.01
33	0.184090	0.3	0.4	0.5	0.1	0.1	0.3	0.02
34	0.05	0.4	0.2	0.25	0.15	0.05	0.4	0.03
35	0.05	0.4	0.6	0.25	0.15	0.15	0.4	0.01
36	0.1	0.3	0.4	0.5	0.1	0.1	0.131820717	0.02
37	0.15	0.2	0.6	0.75	0.05	0.05	0.4	0.01
38	0.15	0.4	0.6	0.25	0.15	0.05	0.2	0.03
39	0.1	0.3	0.4	0.5	0.1	0.1	0.468179	0.02
40	0.05	0.2	0.2	0.25	0.15	0.05	0.4	0.01
41	0.1	0.3	0.4	0.5	0.1	0.1	0.3	0.02
42	0.15	0.2	0.6	0.25	0.05	0.15	0.4	0.03
43	0.05	0.2	0.6	0.75	0.05	0.15	0.4	0.03
44	0.05	0.4	0.6	0.75	0.15	0.15	0.2	0.01
45	0.1	0.3	0.4	0.5	0.1	0.1	0.3	0.02
46	0.015910	0.3	0.4	0.5	0.1	0.1	0.3	0.02
47	0.1	0.3	0.4	0.5	0.1	0.1	0.3	0.03182
48	0.1	0.3	0.4	0.5	0.1	0.1	0.3	0.02
49	0.15	0.4	0.6	0.25	0.05	0.15	0.2	0.01
50	0.15	0.4	0.6	0.75	0.15	0.05	0.4	0.01
51	0.1	0.3	0.063641	0.5	0.1	0.1	0.3	0.02

由于 GeneXproTools 软件每次进行建模，总是存在所建模型不一样的问题，为提高实验的准确性与可靠性，每组数据在建模时都进行多次计算，又考虑试验所需的时间问题，故每组参数进行 5 次计算，取每 5 次的平均值进行对比，得到如表 3-18 所示的结果。

表 3-18　响应面试验结果表

序号	相关系数	序号	相关系数	序号	相关系数
1	0.814535374	18	0.998534135	35	0.997594011
2	0.997574754	19	0.998657829	36	0.998269063
3	0.99887947	20	0.997628141	37	0.998555081
4	0.998715685	21	0.998473556	38	0.998189504
5	0.997986072	22	0.998567192	39	0.998005862
6	0.998787266	23	0.998406523	40	0.99727214
7	0.997452745	24	0.997934858	41	0.998695725
8	0.999096713	25	0.997555349	42	0.996289129
9	0.994626872	26	0.998004707	43	0.998057419
10	0.998772949	27	0.998462338	44	0.997034969
11	0.998853809	28	0.997044369	45	0.99820036
12	0.998089131	29	0.99888454	46	0.998248446
13	0.997580349	30	0.998497988	47	0.997935403
14	0.998290491	31	0.99798246	48	0.997684189
15	0.998171953	32	0.99802884	49	0.997921733
16	0.998952258	33	0.998065772	50	0.997080756
17	0.997730881	34	0.999094312	51	0.995686581

将试验结果复制到 Design-Exper 软件所设计的表格中，然后选择统计分析，如图 3-41 所示。

Std	Run	Factor 1 A:IS Transpo...	Factor 2 B:RIS Transp...	Factor 3 C:One-Point ...	Factor 4 D:Two-Point ...	Factor 5 E:Gene Reco...	Factor 6 F:Inversion	Factor 7 G:Gene Tran...	Factor 8 H:Mutation	Response 1 Validation R-...
7	1	0.05	0.40	0.60	0.75	0.15	0.15	0.20	0.01	0.814535
14	2	0.15	0.20	0.60	0.25	0.05	0.05	0.20	0.03	0.997575
39	3	0.10	0.30	0.40	0.50	0.02	0.10	0.30	0.02	0.998879
34	4	0.10	0.47	0.40	0.50	0.10	0.10	0.30	0.02	0.998716
16	5	0.15	0.20	0.20	0.75	0.15	0.15	0.20	0.03	0.997986
35	6	0.10	0.30	0.06	0.50	0.10	0.10	0.30	0.02	0.998787
46	7	0.10	0.30	0.40	0.50	0.10	0.10	0.30	0.04	0.997453
27	8	0.05	0.20	0.20	0.25	0.15	0.05	0.40	0.03	0.999097
22	9	0.05	0.20	0.60	0.25	0.15	0.05	0.20	0.01	0.994627
4	10	0.15	0.20	0.20	0.75	0.15	0.05	0.40	0.01	0.998773
38	11	0.10	0.30	0.40	0.92	0.10	0.10	0.30	0.02	0.998854
6	12	0.05	0.40	0.60	0.75	0.05	0.15	0.20	0.01	0.998089
13	13	0.15	0.20	0.20	0.25	0.05	0.15	0.20	0.01	0.99758
28	14	0.15	0.20	0.60	0.75	0.15	0.05	0.40	0.01	0.99829
41	15	0.10	0.30	0.40	0.50	0.10	0.02	0.30	0.02	0.998172

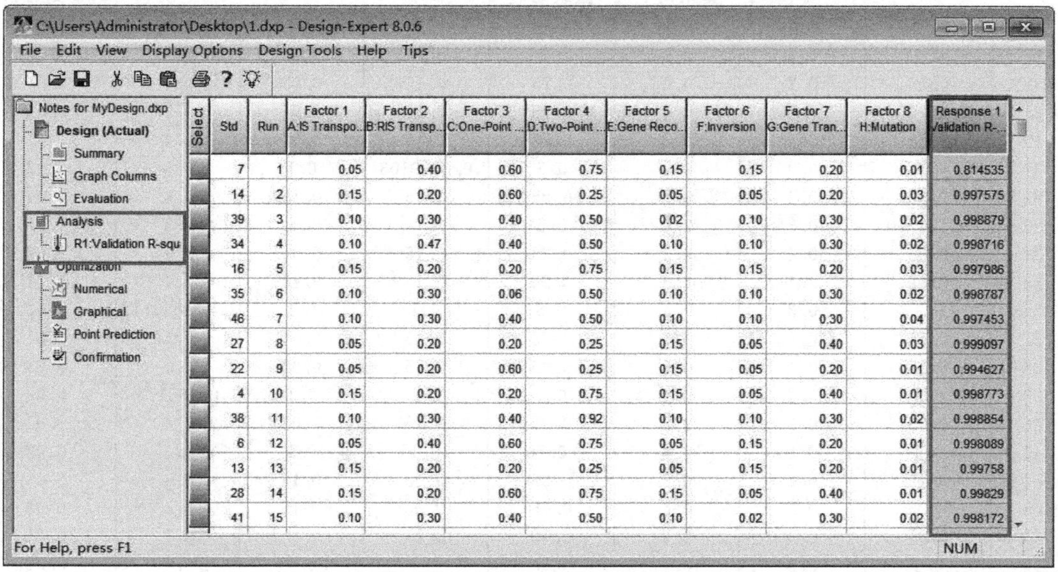

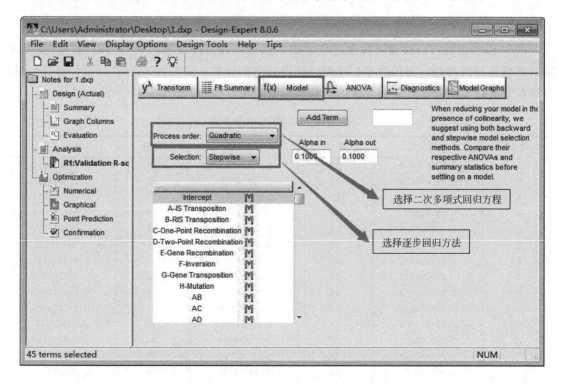

图 3-41　填写试验结果

对模型的一些参数如回归方程类型、回归方法等进行设置，如图 3-42 所示。

图 3-42　设置模型参数

得到响应面三维图，如图 3-43 所示。

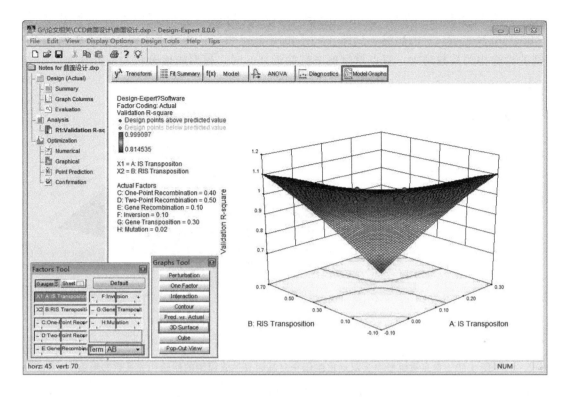

图 3-43　响应面的三维图

根据 Design-Expert 软件中的响应面设计模型，插串概率（IS Transpositon）、根插串概率（RIS Transposition）对基因表达式模型的检验相关系数（Validation R-square）的影响，见图 3-44。由图 3-44 可以看出，当插串概率、根插串概率在取值范围内分别取最小值、最大值时，模型的检验相关系数最大。

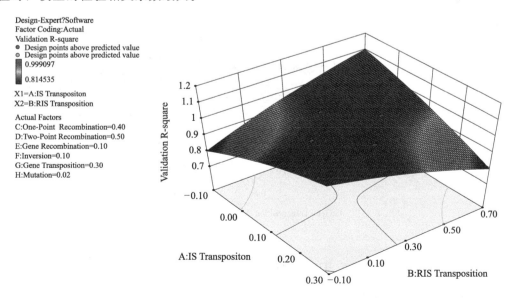

图 3-44　插串概率、根插串概率对基因表达式模型的检验相关系数的影响

根据 Design-Expert 软件中的响应面设计模型，单点重组概率（One-Point Recombination)、双点重组概率（Two-Point Recombination）对基因表达式模型的检验相关系数（Validation R-square）的影响，见图 3-45。由图 3-45 可知，当单点重组概率越接近 0.4 时，模型的检验相关系数越大；双点重组概率越接近 0.5 时，模型的检验相关系数越大。

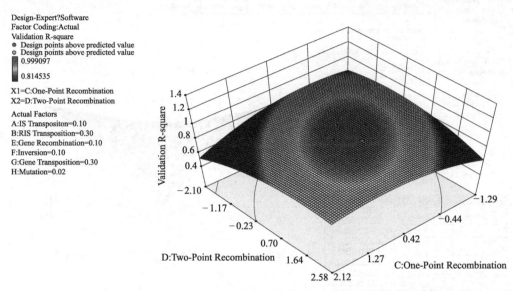

图 3-45　单点重组概率、双点重组概率对基因表达式模型的检验相关系数的影响

根据 Design-Expert 软件中的响应面设计模型，基因重组概率（Gene Recombination）、基因插串概率（Gene Transposition）对基因表达式模型的检验（相关系数 Validation R-square）的影响，见图 3-46。由图 3-46 可知，当基因重组概率、基因插串概率在取值范围内分别取最小值、最大值时，模型的检验相关系数越大。

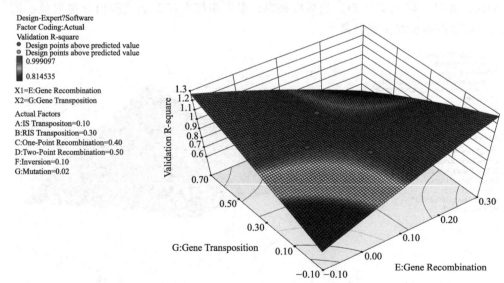

图 3-46　基因重组概率、基因插串概率对基因表达式模型的检验相关系数的影响

根据 Design-Expert 软件中的响应面设计模型，倒串概率（Inversion）、基因突变概率（Mutation）对基因表达式模型的检验相关系数（Validation R-square）的影响，见图 3-47。由图 3-47 可知，当倒串概率越接近 0.1 时，模型的检验相关系数越大；基因突变概率越接

近 0.02 时，模型的检验相关系数越大。

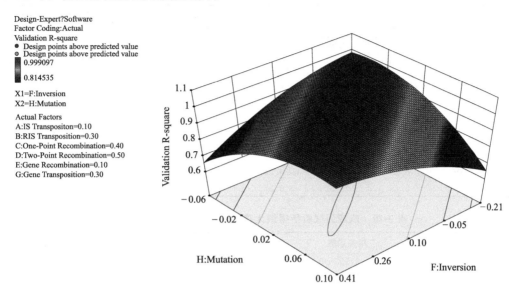

图 3-47　倒串概率、基因突变概率对基因表达式模型的检验相关系数的影响

从响应面试验结果中寻找最大值点并运算，如图 3-48 所示。

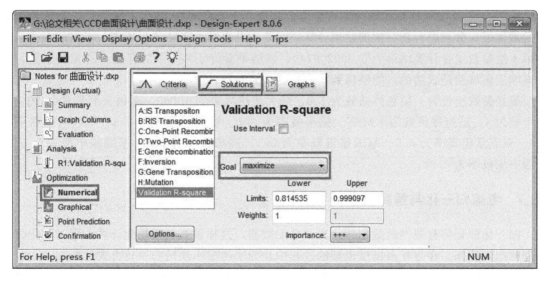

图 3-48　寻找最大值点并运算

得到最大值与最大值点，如图 3-49 所示。

Solutions

Number	IS Transposif	RIS Transpos	One-Point Re	Two-Point Re	Gene Recom|	Inversion	Gene Transp	Mutation	Validation R-square	Desirability
1	0.05	0.20	0.20	0.25	0.05	0.15	0.40	0.01	0.999514	1.000
2	0.05	0.40	0.20	0.25	0.15	0.05	0.40	0.03	0.999896	1.000
3	0.05	0.39	0.60	0.75	0.15	0.15	0.21	0.01	1.00019	1.000
4	0.05	0.40	0.60	0.75	0.05	0.15	0.21	0.01	1.00182	1.000

图 3-49　最大值与最大值点

由图 3-49 中，得到最大值对应的参数组合，如表 3-19 所示，计算结果如表 3-20 所示。

表 3-19 响应面试验所得最大值对应的参数组合

序号	插串概率	根插串概率	单点重组概率	双点重组概率	基因重组概率	倒串概率	基因插串概率	基因突变概率
1	0.05	0.40	0.20	0.73	0.15	0.15	0.39	0.03
2	0.05	0.40	0.20	0.25	0.15	0.05	0.40	0.03
3	0.05	0.20	0.20	0.25	0.05	0.15	0.40	0.01
4	0.10	0.30	0.40	0.50	0.10	0.10	0.30	0.02
5	0.15	0.20	0.20	0.73	0.15	0.15	0.20	0.03
6	0.05	0.21	0.59	0.73	0.05	0.15	0.40	0.03
7	0.15	0.39	0.21	0.26	0.15	0.15	0.20	0.01
8	0.15	0.39	0.59	0.27	0.15	0.15	0.20	0.03
9	0.05	0.21	0.59	0.74	0.15	0.15	0.20	0.03
10	0.05	0.20	0.60	0.27	0.15	0.05	0.21	0.01

表 3-20 响应面试验所得最大值对应的参数组合计算结果

序号	相关系数	序号	相关系数
1	0.997555736	6	0.997497975
2	0.997533953	7	0.997187675
3	0.998676796	8	0.997555736
4	0.999209749	9	0.997555736
5	0.998469696	10	0.997555736

使用表 3-19 中所找到的最优参数组合,其他 5 个参数均取 13 因素两水平正交试验表格中的最优值,分别进行新一次的建模计算,对 5 次结果求取平均值后发现,所得的相关系数中第 4 组参数组合计算结果为 0.999209749,该结果要好于表 3-1 所有组合的相关系数,因此该响应面试验是成功的,能够得到比较好的模型参数。

最好参数组合为:染色体条数为 100、最大遗传代数为 10000、基因头部长度为 20、基因个数为 4、适应度函数为 RMSE、插串概率为 0.1、根插串概率为 0.3、单点重组概率为 0.4、双点重组概率为 0.5、基因重组概率为 0.1、倒串概率为 0.1、基因插串概率为 0.3、基因突变概率为 0.02。

3.1.7 考虑归一化与解释变量

归一化即是将有量纲的数据转化为无量纲数据,这样做有利于简化计算,同时防止数据处理时出现病态。在寻找高精度模型的过程中,为了考察不同的归一化方式的影响,设计了 8 种归一化方法。使用 8 种归一化方法,分别对原始数据进行处理,得到新的归一化数据表格,通过响应面设计找到的最佳模型参数,依次进行 GEP 建模。为提高试验的准确性与稳定性,对每种归一化数据分别进行 5 次计算,通过求取平均值来得到相关系数。由于原始数据中存在 0 列的情况,因此第七种归一化并不适用于该试验对象的原始数据,故计算结果用 0 来表示。

由原始数据可以看出,16 个因变量及其对应单位分别是:最近一次加钢球的时间 x_1 (h)、每次加钢球的量 x_2 (个/80mm)、主电机电流 x_3 (A)、搅拌器电流 x_4 (A)、循环泵电流 x_5 (A)、旋流器入口处管道流量 x_6 (m³/h)、旋流器溢流处管道流量 x_7 (m³/h)、浆液罐密度值 x_8 (kg/m³)、成品浆液罐上的密度值 x_9 (kg/m³)、总加水量 x_{10} (m³/h)、浆液罐的液位值 x_{11} (m)、称重皮带机的物料量 x_{12} (t/h)、进料颗粒度 x_{13}、可磨性指数 x_{14}

（kW·h/t）、排渣量 x_{15}（t/h）、旋流器进口压力 x_{16}（kPa）。

除去 x_{13} 和 x_{14} 两个整列数据完全相同的因变量，对其他 14 个因变量，通过构造不同的解释变量组合方案，可以消除各量所包含的长度量纲、时间量纲和质量量纲等。但是由于该原始数据的因变量过多，不可能对所有的组合一一列举，故只能初步进行试验，分别把 14 个因变量压缩成为 7 个、6 个、5 个、4 个解释变量，来找寻不同压缩程度的解释变量能否对基因表达式模型精度造成影响。

使用 10 种解释变量组合，分别对原始数据进行处理，得到新的解释变量数据表格，通过响应面设计找到的最佳模型参数，依次进行 GEP 建模，为提高试验的准确定与稳定性，对每种归一化数据分别进行 5 次计算，通过求取均值来得到相关系数，解释变量及计算结果如表 3-21 所示。

表 3-21　解释变量及计算结果

序号	解释变量	相关系数
1	$x_1x_6, x_2^3x_7, \dfrac{x_3x_4}{x_5^2}, \dfrac{x_8}{x_9}, \dfrac{x_{10}}{x_{11}^3}, \dfrac{x_{12}}{x_{15}}, x_{16}$	0.996236271
2	$x_1x_7, x_2^3x_6, \dfrac{x_3x_4}{x_5^2}, \dfrac{x_8}{x_9}, \dfrac{x_{10}}{x_{11}^3}, \dfrac{x_{12}}{x_{15}}, x_{16}$	0.987932277
3	$\dfrac{x_3x_4}{x_5^2}, \dfrac{x_6}{x_7}, \dfrac{x_8}{x_9}, \dfrac{x_2x_{10}}{x_{11}}, \dfrac{x_{12}}{x_{15}}, x_1^2x_{16}, x_2$	0.957805417
4	$\dfrac{x_3x_4}{x_5^2}, \dfrac{x_6}{x_7}, \dfrac{x_2^3}{x_8}, \dfrac{x_{16}}{x_9}, \dfrac{x_1x_{10}}{x_{11}^3}, \dfrac{x_{12}}{x_{15}}$	0.983025823
5	$\dfrac{x_3x_4}{x_5^2}, \dfrac{x_6}{x_7}, x_8x_{11}^3, \dfrac{x_{16}}{x_9}, x_1x_{10}x_2^3, \dfrac{x_{12}}{x_{15}}$	0.981030468
6	$\dfrac{x_1x_{10}}{x_{11}^3}, \dfrac{x_3x_4}{x_5^2}, x_6x_2^3, \dfrac{x_{12}}{x_7}, \dfrac{x_{16}}{x_8}, \dfrac{x_{15}}{x_9}$	0.998086645
7	$x_2, \dfrac{x_3x_4}{x_5^2}, \dfrac{x_6x_7}{x_{10}}, \dfrac{x_8}{x_9}, \dfrac{x_1^2x_{15}^2}{x_{11}x_{12}x_{16}}$	0.995239031
8	$x_2, \dfrac{x_3x_4}{x_5^2}, \dfrac{x_{12}}{x_6x_8}, \dfrac{x_{15}}{x_7x_9}, \dfrac{x_{10}x_{16}x_1^3}{x_{11}^2}$	0.956530267
9	$x_2, \dfrac{x_3x_4}{x_5^2}, \dfrac{x_6x_7x_8}{x_9x_{10}^2}, \dfrac{x_1^2x_{15}^2}{x_{11}x_{12}x_{16}}$	0.984250817
10	$x_2, x_{16}, \dfrac{x_6x_9x_{12}}{x_7x_8x_{15}}, \dfrac{x_1x_5x_{10}}{x_3x_4x_{11}^3}$	0.917660723

由表 3-21 的结果很容易看出来，解释变量的相关系数结果并不理想，远远达不到原始数据的精确度。

3.2　基于高精度模型的预测

由于该模型涉及 14 个因素，在因素的取值范围内，1 个因素从小到大依次取 20 个水平值，其余各 13 个因素分别全部取最小值、平均值、最大值，由此关于每个因素可以构建 3 个预测表，又因为 x_2、x_{13} 两个因素只能取两值，在构建预测表时使其保持不变，因此一共可构建 36 个预测表，以因素 x_4 为例，其他因素在范围内全部取最小值。预测表及运算结果见表 3-22 所示。

表 3-22 其他因素取最小值关于 x_4 的预测

序号	x_1	x_2	x_3	x_4	x_5	x_6	x_7	x_8	x_9	x_{10}	x_{11}	x_{12}	x_{13}	x_{14}
1	0	0	80.02	4.39	53.91	7.01	20.3	1455.61	1228.72	15.66	1.605	12.99	0.015	90.08
2	0	0	80.02	4.38	53.91	7.01	20.3	1455.61	1228.72	15.66	1.605	12.99	0.015	90.08
3	0	0	80.02	4.36	53.91	7.01	20.3	1455.61	1228.72	15.66	1.605	12.99	0.015	90.08
4	0	0	80.02	4.34	53.91	7.01	20.3	1455.61	1228.72	15.66	1.605	12.99	0.015	90.08
5	0	0	80.02	4.32	53.91	7.01	20.3	1455.61	1228.72	15.66	1.605	12.99	0.015	90.08
6	0	0	80.02	4.3	53.91	7.01	20.3	1455.61	1228.72	15.66	1.605	12.99	0.015	90.08
7	0	0	80.02	4.28	53.91	7.01	20.3	1455.61	1228.72	15.66	1.605	12.99	0.015	90.08
8	0	0	80.02	4.26	53.91	7.01	20.3	1455.61	1228.72	15.66	1.605	12.99	0.015	90.08
9	0	0	80.02	4.24	53.91	7.01	20.3	1455.61	1228.72	15.66	1.605	12.99	0.015	90.08
10	0	0	80.02	4.22	53.91	7.01	20.3	1455.61	1228.72	15.66	1.605	12.99	0.015	90.08
11	0	0	80.02	4.2	53.91	7.01	20.3	1455.61	1228.72	15.66	1.605	12.99	0.015	90.08
12	0	0	80.02	4.18	53.91	7.01	20.3	1455.61	1228.72	15.66	1.605	12.99	0.015	90.08
13	0	0	80.02	4.16	53.91	7.01	20.3	1455.61	1228.72	15.66	1.605	12.99	0.015	90.08
14	0	0	80.02	4.14	53.91	7.01	20.3	1455.61	1228.72	15.66	1.605	12.99	0.015	90.08
15	0	0	80.02	4.12	53.91	7.01	20.3	1455.61	1228.72	15.66	1.605	12.99	0.015	90.08
16	0	0	80.02	4.1	53.91	7.01	20.3	1455.61	1228.72	15.66	1.605	12.99	0.015	90.08
17	0	0	80.02	4.08	53.91	7.01	20.3	1455.61	1228.72	15.66	1.605	12.99	0.015	90.08
18	0	0	80.02	4.06	53.91	7.01	20.3	1455.61	1228.72	15.66	1.605	12.99	0.015	90.08
19	0	0	80.02	4.04	53.91	7.01	20.3	1455.61	1228.72	15.66	1.605	12.99	0.015	90.08
20	0	0	80.02	4.02	53.91	7.01	20.3	1455.61	1228.72	15.66	1.605	12.99	0.015	90.08

　　因为预测数据中存在全为 0 的列，因此归一化并不适用于该数据的预测，由计算结果可知，当染色体个数为 100、最大遗传代数为 10000、基因头部长度为 20、基因个数为 4、适应度函数为 RMSE、插串概率为 0.1、根插串概率为 0.3、单点重组概率为 0.4、双点重组概率为 0.5、基因重组概率为 0.1、倒串概率为 0.1、基因插串为 0.3、基因突变概率为 0.02 时，能够进行高精度的建模，从建立的模型中选择相关系数最大的一个模型用来预测，该模型的训练样本与检验样本的真实值与预测值对比，其中 Model 表示预测值，Target 表示真实值如图 3-50，图 3-51 所示。

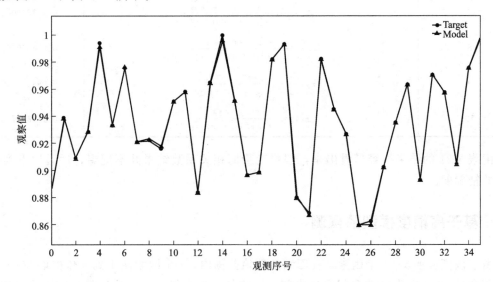

图 3-50　训练样本的真实值与预测值的对比

　　由图 3-50 与图 3-51 可以看出该模型具有较高的精确度。53 行数据的最大相对误差为 0.54102%，保存该模型，需要预测时直接打开即可。

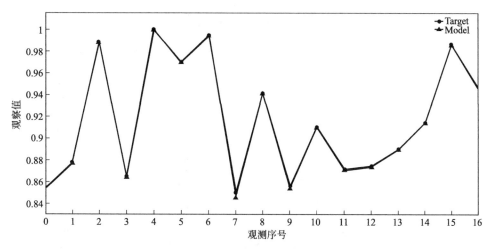

图 3-51　检验样本的真实值与预测值的对比

由于 GeneXproTools 生成的模型可通过公式表达出来，如图 3-52 所示，可以查找模型。

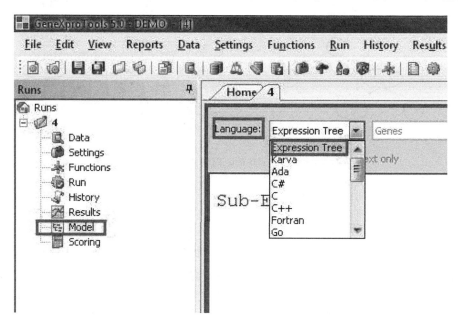

图 3-52　查找模型树状图

通过查找模型树状图，可得到类似图 3-53 所示的高精度模型树状图。

在图 3-53 中，"Min2" 表示 "min（x，y）"，"InV" 表示 "$1/x$"，"X2" 表示 "x^2"，"Tanh" 表示 "$\tanh(x)$"，"Atan" 表示 "$\arctan(x)$"，"Avg2" 表示求平均值，$c2 = -3.60544755394147$，$c4 = -5.33310953093051$、$c5 = 2.94228949858089$，其他 $d_0 = x_1$，$d_1 = x_2$，依次类推。

所以根据图 3-53，可以得到如下的模型公式：

$$y = \min\left(\min\left(x_{12}, \min\left(\min\left(x_4, \frac{1}{x_{12} + x_{13} - 3.60544755394147}\right)\right)\right),\right.$$
$$\left.\tanh\left(\tanh^2\left(\min\left(x_{14}, \frac{1}{2.94228949858089^2}\right)\right), x_9\right) + \right.$$

$$\frac{x_{11}}{-5.33310953093051}+\arctan\frac{x_4+x_{14}}{2x_{10}}+$$

$$\tanh(\tanh(\tanh(\tanh(\tanh(\tanh(\tanh(\tanh(\tanh(\tanh(x_{13})))))))))) $$

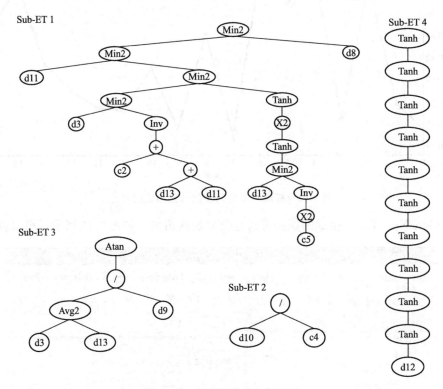

图 3-53　高精度模型的树状图

3.3　小结

对石灰石湿法烟气脱硫装置数据挖掘模型进行优化,并进行数据分析,得出以下结论:

通过分析石灰石湿法烟气脱硫装置中对成品浆液烘干后过筛网 $44\mu m$ 的物料百分比的影响因素,利用从工厂采集的实测数据,分别对最近一次加钢球的时间 x_1、每次加钢球的量 x_2、主电机电流 x_3、搅拌器电流 x_4、循环泵电流 x_5、旋流器入口处管道流量 x_6、旋流器溢流处管道流量 x_7、浆液罐密度值 x_8、成品浆液罐上的密度值 x_9、总加水量 x_{10}、浆液罐的液位值 x_{11}、称重皮带机的物料量 x_{12}、进料颗粒度 x_{13}、可磨性指数 x_{14}、排渣量 x_{15}、旋流器进口压力 x_{16} 进行分析。采用的是遗传算法,利用 GeneXproTools 进行建模,得到了高精度的数据挖掘模型。对成品浆液烘干后过筛网 $44\mu m$ 的物料百分比进行软测量,得到模型最大预测误差为 0.54102%,并且可以得到可见模型,可以达到预期要求,能够满足工程中实际应用的需要。

同时,分别通过正交试验、单因素分析、均匀设计、归一化、解释变量和响应面设计,分析各个变量的变化趋势,找到了对建模影响较大的因素,从而提高了模型的适用性。研究结果表明:基于 GEP 的预测模型,基本上能够和测试样本的数据吻合,具有较小的最大预测误差,并且方法简洁,具有实际应用的可行性。

第4章

基于SPSS Modeler的卧式螺旋离心机运行数据挖掘

在对碱厂白泥浆液、污水处理厂市政污泥、联碱装置盐泥、氧化铝生产赤泥、工业循环水污泥、冶炼厂污泥分别脱水的工程实践中，常用的一种过程装备是卧式螺旋离心机。判断卧式螺旋离心机的运行参数有：离心机参数（电流、差速、转速、液压扭矩等）、污泥参数（流量、含固率、浊度、液固比、加药量等）、分离性能参数（滤液液固比、滤液浊度、泥饼含固率等）。如果把卧式螺旋离心机当作一个动态系统，则以上参数存在因果关系。因此，可采用数学模型描述这些参数之间的关系。

生产上，常常希望根据容易测量的参数推算难以测量而需要化验的参数（污泥浊度、滤液液固比、滤液浊度、泥饼含固率）。根据一部分量预测另一部分量，尤其是需要化验分析的数据，即使分析仪损坏时，软仪表也可以作为该设备的临时替换，同时使用实验室分析数据来保证软测量预测模型的准确性。旨在通过支持向量机回归软测量建模的算法，探索干污泥、泥饼含水率、力矩分别与各影响因子主机转速、主机电流、差速、进泥量、进泥浓度、加药量、运行时间、处理泥量、药剂用量和耗药比之间是否存在高精度的关系。

IBM SPSS Modeler 是专门用于做数据挖掘的软件，包含各种数据挖掘算法，可以和其他数据库软件比较好地兼容、连接；可提供数据挖掘相关的数据理解、数据抽取加载转换、数据分析、建模、评估、部署等全过程的功能。通过建模选项板中的方法，可以根据数据生成新的信息及开发预测模型。

4.1 各影响因素的分析

4.1.1 各影响因素的量纲分析

(1) 主机转速 x_1：时间$^{-1}$；

(2) 主机电流 x_2：电流强度；

(3) 差速 x_3：时间$^{-1}$；

(4) 进泥量 x_4：长度^3/时间；

(5) 进泥浓度 x_5：质量/长度^3；

(6) 加药量 x_6：长度^3/时间；

(7) 运行时间 x_7：时间；

(8) 处理泥量 x_8：长度^3；

(9) 药剂用量 x_9：质量；

（10）耗药比 x_{10}：量纲为1。

4.1.2 三个因素构造的量

（1）进泥量/（主机转速×处理泥量），即 $x_4/(x_1x_8)$；

（2）进泥量/（差速×处理泥量），即 $x_4/(x_3x_8)$；

（3）加药量/（主机转速×处理泥量），即 $x_6/(x_1x_8)$；

（4）加药量/（差速×处理泥量），即 $x_6/(x_3x_8)$；

（5）处理泥量/（进泥量×运行时间），即 $x_8/(x_4x_7)$；

（6）处理泥量/（加药量×运行时间），即 $x_8/(x_6x_7)$；

（7）药剂用量/（进泥浓度×处理泥量），即 $x_9/(x_5x_8)$。

4.1.3 四个因素构造的量

（1）进泥量/（主机转速×加药量×运行时间），即 $x_4/(x_1x_6x_7)$；

（2）进泥量/（差速×加药量×运行时间），即 $x_4/(x_3x_6x_7)$；

（3）加药量/（主机转速×进泥量×进泥浓度），即 $x_6/(x_1x_4x_5)$；

（4）加药量/（主机转速×进泥量×运行时间），即 $x_6/(x_1x_4x_7)$；

（5）加药量/（差速×进泥量×进泥浓度），即 $x_6/(x_3x_4x_5)$；

（6）加药量/（差速×进泥量×运行时间），即 $x_6/(x_3x_4x_7)$；

（7）药剂用量/（进泥量×进泥浓度×运行时间），即 $x_9/(x_4x_5x_7)$；

（8）药剂用量/（进泥浓度×加药量×运行时间），即 $x_9/(x_5x_6x_7)$；

（9）（主机转速×进泥量）/（差速×加药量），即 $(x_1x_4)/(x_3x_6)$；

（10）（主机转速×加药量）/（差速×进泥量），即 $(x_1x_6)/(x_3x_4)$；

（11）（主机转速×药剂用量）/（进泥量×进泥浓度），即 $(x_1x_9)/(x_4x_5)$；

（12）（主机转速×药剂用量）/（进泥浓度×加药量），即 $(x_1x_9)/(x_5x_6)$；

（13）（差速×药剂用量）/（进泥量×进泥浓度），即 $(x_3x_9)/(x_4x_5)$；

（14）（差速×药剂用量）/（进泥浓度×加药量），即 $(x_3x_9)/(x_5x_6)$；

（15）（进泥量×进泥浓度）/（加药量×运行时间），即 $(x_4x_5)/(x_6x_7)$。

4.1.4 可能的解释变量组合

不同的解释变量组合方案用来解释 y 和 $x_1 \sim x_{10}$ 之间的关系。

（1）解释变量：x_1, $x_2 \cdots x_{10}$；

（2）解释变量：$x_4/(x_1x_6x_7)$, x_2, x_3, $x_9/(x_5x_8)$, x_{10}；

（3）解释变量：x_1, x_2, $x_4/(x_3x_6x_7)$, $x_9/(x_5x_8)$, x_{10}；

（4）解释变量：$x_6/(x_1x_4x_7)$, x_2, x_3, $x_9/(x_5x_8)$, x_{10}；

（5）解释变量：x_1, x_2, $x_6/(x_3x_4x_7)$, $x_9/(x_5x_8)$, x_{10}；

（6）解释变量：$x_6/(x_1x_8)$, x_2, x_3, $x_9/(x_4x_5x_7)$, x_{10}；

（7）解释变量：x_1, x_2, $x_6/(x_3x_8)$, $x_9/(x_4x_5x_7)$, x_{10}；

（8）解释变量：$x_4/(x_1x_8)$, x_2, x_3, $x_9/(x_5x_6x_7)$, x_{10}；

（9）解释变量：x_1, x_2, $x_4/(x_3x_8)$, $x_9/(x_5x_6x_7)$, x_{10}；

（10）解释变量：$(x_1 x_4)/(x_3 x_6)$，x_2，$x_9/(x_5 x_8)$，x_7，x_{10}；

（11）解释变量：$(x_1 x_6)/(x_3 x_4)$，x_2，$x_9/(x_5 x_8)$，x_7，x_{10}；

（12）解释变量：$(x_1 x_9)/(x_4 x_5)$，x_2，$x_6/(x_3 x_8)$，x_7，x_{10}；

（13）解释变量：$(x_1 x_9)/(x_4 x_5)$，x_2，x_3，$x_8/(x_6 x_7)$，x_{10}；

（14）解释变量：$(x_1 x_9)/(x_5 x_6)$，x_2，$x_4/(x_3 x_8)$，x_7，x_{10}；

（15）解释变量：$(x_1 x_9)/(x_5 x_6)$，x_2，x_3，$x_8/(x_4 x_7)$，x_{10}；

（16）解释变量：$x_6/(x_1 x_8)$，x_2，$(x_3 x_9)/(x_4 x_5)$，x_7，x_{10}；

（17）解释变量：x_1，x_2，$(x_3 x_9)/(x_4 x_5)$，$x_8/(x_6 x_7)$，x_{10}；

（18）解释变量：$x_4/(x_1 x_8)$，x_2，$(x_3 x_9)/(x_5 x_6)$，x_7，x_{10}；

（19）解释变量：x_1，x_2，$(x_3 x_9)/(x_5 x_6)$，$x_8/(x_4 x_7)$，x_{10}；

（20）解释变量：$x_6/(x_1 x_4 x_5)$，x_2，x_3，x_7，x_8，x_9，x_{10}；

（21）解释变量：x_1，x_2，$x_6/(x_3 x_4 x_5)$，x_7，x_8，x_9，x_{10}；

（22）解释变量：x_1，x_2，x_3，$(x_4 x_5)/(x_6 x_7)$，x_8，x_9，x_{10}。

4.2　建模过程

单击图 4-1 中的"源"，双击图 4-2 中的"Excel"，得到图 4-3。右击图 4-3 的"Excel"，单击"编辑"，先后点击图 4-4"导入文件"框后的"　　"按钮和图 4-5 的"　"按钮，定位到桌面以便于查找文件，完成后，得到图 4-6。单击图 4-7 的"过滤"，点击表中的箭头可实现数据的筛选。修改完毕后，单击"确定"，得到图 4-8。单击图 4-9 的"输出"，双击图 4-10 的"表"（点住工作区域内的"表"，移动鼠标，可实现其位置的变换），得到图 4-11。

图 4-1　选择"源"节点

图 4-2　选择"Excel"作为建模的数据源

图 4-3　已经将"Excel"数据"源"节点放在建模的流程图中

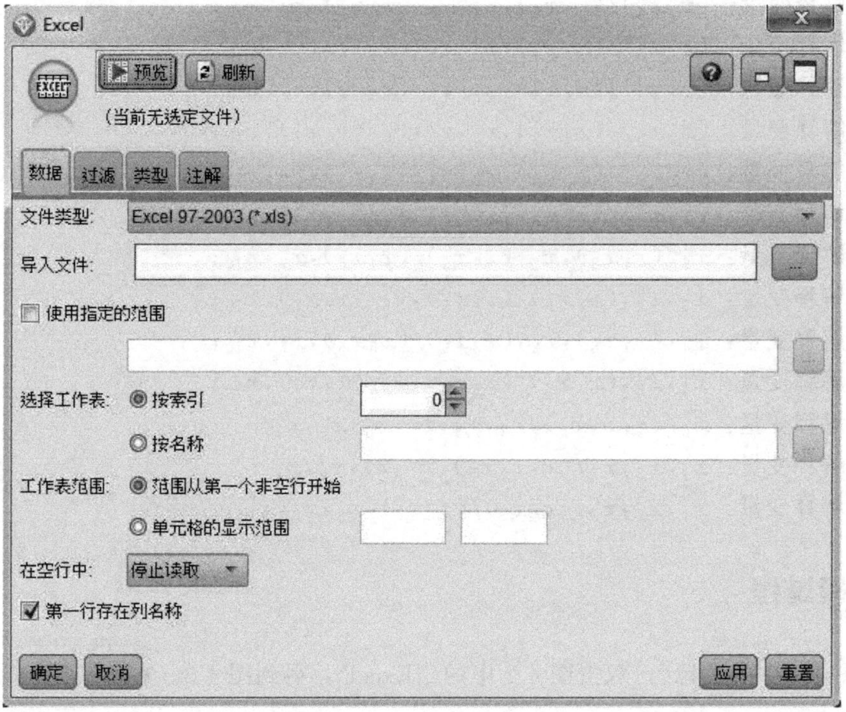

图 4-4 右击工作区域内"Excel"并单击"编辑"后弹出的窗口

图 4-5 选择要导入的数据

图 4-6　"导入文件"确定后

图 4-7　过滤导入的数据

图 4-8　已经将要使用的数据导入"Excel"中

图 4-9　选择"输出"节点

图 4-10　选择"表"作为"Excel"的输出

图 4-11　要使用的数据已经可以以"表"的形式输出

　　右击图 4-11 的"表",单击"运行",弹出图 4-12 的表格后,单击"确定"。点中图 4-11 的"Excel"后,单击图 4-13 的"字段选项",双击图 4-14 的"类型",得到图 4-15。右击图 4-15 的"类型",单击"编辑",点击图 4-16 的"输入"可实现"角色"的变化。修改完毕后,单击"确定"。在"字段选项"中,双击图 4-17 的"分区",得到图 4-18。右击图 4-18 的"分区",单击"编辑",修改"训练分区大小"值和"测试分区大小"值。完成后,点击"确定",得到图 4-19。重复步骤,最终得到图 4-20。右击图 4-20 中选中的"表",单击"运行",得到图 4-21。由图 4-21 可知,软件输出的哪些样本是训练样本,哪些样本是检验样本。

	主机转...	主机...	差速...	进泥...	进...	加...	运行...	处理泥...	药剂...	耗...	干...
1	2664.000	35.900	12.400	24.200	0.012	0.600	24.000	580.800	28.800	4.130	6.970
2	2664.000	36.100	12.200	24.500	0.013	0.600	24.000	588.000	28.800	3.770	7.640
3	2664.000	35.700	11.600	24.400	0.014	0.600	24.000	585.600	28.800	3.440	8.370
4	2664.000	34.800	11.600	24.700	0.014	0.700	24.000	592.800	33.600	3.960	8.480
5	2664.000	35.700	11.200	23.900	0.014	0.700	24.000	573.600	33.600	4.340	7.740
6	2664.000	34.900	12.800	23.500	0.014	0.600	8.000	188.000	9.600	3.690	2.600
7	2664.000	35.100	12.300	23.200	0.014	0.600	8.000	185.600	9.600	3.690	2.600
8	2664.000	35.400	11.300	23.500	0.014	0.600	8.000	188.000	9.600	3.720	2.580
9	2664.000	35.400	10.600	24.000	0.012	0.600	8.000	192.000	9.600	4.000	2.400
10	2664.000	35.200	11.100	23.600	0.014	0.600	8.000	188.800	9.600	3.740	2.570
11	2664.000	34.900	11.300	23.700	0.013	0.600	8.000	189.600	9.600	3.900	2.460
12	2664.000	35.000	11.800	23.800	0.014	0.600	8.000	190.400	9.600	3.650	2.630
13	2664.000	35.200	10.800	24.000	0.015	0.500	24.000	576.000	24.000	2.780	8.640
14	2664.000	34.000	11.000	24.200	0.014	0.500	24.000	580.800	24.000	2.990	8.020
15	2664.000	34.400	11.300	23.500	0.013	0.600	24.000	564.000	28.800	4.050	7.110
16	2664.000	35.200	10.800	24.000	0.014	0.600	24.000	576.000	28.800	3.700	7.780
17	2664.000	34.500	5.300	24.200	0.013	0.600	24.000	580.800	28.800	3.850	7.490
18	2664.000	33.100	13.400	22.100	0.014	0.500	24.000	530.400	24.000	3.300	7.270
19	2664.000	33.200	10.200	22.000	0.013	0.500	24.000	528.000	24.000	3.610	6.650
20	2664.000	34.400	10.800	25.000	0.012	0.500	24.000	600.000	24.000	3.280	7.320
21	2600.000	32.500	10.500	19.500	0.014	0.500	8.000	156.000	8.000	3.770	2.120
22	2600.000	31.900	10.000	19.200	0.014	0.500	8.000	153.600	8.000	3.620	2.210
23	2600.000	31.600	10.400	20.000	0.014	0.500	8.000	160.000	8.000	3.650	2.190
24	2600.000	30.800	12.000	20.000	0.014	0.500	8.000	160.000	8.000	3.620	2.210
25	2600.000	32.100	10.900	20.100	0.014	0.500	8.000	160.800	8.000	3.690	2.170
26	2600.000	32.900	15.500	20.000	0.014	0.500	8.000	160.000	8.000	3.520	2.270
27	2600.000	30.000	7.000	19.900	0.014	0.500	8.000	159.200	8.000	3.670	2.180
28	2600.000	28.900	6.400	19.200	0.014	0.500	8.000	153.600	8.000	3.740	2.140
29	2600.000	29.400	7.600	20.200	0.013	0.500	8.000	161.600	8.000	3.850	2.080
30	2600.000	30.400	7.000	20.900	0.013	0.500	8.000	167.200	8.000	3.740	2.140
31	2600.000	30.200	6.800	20.300	0.013	0.500	8.000	162.400	8.000	3.740	2.140

表(11 个字段,1,411 条记录)

图 4-12 "表"的输出结果

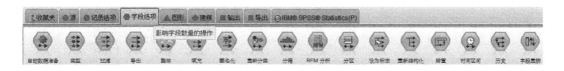

图 4-13 选择"字段选项"节点

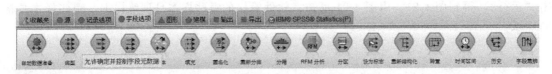

图 4-14　选择"类型"作为字段选项

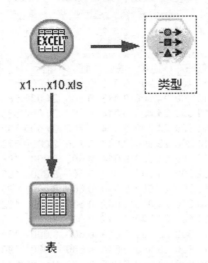

图 4-15　已经将"类型"字段选项节点放在建模的流程图中

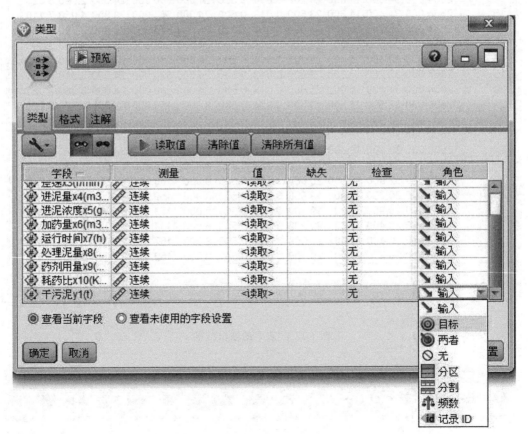

图 4-16　变更"角色"

图 4-17　选择"分区"作为字段选项

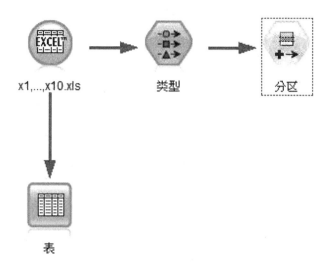

图 4-18　已经将"分区"字段选项节点放在建模的流程图中

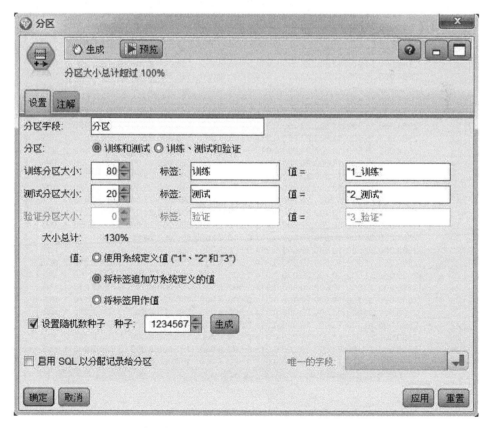

图 4-19　右击工作区域内"分区"并单击"编辑"后弹出的窗口

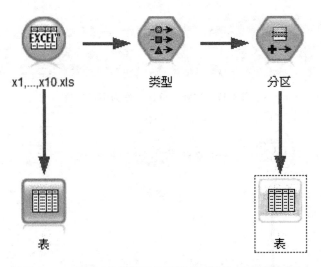

图 4-20 分区后的数据已经可以以"表"的形式输出

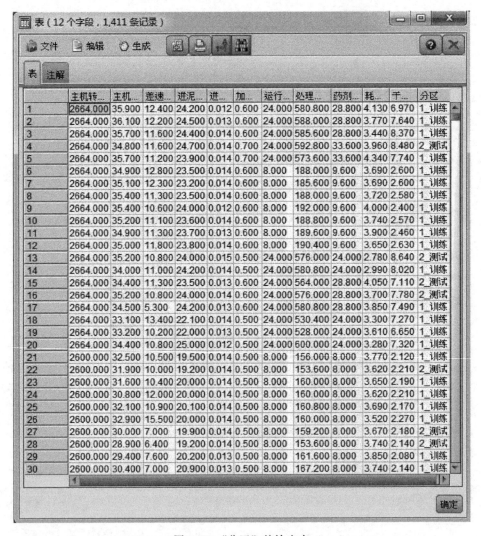

图 4-21 "分区"的输出表

点中图4-20的"分区"后，单击图4-22的"建模"，双击图4-23的"SVM"，名字改为"干污泥 $y_1(t)$"后得到图4-24。右击图4-24的"干污泥 $y_1(t)$"，单击"编辑"，点击弹出框中的"专家"后，选择模式为"专家"，对"停止标准""规则化参数（C）""回归精确度（epsilon）""内核类型""RBF 伽马"的值进行修改，得到图4-25。完成后，点击"运行"，得到图4-26。单击"字段选项"，双击图4-27的"导出"，得到图4-28。右击图4-28的"导出"，对图4-29的"导出字段"进行修改，并单击弹出框中的"  "按钮编辑公式（"函数"和"字段"通过双击选定）。完成后，点击"确定"，得到图4-30。重复上述步骤，并右击图4-31中选中的"表"，单击"运行"，得到图4-32，即最终结果。在流程线上增加用于输出计算结果的"表"，见图4-31。在"表"中输出的最大误差计算结果见图4-32。

图 4-22　选择"建模"节点

图 4-23　选择"SVM"作为建模的类型

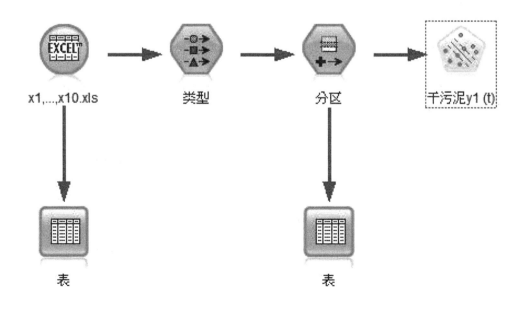

图 4-24　干污泥的"SVM"模型已经建立

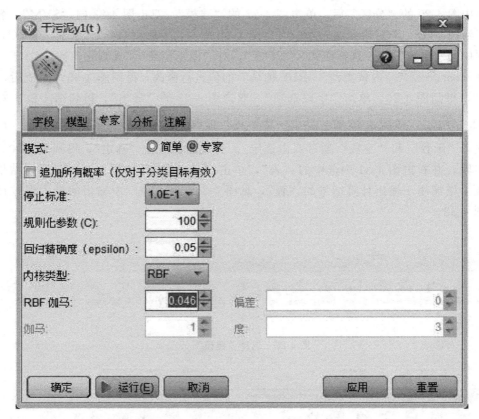

图 4-25 单击"编辑"后弹出的窗口

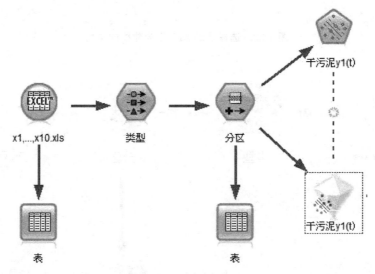

图 4-26 "专家"参数修改并运行后的结果

图 4-27 选择"导出"作为"字段选项"

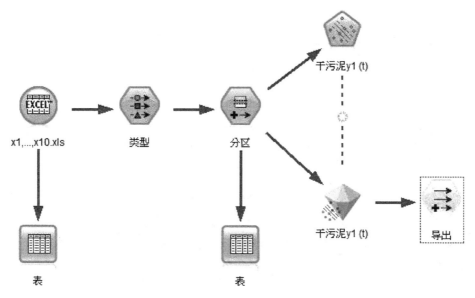

图 4-28　已经将"导出"字段选项节点放在建模的流程图中

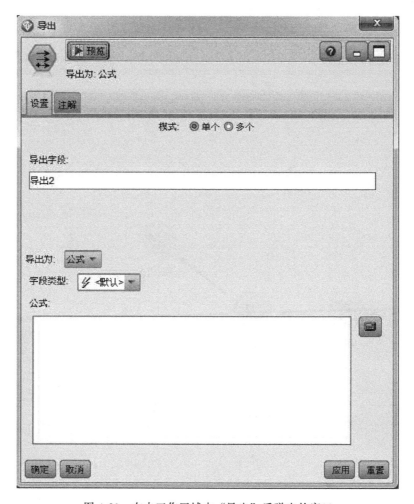

图 4-29　右击工作区域内"导出"后弹出的窗口

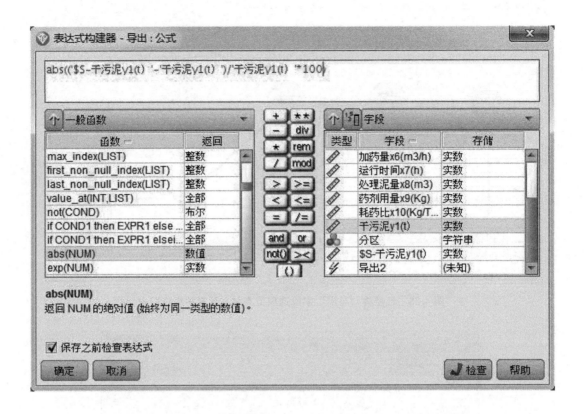

图 4-30　已编辑完成计算"最大误差"的公式

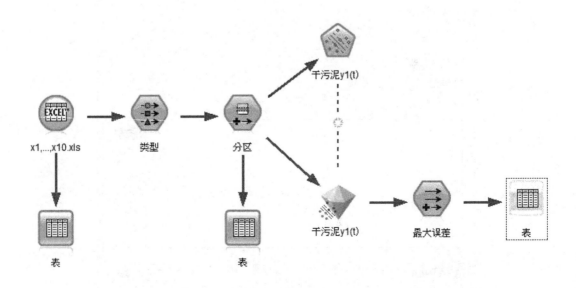

图 4-31　在流程线上增加用于输出计算结果的"表"

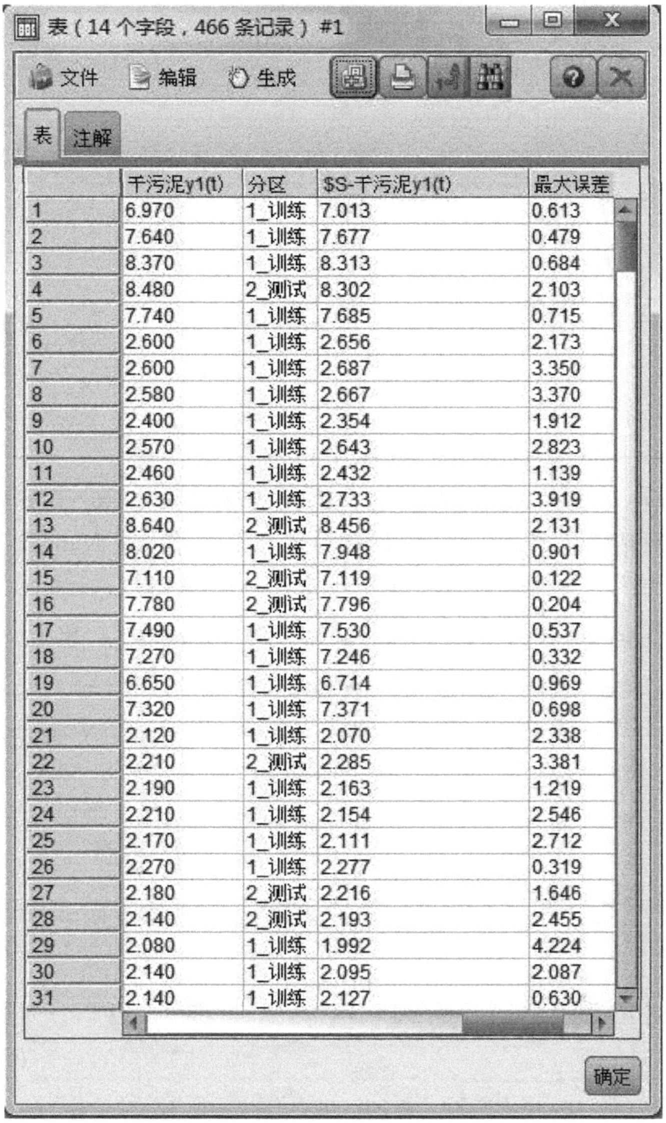

	干污泥y1(t)	分区	$S-干污泥y1(t)	最大误差
1	6.970	1_训练	7.013	0.613
2	7.640	1_训练	7.677	0.479
3	8.370	1_训练	8.313	0.684
4	8.480	2_测试	8.302	2.103
5	7.740	1_训练	7.685	0.715
6	2.600	1_训练	2.656	2.173
7	2.600	1_训练	2.687	3.350
8	2.580	1_训练	2.667	3.370
9	2.400	1_训练	2.354	1.912
10	2.570	1_训练	2.643	2.823
11	2.460	1_训练	2.432	1.139
12	2.630	1_训练	2.733	3.919
13	8.640	2_测试	8.456	2.131
14	8.020	1_训练	7.948	0.901
15	7.110	2_测试	7.119	0.122
16	7.780	2_测试	7.796	0.204
17	7.490	1_训练	7.530	0.537
18	7.270	1_训练	7.246	0.332
19	6.650	1_训练	6.714	0.969
20	7.320	1_训练	7.371	0.698
21	2.120	1_训练	2.070	2.338
22	2.210	2_测试	2.285	3.381
23	2.190	1_训练	2.163	1.219
24	2.210	1_训练	2.154	2.546
25	2.170	1_训练	2.111	2.712
26	2.270	1_训练	2.277	0.319
27	2.180	2_测试	2.216	1.646
28	2.140	2_测试	2.193	2.455
29	2.080	1_训练	1.992	4.224
30	2.140	1_训练	2.095	2.087
31	2.140	1_训练	2.127	0.630

图 4-32　在“表”中输出的计算结果

4.3 干污泥量模型优化

在 IBM SPSS Modeler 中的“专家”参数为默认值的情况下，将样本归一化的 8 种方案、解释变量组合的 22 种方案数据代入，得到干污泥模型误差最小值 10.63%对应的方案是解释变量组合 1，进行表 4-1 的均匀实验时便代入解释变量组合 1 的数据。

表 4-1　干污泥 5 因素 6 水平均匀试验数据

训练样本的比例/%	停止标准	规则化参数(*C*)	回归精确度(epsilon)	RBF 伽马	干污泥模型误差/%
3(62)	1(10^{-6})	6(100)	5(0.5)	4(0.4)	31.27316300 1788006

续表

训练样本的比例/%	停止标准	规则化参数(C)	回归精确度（epsilon）	RBF 伽马	干污泥模型误差/%
5(74)	2(10^{-5})	2(28)	2(0.2)	5(0.5)	19.494086491090865
6(80)	5(10^{-2})	3(46)	6(0.6)	3(0.3)	34.1019118878343800
4(68)	4(10^{-3})	5(82)	1(0.1)	1(0.1)	10.770340698567600
2(56)	6(10^{-1})	4(64)	3(0.3)	6(0.6)	23.077391579349495
1(50)	3(10^{-4})	1(10)	4(0.4)	2(0.2)	24.878850723492352

应用 Origin 软件对表 4-1 中的数据进行多元线性回归处理，具体操作步骤如下：将 Excel 中的数据复制粘贴到 Book1 中（图 4-33）。其中，"Long Name"表示"数据名称"，"Units"表示"单位"，具体数值从"1"开始填入；单击"Analysis"→"Fitting"→"Multiple Linear Regression"（→"＜Last used＞"）（图 4-34）；单击"▶"按钮，选择"Dependent Data（因变量）""Independent Data（自变量）"（图 4-35）。若有多重选择，点击"Select Columns"，选中第一个数，按住"Shift"键，选中最后一个数，单击"Add""OK"（图 4-36）。最后再点击"OK"（图 4-37）；弹出"Reminder Message"后，单击"OK"（图 4-38）。

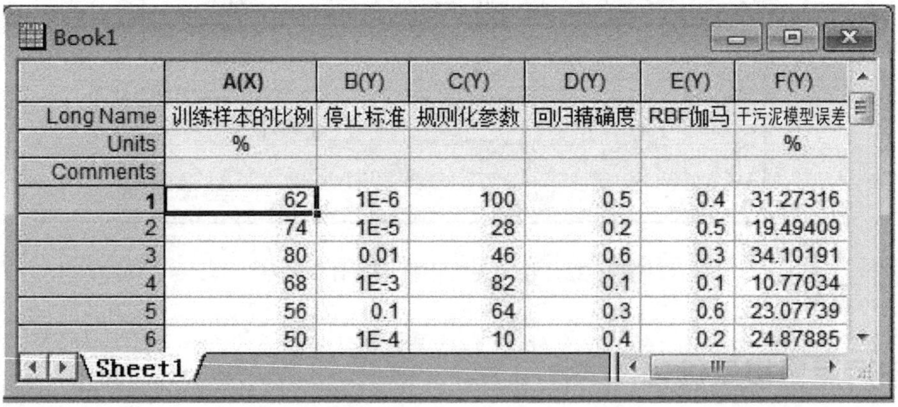

	A(X)	B(Y)	C(Y)	D(Y)	E(Y)	F(Y)
Long Name	训练样本的比例	停止标准	规则化参数	回归精确度	RBF伽马	干污泥模型误差
Units	%					%
Comments						
1	62	1E-6	100	0.5	0.4	31.27316
2	74	1E-5	28	0.2	0.5	19.49409
3	80	0.01	46	0.6	0.3	34.10191
4	68	1E-3	82	0.1	0.1	10.77034
5	56	0.1	64	0.3	0.6	23.07739
6	50	1E-4	10	0.4	0.2	24.87885

Sheet1

图 4-33　输入数据

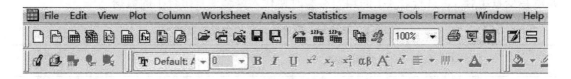

图 4-34　多元线性回归

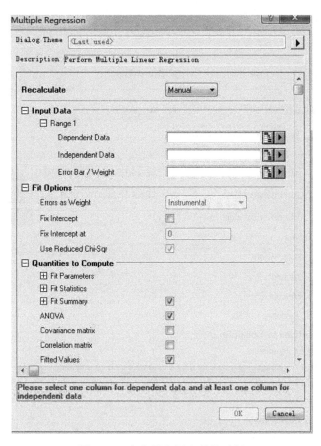

图 4-35　自变量和因变量的选择

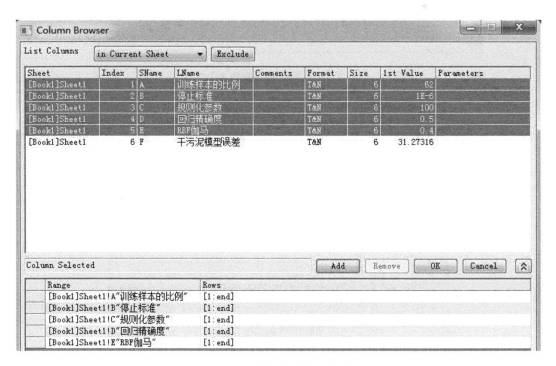

图 4-36　多重自变量的选择

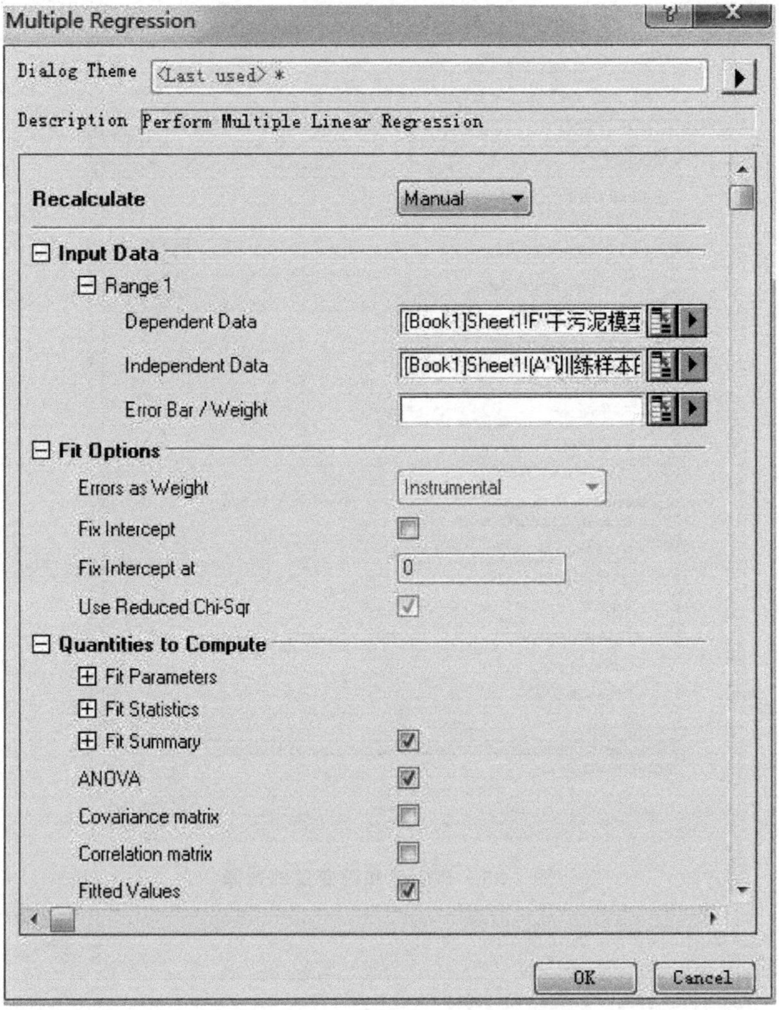

图 4-37 自变量和因变量选定后

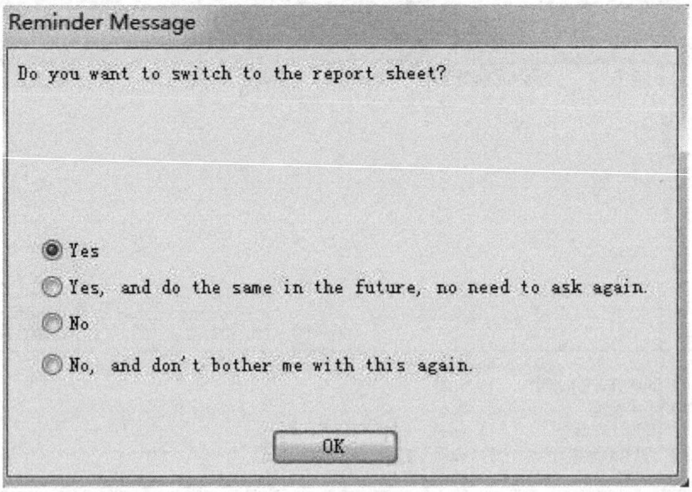

图 4-38 提示信息

最终生成如图 4-39 所示的文件。点击"File"→"Save ProjectAs…"，将文件重命名后保存进指定的文件夹，其中"File"所在位置如图 4-40 所示。由图 4-39 可知，干污泥模型误差＝5.95789－0.00795×训练样本的比例－19.41604×停止标准－2.07959×10^{-4}×规则化参数＋42.71931×回归精确度＋11.17259×RBF 伽马。根据所得的多元线性方程可知：训练样本的比例越小，停止标准越大，规则化参数越大，回归精确度越小，RBF 伽马越小，干污泥模型误差就越小。于是，取训练样本的比例＝50％，停止标准＝$1.0×10^{-1}$，规则化参数＝100，回归精确度＝0.1，RBF 伽马＝0.1，计算出干污泥模型误差＝9.34％且 9.34％＜10.77％。由此可知，干污泥模型误差与训练样本的比例、停止标准、规则化参数、回归精确度和 RBF 伽马之间存在线性关系。因为训练样本的比例和规则化参数对干污泥模型误差的影响不大，所以，在表 4-1 的基础上，固定停止标准为最大值 $1.0×10^{-1}$，使回归精度在0.05～0.092 内均匀变化，RBF 伽马在 0.01～0.094 内均匀变化，对干污泥进行 2 因素 15水平的均匀试验，结果见表 4-2。在计算过程中，发现回归精度最小值可取到 0.05，RBF 伽马最小值可取到 0.001，而两者都是越小越好，于是使回归精度的变化范围不变，将 RBF伽马的变化范围扩大到 0.001～0.099，对干污泥进行第二次 2 因素 15 水平的均匀试验，结果见表 4-3。对比表 4-2 和表 4-3 可知，由于扩大范围后的 RBF 伽马的公差也随之变大，再加上回归精度的影响，后者的结果并没有前者好，即干污泥模型误差的最小值反而变大。

		Value	Standard Error
干污泥模型误差	Intercept	5.95789	—
	"训练样本的比例"	-0.00795	—
	"停止标准"	-19.41604	—
	"规则化参数"	-2.07959E-4	—
	"回归精确度"	42.71931	—
	"RBF伽马"	11.17259	—

图 4-39　多元线性回归结果

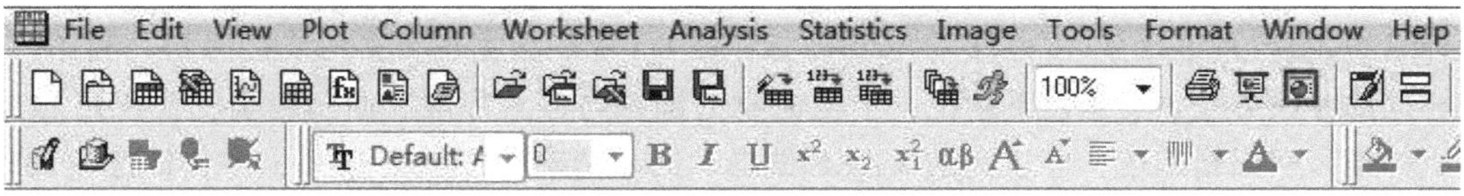

图 4-40　"File"所在位置

表 4-2　干污泥 2 因素 15 水平均匀试验数据 (1)

回归精确度(epsilon)	RBF 伽马	干污泥模型误差/%
10(0.077)	1(0.01)	5.566765125
15(0.092)	9(0.058)	8.412770909
14(0.089)	3(0.022)	9.013784516
9(0.074)	12(0.076)	8.324240157
6(0.065)	15(0.094)	8.822972695
2(0.053)	13(0.082)	6.120014927
12(0.083)	6(0.04)	5.595033565
13(0.086)	14(0.088)	8.362318961
11(0.08)	11(0.07)	9.528934150

回归精确度（epsilon）	RBF 伽马	干污泥模型误差/%
5(0.062)	4(0.028)	7.975555049
1(0.05)	7(0.046)	4.224392009
8(0.071)	5(0.034)	7.190802083
3(0.056)	2(0.016)	4.451194823
4(0.059)	10(0.064)	8.594920515
7(0.068)	8(0.052)	8.323104079

表 4-3　干污泥 2 因素 15 水平均匀试验数据（2）

回归精确度（epsilon）	RBF 伽马	干污泥模型误差/%
10(0.077)	1(0.001)	22.33072766
15(0.092)	9(0.057)	8.161604243
14(0.089)	3(0.015)	7.534975218
9(0.074)	12(0.078)	8.390343581
6(0.065)	15(0.099)	8.505609052
2(0.053)	13(0.085)	7.435511919
12(0.083)	6(0.036)	6.328621990
13(0.086)	14(0.092)	8.531078908
11(0.08)	11(0.071)	9.592895776
5(0.062)	4(0.022)	5.091103927
1(0.05)	7(0.043)	7.340908268
8(0.071)	5(0.029)	7.767173639
3(0.056)	2(0.008)	5.225848556
4(0.059)	10(0.064)	8.594920515
7(0.068)	8(0.05)	7.817672192

　　为了进一步减小干污泥模型误差，考虑停止标准×回归精确度、停止标准×RBF 伽马、回归精确度×RBF 伽马、停止标准^2、回归精确度^2 和 RBF 伽马^2 这 6 个二次的自变量是否会对干污泥模型误差产生影响。于是加上 3 个一次的自变量，综合考虑 9 个因素，对干污泥设计（表 4-4）的 9 因素 15 水平均匀试验。对表 4-4 中的数据进行多元线性回归，利用与上述相同的分析方法，得到以下结论：干污泥模型误差与停止标准、回归精确度、RBF 伽马、停止标准×回归精确度、停止标准×RBF 伽马、回归精确度×RBF 伽马、停止标准^2、回归精确度^2 和 RBF 伽马^2 之间不存在线性关系。没有得到比 4.22％更小的干污泥模型误差，可能是考虑的自变量个数少，所以分别以训练样本的比例、停止标准、回归精确度、RBF 伽马为自变量，以停止标准、规则化参数、回归精确度、RBF 伽马为自变量，对干污泥分别进行如表 4-5 和表 4-6 的 4 因素 15 水平均匀试验、4 因素 24 水平均匀试验。对表 4-5 中的数据进行多元线性回归，利用与上述相同的分析方法，得到以下结论：干污泥模型误差与训练样本的比例、停止标准、回归精确度和 RBF 伽马之间不存在线性关系。表 4-4 的 9 因素 15 水平均匀试验、表 4-5 的 4 因素 15 水平均匀试验、表 4-6 的 4 因素 24 水平均匀试验的效果并不好。因此，干污泥 2 因素 15 水平均匀试验时，最佳模型是：训练样本的比例＝80％，停止标准＝10^{-1}，规则化参数＝100，回归精确度＝0.05，RBF 伽马＝0.046。此时，干污泥模型误差＝4.22％。表 4-7 给出了干污泥最佳模型时的平均误差仅为 0.044744875％，进一步说明最佳模型的精确度。

表 4-4 干污泥 9 因素 15 水平均匀试验数据

停止标准	回归精确度 (epsilon)	RBF 伽马	停止标准×回归精确度 (epsilon)	停止标准×RBF 伽马	回归精确度 (epsilon)×RBF 伽马	停止标准^2	回归精确度 (epsilon)^2	RBF 伽马^2	干污泥模型误差/%
10(10^{-3})	13(0.086)	1(0.001)	7(0.0000092)	1(0.000000008)	11(0.004928)	9(0.000001)	7(0.004624)	14(0.008464)	22.3718156
14(10^{-1})	2(0.053)	8(0.05)	11(0.00068)	4(0.00000043)	15(0.008188)	12(0.0001)	4(0.003481)	8(0.0025)	4.647136511
5(10^{-5})	4(0.059)	3(0.015)	13(0.0053)	12(0.00085)	9(0.003312)	6(0.00000001)	2(0.002809)	12(0.006084)	4.987344775
13(10^{-1})	6(0.065)	15(0.099)	8(0.00005)	13(0.0022)	12(0.00578)	1(0.000000000001)	9(0.005476)	6(0.001296)	8.505609052
1(10^{-6})	5(0.062)	2(0.008)	9(0.000077)	7(0.0000036)	3(0.000885)	14(0.01)	10(0.005929)	5(0.000841)	5.636607158
8(10^{-3})	1(0.05)	9(0.057)	3(0.00000056)	9(0.000057)	1(0.000086)	3(0.0000000001)	8(0.005041)	15(0.009801)	5.920571858
4(10^{-5})	3(0.056)	11(0.071)	5(0.00000074)	2(0.000000078)	10(0.003976)	8(0.000001)	14(0.007921)	2(0.000064)	7.233685506
6(10^{-4})	14(0.089)	14(0.092)	4(0.0000059)	10(0.00006)	8(0.003182)	15(0.01)	3(0.003136)	7(0.001849)	10.29684512
3(10^{-5})	9(0.074)	7(0.043)	2(0.00000059)	14(0.005)	14(0.006435)	11(0.01)	11(0.0064)	11(0.005041)	6.538308100
2(10^{-6})	11(0.08)	12(0.078)	10(0.000086)	3(0.00000015)	5(0.002059)	2(0.000000000001)	5(0.003844)	10(0.004096)	9.456057783
7(10^{-4})	15(0.092)	6(0.036)	15(0.0083)	8(0.0000092)	13(0.00624)	4(0.0000000001)	12(0.006889)	4(0.000484)	7.099200440
12(10^{-2})	8(0.071)	5(0.029)	1(0.000000062)	5(0.00000071)	7(0.00285)	5(0.0000000001)	1(0.0025)	3(0.000225)	6.728264913
9(10^{-3})	10(0.077)	10(0.064)	12(0.00071)	15(0.0099)	2(0.000496)	10(0.000001)	6(0.004225)	1(0.000001)	8.219120133
11(10^{-2})	7(0.068)	13(0.085)	14(0.0065)	6(0.000001)	6(0.00265)	13(0.01)	13(0.007396)	13(0.007225)	8.99893067
15(10^{-1})	12(0.083)	4(0.022)	6(0.0000089)	11(0.00029)	4(0.001826)	7(0.0000001)	15(0.008464)	9(0.003249)	6.48494539

表 4-5　干污泥 4 因素 15 水平均匀试验数据

训练样本的比例/%	停止标准	回归精确度(epsilon)	RBF 伽马	干污泥模型误差/%
9(67)	1(10^{-6})	4(0.059)	10(0.064)	6.934456479
11(71)	14(10^{-1})	5(0.062)	5(0.029)	7.676285024
10(69)	7(10^{-4})	10(0.077)	1(0.001)	22.30811297
3(54)	12(10^{-2})	3(0.056)	2(0.008)	6.046827009
13(76)	10(10^{-3})	2(0.053)	13(0.085)	7.891901412
5(59)	4(10^{-5})	8(0.071)	15(0.099)	10.27155256
2(52)	2(10^{-6})	12(0.083)	6(0.036)	5.638142389
12(74)	5(10^{-5})	14(0.089)	11(0.071)	8.527322350
1(50)	8(10^{-3})	6(0.065)	12(0.078)	11.84838343
7(63)	6(10^{-4})	1(0.05)	7(0.043)	6.095732863
4(56)	15(10^{-1})	9(0.074)	9(0.057)	10.6130341
14(78)	3(10^{-5})	7(0.068)	3(0.015)	6.253646765
6(61)	9(10^{-3})	15(0.1)	4(0.022)	8.321747923
15(80)	11(10^{-2})	11(0.08)	8(0.05)	6.987818517
8(65)	13(10^{-1})	13(0.086)	14(0.092)	8.854841962

表 4-6　干污泥 4 因素 24 水平均匀试验数据

停止标准	规则化参数(C)	回归精确度(epsilon)	RBF 伽马	干污泥模型误差/%
6(10^{-5})	24(240)	10(0.14)	17(0.017)	14.21709691
7(10^{-5})	4(40)	5(0.09)	2(0.002)	35.41797869
12(10^{-4})	14(140)	22(0.26)	1(0.001)	40.96043255
8(10^{-5})	13(130)	16(0.2)	11(0.011)	14.51477296
24(10^{-1})	12(120)	19(0.23)	16(0.016)	14.78344171
5(10^{-5})	8(80)	23(0.27)	18(0.018)	14.35420225
4(10^{-6})	16(160)	7(0.11)	9(0.009)	11.67148668
18(10^{-2})	9(90)	8(0.12)	4(0.004)	11.47468624
20(10^{-2})	2(20)	21(0.25)	8(0.008)	34.54784507
23(10^{-1})	18(180)	12(0.16)	3(0.003)	10.41265602
17(10^{-2})	23(230)	24(0.28)	12(0.012)	13.85777246
3(10^{-6})	11(110)	2(0.06)	21(0.021)	9.120584519
10(10^{-4})	7(70)	15(0.19)	6(0.006)	12.06593746
22(10^{-1})	6(60)	3(0.07)	13(0.013)	11.48904282
16(10^{-3})	5(50)	17(0.21)	20(0.02)	14.42226382
19(10^{-2})	15(150)	6(0.1)	19(0.019)	11.52912572
1(10^{-6})	3(30)	13(0.17)	14(0.014)	11.74826755
11(10^{-4})	19(190)	4(0.08)	15(0.015)	10.83890443
9(10^{-4})	17(170)	20(0.24)	24(0.024)	14.55697520
13(10^{-3})	1(10)	9(0.13)	23(0.023)	15.46665799
2(10^{-6})	20(200)	18(0.22)	5(0.005)	14.32995961
21(10^{-1})	21(210)	14(0.18)	22(0.022)	14.13821316
14(10^{-3})	10(100)	11(0.15)	10(0.01)	14.34172028
15(10^{-3})	22(220)	1(0.05)	7(0.007)	6.428511093

表 4-7　干污泥模型的平均误差

干污泥预测值/t	干污泥真实值/t	误差/%	平均误差/%
7.012713695	6.97	0.612822016	
7.676587896	7.64	0.478899161	
8.312714455	8.37	−0.684415115	

续表

干污泥预测值/t	干污泥真实值/t	误差/%	平均误差/%
8.301641070	8.48	−2.103289273	0.044744875
7.684641724	7.74	−0.715223199	
2.65649657	2.6	2.172944995	
2.687094591	2.6	3.349791956	
2.666957563	2.58	3.370448164	
2.354115123	2.4	−1.911869884	
2.642553616	2.57	2.823097911	
2.431992666	2.46	−1.138509494	
2.733079805	2.63	3.919384207	
8.455913765	8.64	−2.130627715	
7.947735314	8.02	−0.901055936	
7.118655055	7.11	0.121730730	
7.795893699	7.78	0.204289187	
7.530221883	7.49	0.537007790	
7.245860582	7.27	−0.332041509	
6.714430915	6.65	0.968885933	
7.371100914	7.32	0.698099921	
2.070442441	2.12	−2.337620691	
2.284725150	2.21	3.381228520	
2.163305933	2.19	−1.218907159	
2.153743667	2.21	−2.545535444	
2.111159923	2.17	−2.711524297	
2.277247101	2.27	0.319255544	
2.215893628	2.18	1.646496697	
2.192533859	2.14	2.454853204	
1.992132646	2.08	−4.224392009	
2.095339751	2.14	−2.086927517	
2.126513601	2.14	−0.630205563	

4.4　泥饼含水率模型优化

在 IBM SPSS Modeler 中的"专家"参数为默认值的情况下，将样本归一化的 8 种方案、解释变量组合的 22 种方案数据代入，分别进行表 4-8 的 5 因素 6 水平均匀试验（表 4-8）、3 因素 12 水平均匀试验（表 4-9 对应解释变量组合 3、表 4-10 对应解释变量组合 2、表 4-11 对应解释变量组合 6）。其中，还对均匀试验结果数据通过多元线性回归进一步比较模型的精确度。结果表明，泥饼含水率的最佳模型是：训练样本的比例＝80％，停止标准＝10^{-6}，规则化参数＝10，回归精确度＝0.6，RBF 伽马＝1.7。此时，泥饼含水率模型误差＝0.99％，数据是解释变量组合 6。表 4-12 给出了泥饼含水率最佳模型时的平均误差仅为 0.019065389％。

表 4-8　泥饼含水率 5 因素 6 水平均匀试验数据

训练样本的比例/%	停止标准	规则化参数(C)	回归精确度(epsilon)	RBF 伽马	泥饼含水率模型误差/%
3(62)	1(10^{-6})	6(100)	5(0.5)	4(0.4)	1.808210834
5(74)	2(10^{-5})	2(28)	2(0.2)	5(0.5)	1.732518026

训练样本的比例/%	停止标准	规则化参数(C)	回归精确度（epsilon）	RBF 伽马	泥饼含水率模型误差/%
6(80)	5(10^{-2})	3(46)	6(0.6)	3(0.3)	1.564935172
4(68)	4(10^{-3})	5(82)	1(0.1)	1(0.1)	2.170908247
2(56)	6(10^{-1})	4(64)	3(0.3)	6(0.6)	1.650701792
1(50)	3(10^{-4})	1(10)	4(0.4)	2(0.2)	1.870441067

表 4-9   泥饼含水率 3 因素 12 水平均匀试验数据（解释变量组合 3）

停止标准	回归精确度（epsilon）	RBF 伽马	泥饼含水率模型误差/%
3(10^{-5})	2(0.65)	11(1.6)	1.323777993
1(10^{-6})	6(0.87)	4(0.9)	1.344280077
9(10^{-2})	7(0.93)	12(1.7)	1.227864403
11(10^{-1})	11(1.15)	3(0.8)	1.484829433
10(10^{-2})	1(0.6)	5(1.0)	1.707539902
2(10^{-6})	10(1.10)	8(1.3)	1.420272072
6(10^{-4})	12(1.2)	10(1.5)	1.550267049
5(10^{-4})	4(0.76)	7(1.2)	1.347954499
12(10^{-1})	5(0.82)	9(1.4)	1.420888649
4(10^{-5})	8(0.98)	1(0.6)	1.375612983
7(10^{-3})	3(0.71)	2(0.7)	1.639207399
8(10^{-3})	9(1.00)	6(1.1)	1.291594021

表 4-10   泥饼含水率 3 因素 12 水平均匀试验数据（解释变量组合 2）

停止标准	回归精确度（epsilon）	RBF 伽马	泥饼含水率模型误差/%
3(10^{-5})	2(0.65)	11(1.6)	1.206470496
1(10^{-6})	6(0.87)	4(0.9)	1.39630852
9(10^{-2})	7(0.93)	12(1.7)	1.200776863
11(10^{-1})	11(1.15)	3(0.8)	1.484829399
10(10^{-2})	1(0.6)	5(1.0)	1.455972574
2(10^{-6})	10(1.10)	8(1.3)	1.420272005
6(10^{-4})	12(1.2)	10(1.5)	1.560305161
5(10^{-4})	4(0.76)	7(1.2)	1.415298493
12(10^{-1})	5(0.82)	9(1.4)	1.34195869
4(10^{-5})	8(0.98)	1(0.6)	1.265340493
7(10^{-3})	3(0.71)	2(0.7)	1.472157791
8(10^{-3})	9(1.00)	6(1.1)	1.291157239

表 4-11   泥饼含水率 3 因素 12 水平均匀试验数据（解释变量组合 6）

停止标准	回归精确度（epsilon）	RBF 伽马	泥饼含水率模型误差/%
3(10^{-5})	2(0.65)	11(1.6)	1.079913497
1(10^{-6})	6(0.87)	4(0.9)	1.301847373
9(10^{-2})	7(0.93)	12(1.7)	1.202072162
11(10^{-1})	11(1.15)	3(0.8)	1.484829385
10(10^{-2})	1(0.6)	5(1.0)	1.389088814
2(10^{-6})	10(1.10)	8(1.3)	1.420271979
6(10^{-4})	12(1.2)	10(1.5)	1.56078273
5(10^{-4})	4(0.76)	7(1.2)	1.300350949
12(10^{-1})	5(0.82)	9(1.4)	1.164596047
4(10^{-5})	8(0.98)	1(0.6)	1.456922439
7(10^{-3})	3(0.71)	2(0.7)	1.404268876
8(10^{-3})	9(1.00)	6(1.1)	1.291157191

表 4-12 泥饼含水率模型的平均误差

泥饼含水率预测值/%	泥饼含水率真实值/%	误差/%	平均误差/%
79.27000161	79.87	−0.751218719	−0.019065389
79.62561022	79.65	−0.030621198	
79.11999475	78.52	0.764129835	
79.19195739	79.92	−0.910964230	
78.05000503	77.45	0.774699850	
78.97014288	78.65	0.407047523	
78.93142755	79.44	−0.640196940	
78.84073795	78.92	−0.100433412	
78.53023295	79.06	−0.670082279	
78.83142867	78.58	0.319965215	
78.74259120	78.69	0.066833397	
78.92190709	78.77	0.192848921	
78.83943111	79.63	−0.992802823	
78.91999663	79.52	−0.754531399	
78.96319478	79.38	−0.525075868	
79.22680200	78.61	0.784635538	
78.23004203	78.39	−0.204054053	
79.18674687	78.75	0.554599196	
79.06459021	78.64	0.539916339	
78.69784636	78.39	0.392711263	
78.96294854	78.43	0.679521281	
79.03368635	78.52	0.654210837	
79.03937151	79.08	−0.051376443	
79.08520914	79.52	−0.546769190	
79.02999796	79.63	−0.753487433	
79.06503186	78.95	0.145702162	
78.91624456	79.36	−0.559167640	
78.87227384	79.61	−0.92667524	
78.87245455	78.33	0.692524633	
78.87231127	78.45	0.538319016	
78.88064476	78.63	0.318764795	

4.5 力矩模型优化

在 IBM SPSS Modeler 中的"专家"参数为默认值的情况下,将样本归一化的 8 种方案、解释变量组合的 22 种方案数据代入,得到干污泥模型误差最小值 12.53% 对应的方案是解释变量组合 1,进行第一次均匀试验时便代入解释变量组合 1 的数据见表 4-13。进行多元线性回归,根据所得的多元线性方程对训练样本的比例、停止标准、规则化参数、回归精确度和 RBF 伽马取值,结果所得力矩模型误差 $=9.53\%$ 且 $9.53\% > 4.79\%$,所以,力矩模型误差与训练样本的比例、停止标准、规则化参数、回归精确度和 RBF 伽马之间不存在线性关系。力矩的最佳模型是:训练样本的比例 $=74\%$,停止标准 $=10^{-5}$,规则化参数 $=28$,回归精确度 $=0.2$,RBF 伽马 $=0.5$。此时,力矩模型误差 $=4.79\%$,数据是解释变量组合 1。表 4-14 给出了泥饼含水率最佳力矩模型的平均误差。

表 4-13　力矩 5 因素 6 水平均匀试验数据

训练样本的比例/%	停止标准	规则化参数（C）	回归精确度（epsilon）	RBF 伽马	力矩模型误差/%
3(62)	1(10^{-6})	6(100)	5(0.5)	4(0.4)	7.440264525201218
5(74)	2(10^{-5})	2(28)	2(0.2)	5(0.5)	4.788249627836037
6(80)	5(10^{-2})	3(46)	6(0.6)	3(0.3)	7.675217736837572
4(68)	4(10^{-3})	5(82)	1(0.1)	1(0.1)	6.562757587438477
2(56)	6(10^{-1})	4(64)	3(0.3)	6(0.6)	8.41161862103452
1(50)	3(10^{-4})	1(10)	4(0.4)	2(0.2)	7.154017064079491

表 4-14　最佳力矩模型的平均误差

力矩预测值/N·m	力矩真实值/N·m	误差/%	平均误差/%
15.99999884	16.2	−1.234575067	0.511368975
15.92149943	16.1	−1.108699184	
16.45793244	16.5	−0.254954936	
16.55654344	15.8	4.788249628	
16.69999877	16.5	1.212113775	
15.60000309	15.4	1.298721388	
15.70000046	15.5	1.290325543	
15.88951832	15.9	−0.065922516	
16.00000998	15.8	1.265885979	
15.89813869	16.2	−1.863341395	
15.79007754	15.9	−0.691336210	
15.80000492	16	−1.249969256	
16.74431836	16	4.651989778	
15.60000208	15.8	−1.265809613	
16.23436972	15.9	2.102954214	
16.30407025	16.3	0.024970845	
16.90000512	17.1	−1.169560702	
16.09999881	16.3	−1.227001143	
15.69999688	15.9	−1.257881272	
14.10000430	13.9	1.438879852	
16.02440758	15.9	0.782437612	
16.20115327	16	1.257207934	
15.90153036	16.4	−3.039449015	
15.98974439	15.4	3.829509013	
15.93130179	15.5	2.782592214	
17.49998258	17.7	−1.130041926	
16.00276654	16	0.017290888	
16.20665692	15.6	3.888826386	
16.20000114	16.4	−1.219505267	
16.11850119	16	0.740632422	
16.10000582	15.9	1.257898253	

基于LIBSVM的卧式螺旋离心机运行数据挖掘

在对碱厂白泥浆液、污水处理厂市政污泥、联碱装置盐泥、氧化铝生产赤泥、工业循环水污泥、冶炼厂污泥分别脱水的工程实践中，常用的一种过程装备是卧式螺旋离心机。判断卧式螺旋离心机的运行参数有：离心机参数（电流、差速、转速、液压扭矩等）、污泥参数（流量、含固率、浊度、液固比、加药量等）、分离性能参数（滤液液固比、滤液浊度、泥饼含固率等）。如果把卧式螺旋离心机当作一个动态系统，则以上参数存在因果关系。因此，可采用数学模型描述这些参数之间的关系。

生产上，常常希望根据容易测量的参数推算难以测量而需要化验的参数（污泥浊度、滤液液固比、滤液浊度、泥饼含固率）。根据一部分量预测另一部分量尤其是需要化验分析的数据，即使分析仪损坏时，软仪表也可以作为该设备的临时替换，同时使用实验室分析数据来保证软测量预测模型的准确性。卧式螺旋离心机的运行参数原始数据在表 5-1 中显示。令 x_1 为主机转速（r/min），x_2 为主机电流（A），x_3 为差速（r/min），x_4 为进泥量（m^3/h），x_5 为进泥浓度（g/mL），x_6 为加药量（m^3/h），x_7 为运行时间（h），x_8 为处理泥量（m^3），x_9 为药剂用量（kg），x_{10} 为耗药比（kg/TDS），y 为干污泥量（t）。

表 5-1　卧式螺旋离心机运行参数原始数据

日期	主机转速/(r/min)	主机电流/A	差速/(r/min)	进泥量/(m³/h)	进泥浓度/(g/mL)	加药量/(m³/h)	运行时间/h	处理泥量/m³	药剂用量/kg	耗药比/(kg/TDS)	干污泥/t
1	2664	35.9	12.4	24.2	0.012	0.6	24	580.8	28.8	4.13	6.97
2	2664	36.1	12.2	24.5	0.013	0.6	24	588	28.8	3.77	7.64
3	2664	35.7	11.6	24.4	0.0143	0.6	24	585.6	28.8	3.44	8.37
......											
29	2600	29.4	7.6	20.2	0.0129	0.5	8	161.6	8	3.85	2.08
30	2600	30.4	7	20.9	0.0128	0.5	8	167.2	8	3.74	2.14
31	2600	30.2	6.8	20.3	0.0132	0.5	8	162.4	8	3.74	2.14

5.1　在 LIBSVM 中的数据挖掘过程

基于 LIBSVM 的在役卧式螺旋离心机软件运行环境为 MATLAB、LIBSVM3.14。LIBSVM 工具箱用于回归预测的主要函数有

训练函数

model = svmtrain(train_label，train_data，options)；

输入：

—train_data 训练集属性(自变量)矩阵，大小为$n×m$，n 表示样本数，m 表示属性数(维数)，数据类型为double。

—train_label 训练集的标签(因变量)，大小为$n×1$，n 表示样本数，数据类型为double。

—options 参数选项，比如–C 1 –g 0.1。

输出

—model 训练得到的模型

预测函数

[predict_label，mse] = SVMpredict (test_label，test_data，model)；

输入：

—test_data 测试集的属性(自变量)矩阵，小为$n×m$，n 表示样本数，m 表示属性数(维数)，数据类型为double。

—test_label 训练集的标签(因变量)，大小为$n×1$，n 表示样本数，数据类型为double。

—model svmtrain 训练得到的模型。

输出：

—predict_label 预测的测试集标签，大小为$n×1$，n 表示样本数，数据类型为double。

—mse 表示回归误差与平方相关系数。

回归问题就是有一个输入（自变量）又有输出（因变量），也就是相当于一个函数映射。利用训练集合已知的 x 和 y 来建立回归模型 model，然后用这个 model 去预测。

下面是使用 LIBSVM 进行回归的小例子：

```
% 生成待回归的数据
x = (0:0.1:2)' ;
y = -(x-1).^2+3 ;
% 建模回归模型
model = svmtrain(y，x，'-s 3 -t 2 -c 2.2 -g 2.8 -p 0.01') ;
% 利用建立的模型看其在训练集合上的回归效果
[py，mse] = svmpredict(y，x，model) ;
scrsz = get(0，'ScreenSize') ;
figure('Position'，[scrsz(3)*1/4 scrsz(4)*1/6 scrsz(3)*4/5 scrsz(4)]*3/4) ;
plot(x，y，'o') ;
hold on ;
plot(x，py，'r*') ;
legend('原始数据'，'回归数据') ;
grid on ;
% 进行预测
testx = 2.1 ;
display('真实数据')
testy = -(testx-1).^2+3
[ptesty，tmse] = svmpredict(testy，testx，model) ;
display('预测数据') ;
ptesty
```

在 MATLAB 的 commandwindow 中运行的结果如下，拟合结果见图 5-1。

Mean squared error = 9.80026e-005 (regression)

Squared correlation coefficient = 0.999164 (regression)

真实数据

testy =

　　1.7900

Mean squared error = 0.0103404 (regression)

Squared correlation coefficient = -1.#IND (regression)

预测数据

ptesty =

1.8917

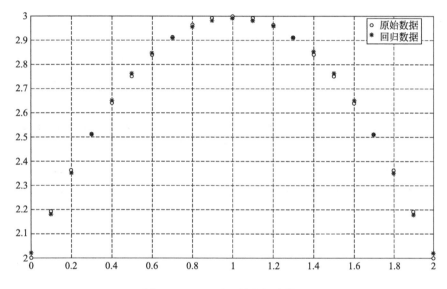

图 5-1　SVM 对函数的拟合结果

上面的代码对于二次函数在 [0,2] 上进行回归。结果见图 5-1。并对 $testx = 2.1$ 进行预测，所得到的预测值为 1.8917，与实际由方程计算出来的结果 1.79 的残差为 0.1017，预测的误差为 5.6816％。

5.1.1　程序设计流程

数据里含有 31 个样本，每个样本有 10 个自变量和 1 个因变量。将这 31 个样本 50％作为训练集，另 50％作为测试集，用训练集进行训练可以得到回归模型，再用得到的模型对测试集进行因变量的预测。首先需要从原始数据里把训练集合测试集提取出来，然后进行一定的预处理，之后用 SVM 对训练集进行训练，最后用得到的模型来预测测试集的因变量。在这 31 个样本中，将奇数日期的样本作为训练集（$trainx$，$trainy$），偶数日期的样本作为测试集（$testx$，$testy$）。

5.1.2　程序代码

MATLAB 实现代码如下：

```
load data.mat；
x=x'；
y=y(:，1)'；
%%取奇数组样本做训练集，偶数组样本做测试集
b = [2 4 6 8 10 12 14 16 18 20 22 24 26 28 30]；
k = [1:31]；
a = setdiff(k，b)；
% 训练输入向量
orgtrainx = x(:，a)；
% 训练样本对应的输出
orgtrainy = y(a)；
% 测试输入向量
orgtestx = x(:，b)；
% 测试样本对应的输出
orgtesty = y(b)；
```

在表 5-1 中，在卧式螺旋离心机运行参数中，各个变量间的数据数量级不同，数量级最小的变量为 x_5，数量级为 0.0001，数量级最大的变量为 x_1，数量级为 1000，为了避免在训练 SVM 的过程中，数量级较大的变量支配数量级较小的变量，即数量级较小的变量在 SVM 的训练中不起作用，要对训练集和测试集中的数据进行标准化处理，以消除各个变量的量纲和数量级的差异。

在 MATLAB 中，mapstd 函数可以实现上述的标准化，对卧式螺旋离心机运行参数的标准化代码如下：

```
% 对 x 进行标准化
[X，Xps] = mapstd(x，0，1)；
% 对 y 进行标准化
[Y，Yps] = mapstd(y，0，1)；
```

标准化后的卧式螺旋离心机运行参数原始数据见表 5-2。

表 5-2　标准化后的卧式螺旋卸料离心机运行参数原始数据

日期	x_1 标准化后	x_2 标准化后	x_3 标准化后	x_4 标准化后	x_5 标准化后	x_6 标准化后	x_7 标准化后	x_8 标准化后	x_9 标准化后	x_{10} 标准化后	y 标准化后
1	0.7296	1.1100	0.8182	0.8896	−2.1403	0.7239	1.1576	1.1886	1.2386	1.4650	0.8922
2	0.7296	1.2028	0.7284	1.0402	−0.6821	0.7239	1.1576	1.2241	1.2386	0.2828	1.1396
3	0.7296	1.0171	0.4590	0.9900	1.2136	0.7239	1.1576	1.2123	1.2386	−0.8008	1.4092
						......					
29	−1.3265	−1.9084	−1.3366	−1.1196	−0.8279	−0.8790	−0.8360	−0.8788	−0.8765	0.5455	−0.9135
30	−1.3265	−1.4440	−1.6059	−0.7680	−0.9737	−0.8790	−0.8360	−0.8512	−0.8765	0.1843	−0.8914
31	−1.3265	−1.5369	−1.6957	−1.0694	−0.3904	−0.8790	−0.8360	−0.8749	−0.8765	0.1843	−0.8914

标准化代码中，x、y 是原始数据；X、Y 是标准化后的数据；X_{ps}、Y_{ps} 是结构体，记录的是标准化的映射。将原始数据标准化后的数据在表 5-2 中说明。标准化后，取 options 中的参数 $C=5$、$g=0.01$，其他参数取默认值，用训练集对 SVM 进行回归训练，用得到的模型对测试集的因变量进行预测，最后得到的回归均方误差和回归平方相关系数分别为 0.00355466、99.8398% 说明了各个自变量之间与因变量存在着密切的关系。

```
% 标准化后的训练输入向量
trainx = X(:，a) ;
% 训练样本对应的输出
trainy = Y(a) ;
% 标准化后的测试输入向量
testx = X(:，b) ;
% 测试样本对应的输出
testy = Y(b) ;
%对训练数据进行转置，使其符合支持向量机格式
trainy=trainy' ;
trainx=trainx' ;
%% 利用回归预测分析最佳的参数进行SVM 网络训练
model = svmtrain(trainy，trainx，'-s 3 -t 2 -c 5 -g 0.01 -p 0.01') ;
%% SVM 网络回归预测
[predictrain，mse] = svmpredict(trainy，trainx，model) ;
testx=testx' ;
testy=testy' ;
[predictest，mse] = svmpredict(testy，testx，model) ;
predictrainy = mapstd('reverse'，predictrain'，Yps) ;
predictesty = mapstd('reverse'，predictest'，Yps) ;
% 打印回归结果
    str = sprintf( '均方误差MSE = %g 相关系数R = %g%%'，mse(2)，mse(3)*100) ;
disp(str) ;
```

5.1.3　程序运行结果

运行结果如图 5-2 所示，回归均方误差为 0.00355466，回归平方相关系数为 0.998398。

```
Mean squared error = 0.00355466 (regression)
Squared correlation coefficient = 0.998398 (regression)
```

图 5-2　程序运行结果

分别进行：训练集因变量的回归数据与原始数据的对比；用训练好的 SVM 对测试集的因变量的预测数据与原始数据的对比。用训练集训练过的 SVM 对训练集的拟合和测试集的预测都得到了与原始数据十分接近的结果，并且与原始数据的趋势完全一致；训练集的大部分拟合数据相对误差小于 2%，最大相对误差小于 9%，测试集的大部分预测数据相对误差小于 10%，最大相对误差小于 19%，具体结果见表 5-3 和表 5-4。由表 5-3 和表 5-4 可知，最大训练相对误差为 8.29112%，平均训练相对误差为 1.07487%；最大测试相对误差为 18.9874%，平均测试相对误差为 4.18387%。

表 5-3　对奇数样本训练时的模型数据

项目	数据	项目	数据
相关系数	0.998398	最大误差	18.9874%
c	5	平均奇数日期误差	1.07487%
g	0.01	平均偶数日期误差	4.18387%
最大奇数日期误差	8.29112%	平均误差	2.0026%
最大偶数日期误差	18.9874%		

表 5-4　对奇数样本训练的结果

奇数日期	奇数日期实际干污泥量	奇数日期回归干污泥量	奇数日期回归误差/%	偶数日期	偶数日期实际干污泥量	偶数日期预测干污泥量	偶数日期预测误差/%
1	6.97	6.9979	0.4006	2	7.64	7.6554	0.2016
3	8.37	8.3417	−0.3382	4	8.48	8.2688	−2.4902
5	7.74	7.7137	−0.3396	6	2.60	2.7817	6.9903
7	2.6	2.8156	8.2911	8	2.58	2.7470	6.4745
9	2.4	2.4280	1.1663	10	2.57	2.7031	5.1772
11	2.46	2.4608	0.0323	12	2.63	2.8486	8.3122
13	8.64	8.6127	−0.3165	14	8.02	8.0295	0.1185
15	7.11	7.0837	−0.3694	16	7.78	7.7810	0.0122
17	7.49	7.4618	−0.3768	18	7.27	7.2238	−0.6348
19	6.65	6.6225	−0.4142	20	7.32	7.3480	0.3826
21	2.12	2.0928	−1.2837	22	2.21	2.3618	6.8710
23	2.19	2.1954	0.2474	24	2.21	2.2704	2.7326
25	2.17	2.1515	−0.8518	26	2.27	2.7010	18.9874
27	2.18	2.2072	1.2482	28	2.14	2.2051	3.0433
29	2.08	2.0527	−1.3148	30	2.14	2.1471	0.3297
31	2.14	2.1356	−0.2072				

5.2　粒子群优化 LIBSVM 的数据挖掘模型

5.2.1　程序设计流程

由于使用 SVM 做回归预测时需要调用相关的参数（主要是惩罚参数 C 和核函数参数 g），若参数选取的不够合理就会造成过学习和欠学习的情况，只有选择合适的参数，才能得到比较理想的预测回归准确率。粒子群算法是基于群鸟觅食提出来的，该算法在寻找函数的最值问题中被普遍使用，采用粒子群算法的思想可以得到最优的参数，有效地避免过学习和欠学习状态的发生，最终对于测试集合的预测得到较理想的准确率。粒子群算法的程序设计过程如图 5-3 所示。

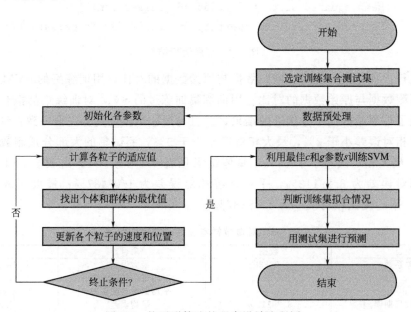

图 5-3　粒子群算法的程序设计流程图

5.2.2　程序代码

psosvmcgForRegress. m 实现了采用回归问题来优化 SVM 参数，相关的实现过程和详细代码如下：

```
function [bestCVmse，bestc，bestg，bestp，pso_option] = psoSVMcgpForRegress(train_label，
train，pso_option)
% psoSVMcgForClass
%% 参数初始化
if nargin == 2
    pso_option = struct('c1'，1.494，'c2'，1.494，'maxgen'，200，'sizepop'，20，...
                        'k'，0.729，'wV'，1，'wP'，1，'v'，5，...
'popcmax'，10^2，'popcmin'，10^(-1)，'popgmax'，10^3，'popgmin'，10^(-2)，...
                        'poppmax'，10^2，'poppmin'，10^(-2)) ;
end
% c1:初始为1.5，pso 参数局部搜索能力
% c2:初始为1.7，pso 参数全局搜索能力
% maxgen:初始为200，最大进化数量
% sizepop:初始为20，种群最大数量
% k:初始为0.6(k belongs to [0.1，1.0])，速率和x 的关系(V = kX)
% wV:初始为1(wV best belongs to [0.8，1.2])，速率更新公式中速度前面的弹性系数
% wP:初始为1，种群更新公式中速度前面的弹性系数
% v:初始为5，SVM Cross Validation 参数
% popcmax:初始为100，SVM 参数c 的变化的最大值.
% popcmin:初始为0.1，SVM 参数c 的变化的最小值.
% popgmax:初始为1000，SVM 参数g 的变化的最大值.
% popgmin:初始为0.01，SVM 参数c 的变化的最小值.
Vcmax = pso_option.k*pso_option.popcmax ;
Vcmin = -Vcmax ;
Vgmax = pso_option.k*pso_option.popgmax ;
Vgmin = -Vgmax ;
Vpmax = pso_option.k*pso_option.poppmax ;
Vpmin = -Vpmax ;
eps = 10^(-4) ;
%% 产生初始粒子和速度
for i=1:pso_option.sizepop
    % 随机产生种群和速度
    pop(i，1) = (pso_option.popcmax-pso_option.popcmin)*rand+pso_option.popcmin ;
    pop(i，2) = (pso_option.popgmax-pso_option.popgmin)*rand+pso_option.popgmin ;
    pop(i，3) = (pso_option.poppmax-pso_option.poppmin)*rand+pso_option.poppmin ;
    V(i，1)=Vcmax*rands(1，1) ;
    V(i，2)=Vgmax*rands(1，1) ;
    V(i，3)=Vpmax*rands(1，1) ;
    % 计算初始适应度
```

```
cmd = ['-v ', num2str(pso_option.v), '-c ', num2str( pop(i, 1) ), '-g ', num2str( pop(i, 2) ), ...
                '-p ', num2str( pop(i, 3) ), '-s 3'] ;
        fitness(i) = svmtrain(train_label, train, cmd) ;
    end
    % 找极值和极值点
    [global_fitness bestindex]=min(fitness) ; % 全局极值
    local_fitness=fitness ; % 个体极值初始化
    global_x=pop(bestindex, :) ; % 全局极值点
    local_x=pop ; % 个体极值点初始化
    % 每一代种群的平均适应度
    avgfitness_gen = zeros(1, pso_option.maxgen) ;
    %%% 迭代寻优
    for i=1:pso_option.maxgen
        for j=1:pso_option.sizepop
            %速度更新
            V(j, :) = pso_option.wV*V(j, :) + pso_option.c1*rand*(local_x(j, :) - pop(j, :)) +
pso_option.c2*rand*(global_x - pop(j, :)) ;
            if V(j, 1) > Vcmax
                V(j, 1) = Vcmax ;
            end
            if V(j, 1) < Vcmin
                V(j, 1) = Vcmin ;
            end
            if V(j, 2) > Vgmax
                V(j, 2) = Vgmax ;
            end
            if V(j, 2) < Vgmin
                V(j, 2) = Vgmin ;
            end
            if V(j, 3) > Vpmax
                V(j, 3) = Vpmax ;
            end
            if V(j, 3) < Vpmin
                V(j, 3) = Vpmin ;
            end
            %种群更新
            pop(j, :)=pop(j, :) + pso_option.wP*V(j, :) ;
            if pop(j, 1) > pso_option.popcmax
                pop(j, 1) = pso_option.popcmax ;
            end
            if pop(j, 1) < pso_option.popcmin
                pop(j, 1) = pso_option.popcmin ;
            end
            if pop(j, 2) > pso_option.popgmax
```

```matlab
        pop(j，2) = pso_option.popgmax ;
    end
    if pop(j，2) < pso_option.popgmin
        pop(j，2) = pso_option.popgmin ;
    end
    if pop(j，3) > pso_option.poppmax
        pop(j，3) = pso_option.poppmax ;
    end
    if pop(j，3) < pso_option.poppmin
        pop(j，3) = pso_option.poppmin ;
    end
    % 自适应粒子变异
    if rand>0.5
        k=ceil(2*rand) ;
        if k == 1
            pop(j，k) = (20-1)*rand+1 ;
        end
        if k == 2
            pop(j，k) = (pso_option.popgmax-pso_option.popgmin)*rand +
pso_option.popgmin ;
        end
        if k == 3
            pop(j，k) = (pso_option.poppmax-pso_option.poppmin)*rand +
pso_option.poppmin ;
        end
    end
    %适应度值
    cmd = ['-v '，num2str(pso_option.v)，' -c '，num2str( pop(j，1) )，' -g '，num2str( pop(j，
2) )，...
            '-p '，num2str( pop(j，3) )，' -s 3'] ;
    fitness(j) = svmtrain(train_label，train，cmd) ;
    %个体最优更新
    if fitness(j) < local_fitness(j)
        local_x(j，:) = pop(j，:) ;
        local_fitness(j) = fitness(j) ;
    end
    if fitness(j) == local_fitness(j) && pop(j，1) < local_x(j，1)
        local_x(j，:) = pop(j，:) ;
        local_fitness(j) = fitness(j) ;
    end
    %群体最优更新
    if fitness(j) < global_fitness
        global_x = pop(j，:) ;
        global_fitness = fitness(j) ;
    end
    if abs( fitness(j)-global_fitness )<=eps && pop(j，1) < global_x(1)
        global_x = pop(j，:) ;
```

```
            global_fitness = fitness(j);
        end
    end
    fit_gen(i)=global_fitness;
    avgfitness_gen(i) = sum(fitness)/pso_option.sizepop;
end
%%% 结果分析
figure;
hold on;
plot(fit_gen，'r*-'，'LineWidth'，1.5);
plot(avgfitness_gen，'o-'，'LineWidth'，1.5);
legend('最佳适应度'，'平均适应度');
xlabel('进化代数'，'FontSize'，12);
ylabel('适应度'，'FontSize'，12);
grid on;
bestc = global_x(1);
bestg = global_x(2);
bestp = global_x(3);
bestCVmse = fit_gen(pso_option.maxgen);
line1 = '适应度曲线MSE[PSOmethod]';
line2 = ['(参数c1='，num2str(pso_option.c1)，...
    '，c2='，num2str(pso_option.c2)，'，终止代数='，...
    num2str(pso_option.maxgen)，'，种群数量pop='，...
    num2str(pso_option.sizepop)，')'];
line3 = ['Best c='，num2str(bestc)，' g='，num2str(bestg)，' p='，num2str(bestp)...
    ' CVmse='，num2str(bestCVmse)，];
title({line1；line2；line3}，'FontSize'，12);
```

5.2.3 程序运行结果

利用 psosvmcgForRegress 函数对标准化后的卧式螺旋离心机数据进行 SVM 最佳参数的寻找，最终的适应度曲线如图 5-4 所示。当 $c=7.726$，$g=0.01$ 时，用奇数样本训练的 SVM 效果最好。将由粒子群算法寻找到的奇数样本训练的最佳 SVM 参数（C、g）代入 SVM，得到新的结果。用训练集训练过的 SVM 对训练集的拟合和测试集的预测都得到了与原始数据更加接近的结果，并且与原始数据的趋势完全一致；训练集的大部分拟合数据相对误差小于 2%，最大相对误差小于 5%，测试集的大部分预测数据相对误差小于 4%，最大相对误差小于 16%，具体结果见表 5-5、表 5-6。利用粒子群算法对 SVM 参数进行优化后，新的相关系数由 0.998398 提高至 0.998766，最大训练相对误差由 8.29112% 降低至 4.47558%，平均训相对练误差由 1.07487% 降低了至 0.89046%，最大测试相对误差由 18.9874% 降低至 15.60130%，平均测试相对误差由 4.18387% 降低了至 3.10408%。由此可见，粒子群算法对 SVM 的参数寻优的效果显著，减小了预测数据与原始数据的最大相对误差与平均相对误差。

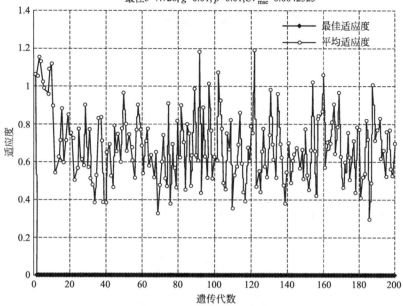

图 5-4　粒子群算法适应度曲线

表 5-5　奇数样本训练粒子群算法参数寻优结果

奇数日期	奇数日期 实际干污泥量	奇数日期回 归干污泥量	奇数日期回 归误差/%	偶数日期	偶数日期 实际干污泥量	偶数日期预 测干污泥量	偶数日期预 测误差/%
1	6.97	6.996549	0.380901	2	7.64	7.667733	0.362995
3	8.37	8.343765	−0.313440	4	8.48	8.264775	−2.538030
5	7.74	7.713769	−0.338900	6	2.60	2.690017	3.462203
7	2.60	2.716365	4.475576	8	2.58	2.67757	3.781787
9	2.40	2.427176	1.132343	10	2.57	2.641724	2.790832
11	2.46	2.431783	−1.147050	12	2.63	2.767271	5.219444
13	8.64	8.613965	−0.301330	14	8.02	8.050787	0.383872
15	7.11	7.081352	−0.402920	16	7.78	7.792358	0.158843
17	7.49	7.461418	−0.381600	18	7.27	7.213298	−0.779950
19	6.65	6.623965	−0.391510	20	7.32	7.370044	0.683665
21	2.12	2.092979	−1.274570	22	2.21	2.337252	5.758023
23	2.19	2.189022	−0.044640	24	2.21	2.244105	1.543210
25	2.17	2.149912	−0.925720	26	2.27	2.62415	15.601330
27	2.18	2.207852	1.277592	28	2.14	2.195425	2.589976
29	2.08	2.05294	−1.300940	30	2.14	2.159412	0.907109
31	2.14	2.143388	0.158298				

表 5-6　奇数样本训练粒子群算法参数寻优模型参数

项目	数据	项目	数据
相关系数	0.998766	最大误差	15.60130%
C	7.726	平均奇数日期误差	0.89046%
g	0.01	平均偶数日期误差	3.10408%
最大奇数日期误差	4.47558%	平均误差	2.02724%
最大偶数日期误差	15.60130%		

5.3 训练样本筛选后的模型优化

对于 SVM 来说，用不同的训练样本进行训练所得到的模型是不相同的，从企业中得到了卧式螺旋离心机 31 日的运行参数，因此共有 31 个样本。若按照 50％的数据作为测试集，另外 50％的数据作为测试集的原则，可任意选择 16 组样本作为训练集，另外 15 组样本作为测试集，并利用粒子群算法对任意选取的样本训练模型进行参数优化。

但是，由于样本的组合情况过多，若遍历所有的样本组合会花费大量的时间和资源，故随机选取 7200 个样本组合，在这些样本组合中，若满足以下原则则视为这 7200 个样本中的极佳组合（最佳组合与极佳组合相当于数学中极值与最值的关系）：

① 相关系数大于 0.990000；

② 预测结果对于 31 个因变量的平均测试相对误差小于 1.00％；

③ 预测结果对于 31 个因变量的最大相对误差最小。

粒子群算法参数寻优的流程见图 5-5，结果见表 5-7。

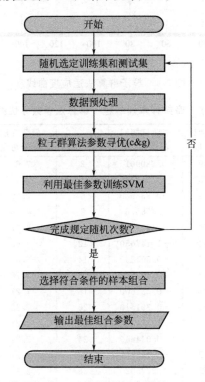

图 5-5 随机选取 7200 个样本组合训练 SVM 的流程图

表 5-7 部分随机测试符合条件模型的结果

随机测试次数	训练样本组合	相关系数	最大相对误差/％	平均测试相对误差/％
80	23、22、27、13、31、7、26、11、12、1、4、9、25、24、29、8	0.9994	2.68	0.85
586	26、25、12、11、6、4、7、28、30、21、22、13、29、23、24、19	0.9993	2.42	0.72
942	12、3、28、20、8、9、26、27、17、25、30、4、11、13、1、5	0.9998	3.25	0.83
1152	31、13、26、28、19、23、17、6、12、11、22、10、25、18、4、30	0.9998	2.42	0.95
1762	31、4、21、13、24、17、7、23、22、30、3、28、12、2、26、6	0.9997	1.73	0.81
1936	4、29、24、21、30、26、31、15、19、8、12、22、18、13、25、20	0.9994	2.86	0.98

续表

随机测试 次数	训练样本组合	相关系数	最大相对 误差/%	平均测试 相对误差/%
3000	25、3、10、8、17、30、24、13、11、7、9、26、4、18、20、22	0.9999	2.38	0.99
3032	2、6、8、9、18、31、7、12、25、26、22、21、13、11、28、4	0.9994	2.82	1.00
4332	21、10、4、8、26、25、13、30、5、24、18、28、27、9、11、31	0.9992	3.34	0.93
4728	22、28、3、30、21、26、12、5、23、8、1、9、11、10、19、13	0.9991	2.99	0.97
5574	4、30、3、13、20、8、22、24、26、25、28、16、18、29、10、12	0.9992	3.72	1.00
6642	13、3、31、25、11、29、7、2、28、26、4、8、24、12、30、9	0.9993	3.09	0.95

满足条件③最大相对误差最小的最佳样本组合为第 1762 次随机测试中产生的，其样本组合为 31、4、21、13、24、17、7、23、22、30、3、28、12、2、26、6。使用该组样本组合对 SVM 进行训练，见表 5-8。选择最佳样本作为训练集的 SVM 所得到的结果与原始数据精度很高，训练集的全部拟合数据相对误差小于 1.5%，测试集的全部预测数据相对误差小于 2%，效果非常好。在同一组数据中，选择合适的训练样本对 SVM 进行训练最后得到的结果相差很大：相关系数为 0.998766，最大训练相对误差为 4.47558%，平均训相对练误差为 0.89046%，最大测试相对误差为 15.60130%，平均测试相对误差为 3.10408%；相关系数为 0.999713，最大训练相对误差为 1.31359%，平均训相对练误差为 0.81121%，最大测试相对误差为 1.73330%，平均测试相对误差为 0.81401%。对训练的样本进行筛选，选择合适的训练样本可以极大地改善 SVM 的预测结果，为实现卧式螺旋离心机运行参数的软测量提供了良好的条件。最佳样本训练的训练模型参数见表 5-9、粒子群适应度曲线如图 5-6 所示。

表 5-8 最佳样本训练模型结果

训练样本 日期	训练样本 实际干污泥量	训练样本 回归干污泥量	训练样本 回归误差/%	测试样本 日期	测试样本 实际干污泥量	测试样本 预测干污泥量	测试样本 预测误差/%
31	2.14	2.1463	0.2964	1	6.97	6.9897	0.2832
4	8.48	8.4529	−0.3200	5	7.74	7.8539	1.4714
21	2.12	2.0922	−1.3136	8	2.58	2.5936	0.5270
13	8.64	8.6138	−0.3035	9	2.40	2.4305	1.2726
24	2.21	2.1827	−1.2334	10	2.57	2.5716	0.0631
17	7.49	7.4627	−0.3644	11	2.46	2.4174	−1.7333
7	2.60	2.6014	0.0557	14	8.02	8.0517	0.3949
23	2.19	2.1615	−1.2997	15	7.11	7.1528	0.6026
22	2.21	2.2368	1.2109	16	7.78	7.8633	1.0709
30	2.14	2.1676	1.2880	18	7.27	7.1964	−1.0123
3	8.37	8.3979	0.3338	19	6.65	6.6805	0.4585
28	2.14	2.1674	1.2820	20	7.32	7.2961	−0.3270
12	2.63	2.6570	1.0263	25	2.17	2.1346	−1.6308
2	7.64	7.6681	0.3674	27	2.18	2.1874	0.3388
26	2.27	2.2974	1.2085	29	2.08	2.1013	1.0236
6	2.60	2.5720	−1.0757				

表 5-9 最佳样本训练模型参数

项目	数据	项目	数据
相关系数	0.999713	最大误差	1.73330%
C	43.75827	平均训练样本误差	0.81121%
g	0.01	平均测试误差	0.81401%
最大训练样本误差	1.31359%	平均误差	0.81256%
最大测试样本误差	1.73330%		

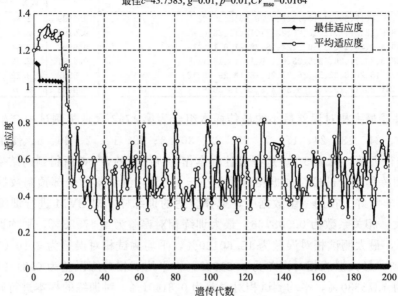

图 5-6　最佳训练样本的粒子群适应度曲线

第6章

典型分离装置运行数据挖掘模型

6.1 塔设备

精馏塔的产品成分、塔板效率、干点、闪点、反应转化率等部分质量指标或与产品质量密切相关的重要过程变量尚无法测量。

乙烯精馏塔进料组分为乙烯和乙烷。图 6-1 的乙烯精馏塔乙烯采出量（FFC425），回流量（FFC428），塔顶温度，塔顶压力，回流比（RLC425），作为软测量模块的输入量来预测塔顶乙烷浓度，并用化验室手动分析值对乙烷浓度软测量输出进行实时校正。软测量乙烷浓度控制器（AC402T）的输出值作为塔顶回流比控制器（RLC425）的设定值，回流比控制器输出即为乙烯产品采出控制器（FFC425）的设定值，即可控制产品采出量。也就是说，优化控制了塔顶乙烷浓度，也就间接控制了乙烯产品的纯度。同时，回流罐的液位（LC412）与回流量控制器（FFC428）串联控制回流量，稳定精馏塔的工艺操作。图 6-2 中，AC402 为塔釜乙烯浓度控制器；TC495 为灵敏板温度控制器；FC510 为塔釜再沸剂丙烯冷剂流量；LC527 为丙烯凝液罐液位；FY510 为低液位超驰保护。灵敏板温度（TC495）、塔釜压力、塔釜温度、塔进料量、塔采出量作为软测量的输入量，来预测塔釜乙烯浓度，并用化验室分析值进行实时校正。通过调整塔釜再沸器丙烯冷剂流量控制器（FC510）设定值，调节丙烯冷剂流量来实现灵敏板温度控制器（TC495）稳定。同时基于塔釜乙烯浓度神经网络软测量系统，对软测量系统预测的乙烯浓度进行在线"滚动"校正后，得到塔釜乙烯含量的软测量输出（AC402）以此作为乙烯浓度控制器的反馈量。利用该塔釜乙烯浓度软测量预测值与工艺设定值之间的偏差，给定灵敏板温度控制器的设定值，最终实现塔釜乙烯浓度的稳定控制。

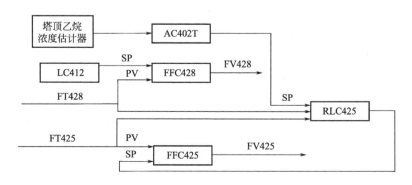

图 6-1 乙烯精馏塔的回流控制及塔顶乙烷浓度软测量优化控制回路图

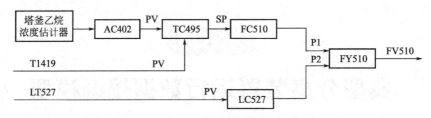

图 6-2　塔釜乙烯浓度软测量控制框图

对于石油炼制过程中脱硫和石脑油分离的脱丁烷塔（图 6-3），通过软测量模型实现实时测量时，主导变量为不能直接检测的塔釜丁烷浓度 y 值，包含 7 个辅助变量：U_1 为塔顶温度，U_2 为塔顶压力，U_3 为塔顶回流量，U_4 为塔顶产品流出量，U_5 为第 6 层塔板温度，U_6 为塔釜温度 1，U_7 为塔釜温度 2。原辅助变量中的最后两个塔釜温度变量取平均后作为 1 个辅助变量。由于在线仪表的测量周期与安装位置使得各辅助变量与主导变量间存在大约 45～90min 的时间滞后，同时在线仪表以 6min 作为采样间隔采集数据。

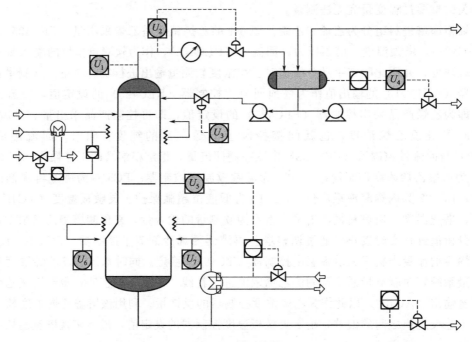

图 6-3　脱丁烷塔

对于精馏设备的热虹吸式再沸器，由机理分析可知：再沸器的 5 个测点数据（液位 L、壳侧进口温度 T_1、壳侧出口温度 T_2、壳侧流体的质量流量 m_{s2} 和塔釜温度），可以用于再沸器的换热量软测量。

乙烯是石油化工的重要基础原料之一，乙烯产量的大小是衡量一个国家石油化工发展水平的重要指标。乙烯生产中乙烯塔的塔釜乙烯浓度是重要的被控变量。在进行基于 DHSPSO 的 LSSVM 建模时，影响乙烯浓度的塔釜温度、塔顶压力和灵敏板为二次变量，建立软测量模型预测塔釜乙烯浓度。

乙烯精馏塔将来自乙炔加氢反应器的物流作分离，并得到质量符合要求的最终乙烯产品。乙烯精馏塔的操作和控制水平通常要求在保证塔顶乙烯产品控制在规定纯度的前提下，提高乙烯产量、降低塔釜乙烯损耗和能耗。但是，塔顶在线分析仪存在测量滞后、价格昂贵、可靠性差等缺点。从工艺现场采集到数据后，要对数据进行预处理。剔除异常数据后，将输入数据样本进行归一化处理。影响乙烯精馏塔出口浓度的过程变量采集到的数据中，回流比、进料量、进料温度、塔顶温度和塔釜温度等易测量的辅助变量作为 LSSVM 的输入变量，其输出变量为乙烯浓度。原始数据进行异常值剔除、平滑处理及归一化处理后，得到数据样本。随机选取训练数据，其余作为 LSSVM 网络泛化能力的测试数据。选择具有较强的处理非线性问题能力的径向基函数（Radical Basis Function，RBF）作为核函数，通过网格训练法训练。设置好惩罚参数 C、不敏感系数 ε。LSSVM 网络对乙烯浓度软测量建模的结果好坏可以选择的指标是：均方误差（MSE）、平均相对误差。在此软测量模型的基础上对乙烯精馏塔可实施先进控制，不仅可以保证乙烯精馏塔塔顶最大限度地采出合格的乙烯产品，而且保证塔釜出料中损失的乙烯浓度在设定值以内。

在乙烯工业，乙烯精馏塔的塔顶乙烷浓度（mg/kg）和塔釜乙烯浓度（％）利用在线分析仪表需要半个小时以后才能得出，因此存在明显滞后。其影响的主要变量是回流比、小回流、塔顶温度、塔压、进料、灵敏板温度1、灵敏板温度2、灵敏板温度3、灵敏板温度4。建立数据挖掘模型时，对于塔顶乙烷浓度，建模辅助变量有4个：回流比、塔顶小回流、进料量、塔顶灵敏板温度。对于塔釜乙烯浓度，建模辅助变量有3个：进料量、塔釜小回流、塔釜灵敏板温度。

某乙烯装置冷分离工段低压开式热泵精馏工艺流程见图 6-4。图 6-4 中，C1440 塔是 140 层双溢流形式的浮阀塔盘，它将含有乙烯、甲烷、乙烷等的混合气体进行分离。该塔的进料脱甲烷塔釜物料、脱乙烷塔顶物料分别进入 C1440 塔的第 98 块塔板、第 113 块塔板。在塔内部，塔板上部回流液与塔釜蒸发的气体发生对流接触，发生热和质的传递交换，气态组分上升，其主要成分为乙烯，在 C1440 塔顶部将产品气态组分馏出；液态组分向下流动，其主要组分为乙烷，在液态组分下流过程中，部分液态组分在经过 C1440 塔第 119 块塔板处被采出，经中间再沸器 E1411 由丙烯热媒加热汽化，上部气体再从第 118 块塔板处返回 C1440 塔，剩余液态组分继续下流，经塔底再沸器（E1440），通过丙烯热媒加热又汽化上

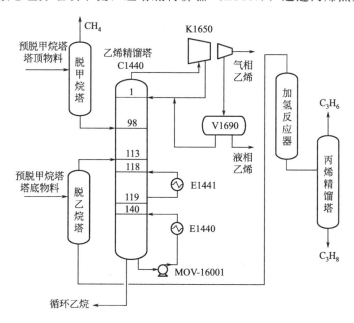

图 6-4　乙烯装置冷分离工段低压开式热泵精馏工艺流程

升。从塔顶部出来的气态乙烯经冷凝器（K1650）被丙烯冷媒冷凝后，其液相组分进入回流罐（V1690），V1690 底部冷凝液经 MOV-16001 泵输送到 C1440 塔顶第 1 块塔板处。在精馏过程中，通过利用丙烯冷媒的热量，不仅降低了能耗，减轻了塔釜热负荷，并且对提高产品质量和生产效率有很大帮助。在乙烯精馏产品质量软测量中，根据经验机理、工艺原理以及操作经验，乙烯精馏塔进料、第 118 块灵敏板温度、塔釜出料温度、塔顶采出量、回流量、塔顶压力、塔顶温度、塔釜温度、塔釜液位 9 个对 C1440 塔产品组成影响较大的主要过程变量作为 SVM 方法建立的乙烯产品软测量模型的辅助变量，输出为乙烯产品浓度。

双塔精馏过程如图 6-5 所示，图 6-5 中主导变量一般为精馏产品纯度，由 3 # 成品罐采出。同时，在双塔精馏过程中，由于液态粗物料的流转耗时以及物料存在一定程度的混合，导致辅助变量对主导变量的影响具有一定的持续性，且难以确定，导致数据挖掘模型的预测准确性降低。精馏过程中，当前辅助变量的数值影响当前主导变量的数值，还影响后续主导变量的数值。在数据挖掘模型中，纯度作为数据挖掘模型的主导变量，其常用软测量辅助变量包括：T1001 塔釜温度（℃）；T1001 塔中温度（℃）；T1001 塔釜液位（%）；T1001 塔中进料（m^3/h）；T1002 塔釜温度（℃）；T1002 塔中温度（℃）；T1002 塔釜液位（%）。用来评价辅助变量对主导变量影响程度的余弦相似度计算见式（6-1）。根据影响程度，T1001 塔釜温度、T1001 塔釜液位、T1002 塔釜温度作为精馏过程数据挖掘模型的建模辅助变量。在精馏塔数据挖掘模型建立过程中，精馏过程数据来自工业现场并进行归一化处理，按时间顺序排列，选择前 2/3 组数据作为模型训练数据集，后 1/3 组数据作为模型测试数据集。

$$\cos\langle X,Y\rangle = \frac{X \cdot Y}{\parallel X \parallel \parallel Y \parallel} = \frac{\sum\limits_{i=1}^{n} x_i y_i}{\sqrt{\sum\limits_{i=1}^{n} x_i^2}\sqrt{\sum\limits_{i=1}^{n} y_i^2}} \tag{6-1}$$

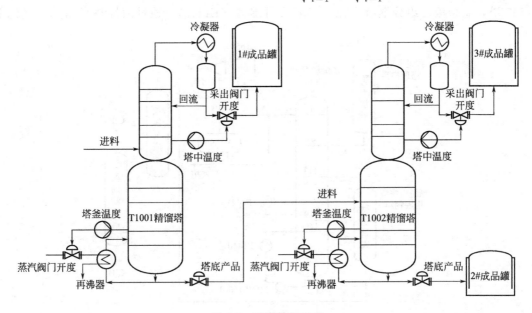

图 6-5　双塔精馏过程

用环丁砜作溶剂，利用芳烃与非芳烃在其中的溶解度差异来使两者分离。图 6-6 为环丁砜芳烃抽提法流程。原料油进入抽提塔，由于原料的相对密度比溶剂小，原料由下向上流动，并与自小孔喷下的溶剂液滴逆向接触。原料中的芳烃被分散的溶剂小液滴所抽出。至塔顶时，原料中的芳烃被溶剂几乎全部抽提，此时的塔顶产物为抽余油。在抽提塔的下部还打入一股回流芳烃，置换富溶剂中含有的重质非芳烃，到达塔底时，溶剂已富含大量芳烃。含溶剂的抽余油在水洗塔中进行水洗以回收溶剂，残留在富溶剂里的非芳烃在汽提塔中被除去，并循环到抽提塔。第二富溶剂进入回收塔、芳烃被汽提出来，塔釜溶剂称贫溶剂，循环回到抽提塔顶。选取进料液时空速，进料中六碳烷烃、七碳烷烃、八碳烷烃、九碳及以上烷烃含量，六碳环烷烃、七碳环烷烃、八碳环烷烃、九碳及以上环烷烃含量，进料芳烃含量，第一、第二、第三、第四反应器入口温度、反应压力、氢油比等 16 个关键抽提过程变量作为软测量模型的输入变量，芳烃中的苯、甲苯、二甲苯分别为模型的输出变量。150 组建模数据分为两份，100 组作为训练样本，用来构建优化模型，另外 50 组作为测试样本，用于验证所建模型的预测能力。

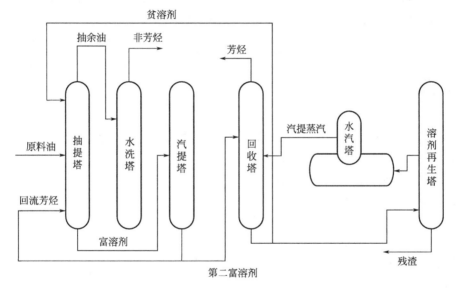

图 6-6　环丁砜芳烃抽提法流程

某些炼油加工装置，例如常减压、催化裂化或催化重整的后续装置常要进行 C_4^- 和 C_5^+ 组分的分离。其中 C_4^- 作为液化气的基础组分从塔顶采出，C_5^+ 作为汽油调和组分从塔釜采出。对于塔顶组分液化气，C_5^+ 组分作为杂质，需要严格控制其含量。因此，获取塔顶油气的 C_5^+ 含量已成为该塔质量控制的关键。在液化气 C_5^+ 含量的软测量建模中，最终确定的软测量辅助变量为：稳定塔塔顶温度、稳定塔第 25 层塔盘温度、稳定塔回流流量。

6.2　色谱分离设备

苏氨酸（Threonine）生产过程中产生的废母液的色谱分离流程见图 6-7。由于不同物质穿透树脂的速度不同，使苏氨酸与残糖、盐分及其他杂质相分离开来。色谱分离设备运行时，在进料各物质（苏氨酸、残糖、盐分及其他）质量分数一定的情况下，可以记录的数据有：母液进料温度、进料流量、加水流量、提取液流量、提取液各物质（苏氨酸、残糖、盐分及其他）质量分数、提留液流量、提留液各物质（苏氨酸、残糖、盐及其他）质量分数、回收率。从因果关系出发，根据运行数据，可以建立的数据挖掘模型见表 6-1。

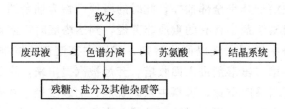

图 6-7　废母液的色谱分离流程

表 6-1　可以建立的数据挖掘模型

分类	自变量	因变量
1	母液进料温度、进料流量、加水流量	提取液流量
2	母液进料温度、进料流量、加水流量	提取液各物质(苏氨酸、残糖、盐分及其他)质量分数
3	母液进料温度、进料流量、加水流量	提留液流量
4	母液进料温度、进料流量、加水流量	提留液各物质(苏氨酸、残糖、盐分及其他)质量分数

6.3　脱水机

　　用于浓密脱水的浓密机原理示意图见图 6-8。浓密机内有多少矿，整体浓度是多少，如何开停设备，只能靠经验判断。如果底流浓度低，则设备台效就低；而底流浓度过高严重时，浓密机一旦压死，全矿将因此停产或限产。压力传感器的数值反映矿浆的密度，进而转化为矿浆的浓度。在浓密机内安装的压力传感器固定在钢缆上，与配重相连使钢缆在浓密机转动过程中保持垂直，使压力传感器按不同高度分布在浓密机内同一垂直位置。最上方压力传感器在泥水分界面上方，最下面的压力传感器尽量靠近出矿口，确定钢缆在耙架横向的吊装位置。用于浓密机底流浓度建模的数据为：压力传感器 1 的值、压力传感器 2 的值、压力传感器 3 的值、底流流量、采样浓度。压力与底部浓度 C_{bottom} 间的函数关系，计算见式（6-2）～式（6-4）。式中，

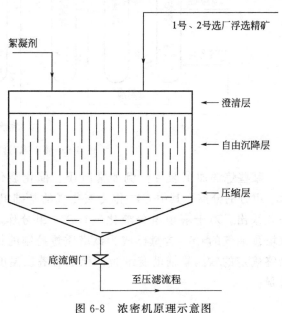

图 6-8　浓密机原理示意图

P_1、P_2、P_3 为压力传感器 1、压力传感器 2、压力传感器 3 的值；$a_1 \sim a_5$ 为待拟合模型参数。提取该异常工况的数据特征，还可以建立异常沉降工况下的底流浓度数据挖掘模型。

$$C_{\text{bottom}} = a_1 + a_2 \times \Delta P_{12} + a_3 \times \Delta P_{23} + a_4 \times \Delta P_{12} \times \Delta P_{23} + a_5 \times (\Delta P_{23})^2 \qquad (6\text{-}2)$$

$$\Delta P_{12} = P_2 - P_1 \qquad (6\text{-}3)$$

$$\Delta P_{23} = P_3 - P_2 \tag{6-4}$$

6.4　电渗析设备

对于电渗析设备，根据初始进料电导率 C_0、出口电导率 C 计算脱盐率（separation percent，SP）的公式见式(6-5)。淡室出口的电导率（出口电导率）取决于输入的进口 NaCl 溶液浓度（进料浓度）、淡室出口流量、极板两端电压、温度。用 BP 算法来预测模型不同条件下的分离率时，若采用单隐层 BP 神经网络预测，输入样本为 4 维的输入向量，因此输入层有 4 个神经元。网络只有 1 个输出数据，则输出层只有 1 个神经元。隐含层神经元个数由式(6-6)得到。式 6-6 中，x 为输入单元数；y 为输出神经元数；a 为 $[1,10]$ 之间的常数。输入层有 4 个神经元，网络只有 1 个输出数据，取隐含层神经元个数 8 个，因此网络为 $4\times 8\times 1$ 的结构。

$$SP = \frac{C_0 - C}{C_0} \times 100\% \tag{6-5}$$

$$z = \sqrt{x + y} + a \tag{6-6}$$

用 MATLAB 软件对 270 组数据（其中，220 组作为训练数据，剩下 50 组作为测试数据）进行多次训练，一组模型的均方误差、训练结果如图 6-9 所示。经过 2000 次训练后，达到训练误差，如图 6-10。有动量的梯度下降法、有自适应 1r 的梯度下降法、弹性梯度下降法，分别经过 13 次、112 次、118 次训练后，神经网络的训练误差分别如图 6-11(a)、(b) 和（c）所示。有动量的梯度下降法改进 BP 神经网络训练分别得到训练数据和测试数据的相关系数值如图 6-12(a)、（b）所示。图 6-12(a)、（b）中，输出值 $Y = T$ 为测试数据。

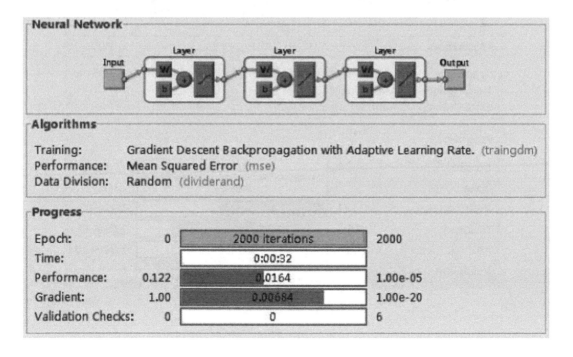

图 6-9　多次训练后一组模型的均方误差、训练结果

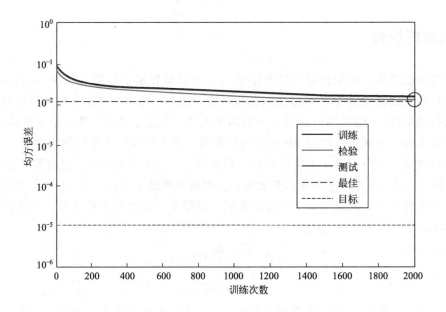

图 6-10　经 2000 次训练后模型的训练误差

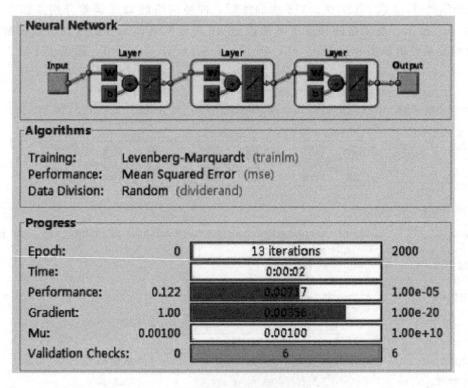

(a) 有动量的梯度下降法

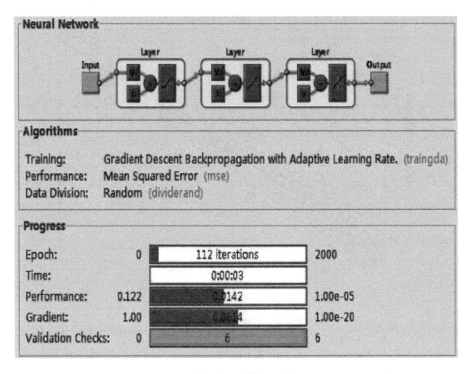

(b) 有自适应1r的梯度下降法

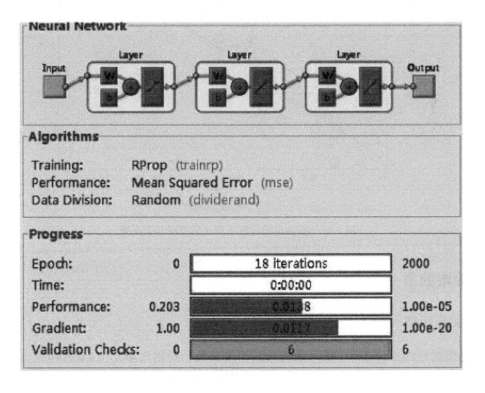

(c) 弹性梯度下降法

图 6-11　神经网络的训练误差

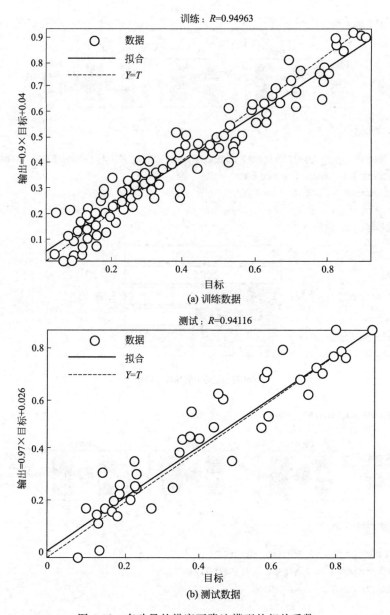

图 6-12　有动量的梯度下降法模型的相关系数

6.5　吸附装置

6.5.1　变压吸附

变压吸附（PSA）过程中吸附剂的参数不易获得，对沼气净化 PSA 过程中产品气甲烷浓度的机理建模是比较困难的。在沼气净化 PSA 过程中，吸附塔的压力高低将直接影响产品气的浓度。沼气的净化主要靠 PSA 过程将沼气中的 CO_2 分离出来排放到空气中。PSA 的四塔八步工艺分别为：吸附、一均降、二均降、逆放、抽真空、一均升、二均升、终充压。每塔每八步一个循环。一个周期所产生的甲烷分别来自四个塔，忽略四个塔的微小差异，将四个塔看成完全一样，就可以将问题简化。PSA 过程是一个连续的过程。每个吸附塔在吸附阶段有两个过程：吸附过程的第一阶段，原料气经过吸附塔以后直接进入产品罐；而第二阶段则一部分产品气进入另一个吸附塔给予充压，为下一个塔吸附做准备，还有一部分产品气则进入产品罐。建立起压力与产品浓度的模型不仅有利于控制产品气的浓度，还可以对吸附过程产生的低浓度气体做及时处理。需要每隔 10s 进行采样，则一个周期将得到 480 组数据，取前 360 组数据建立 LSSVM 模型的训练集，后 120 组数据作为测试集。由于输入和输出之间量纲的不一致以及数值倍数相差较大，因此在训练之前对其进行归一化和反归一化处理。用 LSSVM 的方法对产品气中甲烷的浓度进行黑箱建模时，用交叉验证法对 LSSVM 参数组（γ 和 σ）进行大范围选取，即选择组合集；经过大范围选取以后，再做进一步的小范围寻优。用经过训练得到的模型对沼气净化 PSA 过程浓度进行验证。

6.5.2　移动床逆流选择性吸附

为了对对二甲苯（PX）装置采用先进控制（APC）系统，需要实时采集抽出液组成数据，但装置使用的在线色谱分析仪经常出故障，只有依靠离线化验数据指导生产，即使在线分析仪正常运行时分析数据也有十几分钟的滞后，影响了装置的先进控制和优化。离线分析滞后时间长（数小时），且分析采样次数少（2 次/d 或 3 次/d），因此远远不能满足实时控制的要求。PX 吸附分离部分的核心工艺，根据模拟移动床逆流选择性吸附原理，含有四种 C_8 芳烃同分异构体的混合进料（F）和脱附剂（D）从不同位置引入装有 24 个吸附剂床层的吸附塔。由于吸附剂对四种 C_8 芳烃同分异构体的吸附能力存在差异，吸附能力较弱的 B 类组分（乙苯、间二甲苯和邻二甲苯）很快随脱附剂从吸附剂中脱附出来，称为抽余液（R）；而吸附能力较强的 A 类组分（对二甲苯）则缓慢地随脱附剂从吸附剂中脱附出来，称为抽出液（E），从而达到分离 PX 的目的。另外，为了增大精馏区 PX 的浓度，在抽出液下方隔两个床层处注入富含 PX 的物流冲洗抽出液，提高抽出液中 PX 的浓度，降低其他组分的浓度，最终提高 PX 产品的浓度，称为反洗液（BW）。进料、抽余液、抽出液、脱附剂和反洗液 5 股物流通过 MONEX 旋转阀实现选择性吸附分离的连续操作。F、D、E、R 将吸附塔床层分为四个功能区域：①解吸区，液体从固体吸附剂中解吸强吸附的 A 类组分；②精馏区，液体从固体吸附剂中解吸弱吸附的 B 类组分，BW 又把 2 区分成两个区；③吸附区，固体吸附剂从液体中吸附 A 类组分；④缓冲区，隔开区域 1 和区域 3，防止 B 类组分污染抽出液。床层分区情况见图 6-13。在 PX 吸附分离部分，影响 PX 纯度的主要操作变量为解吸剂流量、进料量、反洗液流量、抽出液流量、抽余液流量、塔盘平均温度、吸附塔压差和转换周期等。另外，脱附剂与进料比、反洗与进料比、抽出液与抽余液比、泵回量与进料比、操作温度、操作压力、吸附塔底压力，也都会影响 PX 纯度。床层温度严格控制在（177±1）℃，波动极小，对软测量结果影响小。床层压力控制在（0.88±0.02）MPa，波动很小，对软测量结果影响小。进料组成变化不大，而且无可用的实时检测手段。解吸区 1 区流量 V_1 如果控制不当，PX 将返流到 4 区，最终与抽余液一起离开吸附塔，从而引起 PX 回收减少。V_1 增加（根据物料平衡，D 和 E 流量同时增加），脱附作用增强，抽出液中 PX 浓度下降。抽出液的精馏区 2 区流量 V_2 是保证产品质量的关键控制变量。如果 V_2 太小，则 B 类组分主要是乙苯会通过 2 区向 1 区返流，从而污染抽出液。如果平稳增加 2 区流量（根据物料平衡，同时减少 E 和 F 流量），由于液体循环量增大，抽出液污染物向 3 区移动，抽出液纯度提高。2区被 BW 入口分为两个次级分区，其流量为 V_{2A}、V_{2B}。PX 吸附区 3 区流量 V_3，控制 PX 在抽余液中的损失量，V_3 增加（根据物料平衡，同时增加 F 和 R 流量），抽余液中 PX 量增加，抽出液中 PX 浓度下降。作为 3 区和 1 区之间的隔离区，流量如果控制不当，抽余液将流过该区进入 1 区，与抽出液一起离开，污染 PX，从而降低 PX 的纯度。V_1、V_{2A}、V_{2B}、V_3、V_4 为软测量辅助变量。V_F、V_D、V_E、V_{BW}、V_M 分别为吸附塔进料流量、脱附剂流量、抽出液流量、反洗液流量、平均循环流量；N_1、N_{2A}、N_{2B}、N_3、N_4、N_T 分别为 1 区、2A 区、2B 区、3 区、4 区床层数和吸附塔床层总数。各量之间的关系计算式见式(6-7)～式(6-13)。在操作正常的情况下，通过 DCS 系统和分析报表采集相关变量的实际生产数据，经过显著误差剔除及滤波处理得到样本后，对 RBF 网络模型进行拟合得到 PX 装置吸附塔抽出液组成模型。

$$V_M = (V_1 \times N_1 + V_{2A} \times N_{2A} + V_{2B} \times N_{2B} + V_3 \times N_3 + V_4 \times N_4)/N_T \tag{6-7}$$

$$N_T = N_1 + N_{2A} + N_{2B} + N_3 + N_4 = 24 \tag{6-8}$$

$$V_4 = V_M - [V_D \times (N_1 + N_{2A} + N_{2B} + N_3) - V_E \times (N_{2A} + N_{2B} + N_3) +$$
$$V_{BW} \times (N_{2B} + N_3) + V_F \times N_3]/N_T \tag{6-9}$$

$$V_1 = V_4 + V_D \tag{6-10}$$

$$V_{2A} = V_4 + V_D - V_E \tag{6-11}$$

$$V_{2B} = V_4 + V_D - V_E + V_{BW} \tag{6-12}$$

$$V_3 = V_4 + V_D - V_E + V_{BW} + V_F \tag{6-13}$$

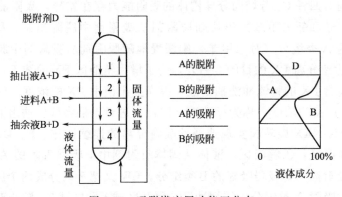

图 6-13 吸附塔床层功能区分布

6.6 萃取装置

6.6.1 串级萃取

图 6-14 为稀土的萃取流程。萃取槽从左至右依次由 n 级混合澄清槽构成的萃取段、m 级混合澄清槽构成的洗涤段和 k 级混合澄清槽构成的反萃段组成。在稀土萃取分离生产过程中，稀土料液（含易萃组分 A 和难萃组分 B）由萃取段的最后一级加入；有机萃取剂从萃取段的第一级加入；洗涤液（浓盐酸）从洗涤段的最后一级加入；反酸（稀盐酸）从反萃段的最后一级加入。萃取段把稀土料液中的大部分 A 和少部分 B 萃入有机相，从而得到负载有机相；洗涤段通过洗涤液与负载有机相接触，将有机相中 B 的绝大部分洗入水相；反萃

段将负载有机相中的稀土元素重新洗入水相，使负载有机相变成空白有机相重复使用。为了保证稀土产品的纯度，需在有机相和水相出口产品的前几级设置监测点，检测监测点处稀土组分的含量。在距离两个端口 5～20 级左右的地方设计监测点，有效控制监测点来确保纯度。图 6-15 中，稀土料液流量为 u_1，u_2、u_3 分别为萃取剂流量和洗涤液流量，有机相出口产品 A 的纯度为 y_2，工艺控制监测点处稀土元素组分含量分别为 y_3 和 y_4。含有被分离组分 A 和 B 的水相稀土料液以流量 u_1 进入到萃取槽中，萃取剂以流量 u_2 进入到萃取槽中，洗涤液以流量 u_3 进入到萃取槽中。萃取段的主要作用是将水相料液中含有 A 和 B 的部分萃取得到负载有机相，洗涤段的主要作用是接触和融合有机相，进入到负载相中。在萃取段和洗涤段经过纯化作用，萃取段的一级水相出口产品纯度得到了保障，其 y_1 为纯度。为确保两端出口处产品的纯度，需要在萃取段或洗涤段设置监测点检测水相中稀土组分的含量。对监测点处稀土组分的含量进行软测量。某稀土萃取生产线由 28 级萃取段和 32 级洗涤段组成，输出要求两端出口分别得到纯度大于 99％ 的 Y_2O_3 和含 Y_2O_3 少于 0.5％低钇混合稀土。建立组分含量软测量模型后，就可以用数据对稀土萃取过程 Y 组分含量进行估计。环境温度主要影响萃取平衡的时间，只要将萃取时间控制在最大的限度内足以满足工艺要求；针对特定的稀土料液，萃取剂的浓度和洗涤液的酸度都是固定的，在整个生产过程中都是定值。所以影响稀土组分含量的因素主要有稀土料液配分、料液流量、萃取剂流量和洗涤液流量，这 4 个量是软测量建模的辅助变量，主导变量是监测点处稀土组分的含量。通过 RBF 神经网络对模型进行校正，提高软测量模型的泛化能力，使之在料液组成、萃取槽处理量及工艺控制方案发生变化时有较高的预测精度，用于对稀土萃取分离过程进行趋势分析和元素组分含量的在线估计。

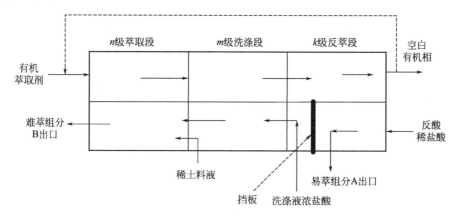

图 6-14 稀土的萃取流程

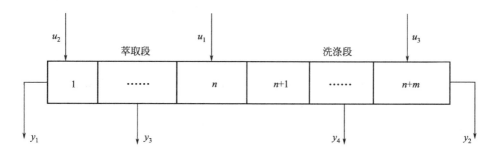

图 6-15 稀土萃取分离生产过程

6.6.2　超临界萃取

称取粉碎好的原料装入萃取釜中，设定萃取釜、分离釜Ⅰ和分离釜Ⅱ的温度；温度恒定后，开启高压泵打入 CO_2，调节萃取釜、分离釜Ⅰ、分离釜Ⅱ的压力，开始循环萃取；结束后，从分离釜Ⅰ、分离釜Ⅱ底部放料，称取产品的质量，其工艺流程见图 6-16。根据实际数据情况，选择"K 折叠"交叉验证的方法建立响应目标的神经网络模型时，一般采用三层神经网络。如果取 3 个输入神经元，则分别代表萃取压力（X_1）、萃取温度（X_2）和萃取时间（X_3）；3 个隐含层神经元；1 个输出神经元，代表产品产率（Y）。如果取 5 个输入神经元，则可以选择两种方案。一种方案是：样本平均粒径、萃取压力、萃取温度、CO_2 流量和萃取时间；另一种方案是：萃取压力、萃取温度、萃取时间、夹带剂用量和夹带剂浓度。设置各参数值：隐含节点数、过拟合罚项、历程数、最大迭代数、收敛准则、交叉验证组数 K。执行神经网络模型的拟合迭代过程，根据拟合决定系数 R_2 值判断 $3\times3\times1$ 结构的三层神经网络模型的预测能力。如果模型的预测能力较好，固定其中的 1 个因素水平为中间水平，作三维曲面图，然后对其进行正投影处理，将模拟得到的因素对产品产率（Y）的影响规律进行预测分析。另选取若干组工艺参数进行超临界 CO_2 提取试验，并与神经网络模型预测结果进行比较。如果预测值与试验值相对误差较小，表明建立的神经网络模型具有较好的准确性和稳定性，才可利用该模型对超临界 CO_2 萃取的过程进行预测分析。

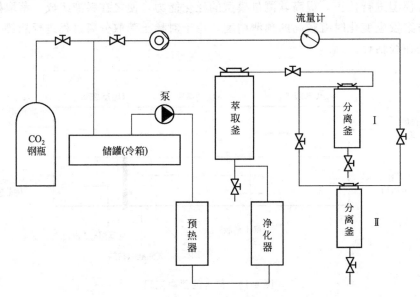

图 6-16　超临界 CO_2 萃取工艺流程

6.6.3　微波萃取

原料置于萃取罐中，加入萃取剂溶液构建萃取体系。萃取罐置于微波工作站中央，微波工作站示意图如图 6-17 所示，通过控制室设定微波的输入功率和萃取时间，转盘转动的目的是均匀加热萃取液，用光纤温度传感器实时监测萃取液温度变化，直到萃取结束。用 3 层的 ANN 模型（输入层、隐含层、输出层）创建试验因素的优化模型。选取微波强度、萃取时间、乙醇体积分数和料液比 4 个变量作为网络输入层节点，并归一化处理在 0～1 之间。

萃取率 Y 作为输出层节点，各节点的活化函数为 Sigmoid。选用优化后的训练方案，对实际数据进行 ANN 训练，目的是使图 6-18 的网格实现给定的输入输出映射关系。经过测试样本测试 ANN 模型性能，从而明确 ANN 模型。网络训练完成后，用实验数据对该网络进行模拟优化仿真，将 ANN 建模和遗传优化算法结合，优化微波辅助萃取工艺参数，进行全面仿真实验，即每个因素都在编码范围内循环，利用 GA-ANN 模型仿真得到每组的萃取率，将其与因素矩阵合并成一个大矩阵，再从这个矩阵中找出萃取率最大所对应的列，优化出工艺参数及最大萃取率的值。在优化计算过程中，设定最大遗传代数、种群大小、交叉概率、变异概率，运行 MATLAB 软件程序，得到每代种群最优适应度和平均适应度及其变化结果。建立萃取工艺的 ANN 模型，以微波强度、萃取时间、乙醇体积分数和料液比作为网络输入层神经元，中间有一个隐含层；萃取率作为网络输出层的一个输出神经元。通过若干次学习，设置学习率、训练步长、动量因子，直到目标误差达到设定值则训练结束。显示出训练样本和测试样本与其对应预测值的吻合度，从而说明所建立的 ANN 模型的预测性和准确性。将实验结果作为初始群体，通过 ANN 模型调试函数的适应度，以萃取率作为其函数的输出值，将 ANN 建模和 GA 结合对萃取工艺进行全局寻优，获得最佳的微波辅助萃取工艺。经过若干代后达到最佳适应度，其萃取率已达到最大值，随后基本保持不变。经 GA 对萃取工艺进行全局寻优，获得的平均萃取率预测最大值及对应的提取工艺参数（微波强度、萃取时间、乙醇体积分数、料液比）。考虑实际操作，将工艺参数进行修改。在此工艺条件下，实验重复若干次，求得萃取率平均值以及预测值与实验值的误差，由此证明用该方法进行优化微波萃取的可行性。

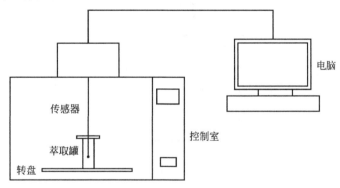

图 6-17　微波工作站示意图

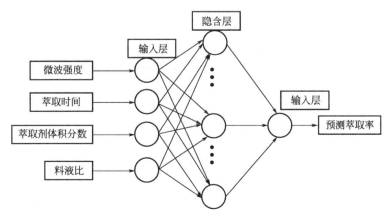

图 6-18　微波萃取的 ANN 模型

6.7 膜分离装置

膜分离过程已涉及的过程包括微滤、超滤、反渗透等。

6.7.1 微滤

苯系废水无机膜分离工艺流程如图 6-19 所示。氧化铝陶瓷膜孔径 $0.1\mu m$，膜面积 $0.0054m^2$。水箱 1 中待处理的废水，经泵 2 送至陶瓷膜管 3，透过陶瓷膜管的为滤出水，循环液经流量计 4 后返回至水箱 1 中，处理后产生的高浓度废水由水箱底部排出。进水压力、流量和温度通过泵 2、回流阀 7、流量计 4 和温度表 5 控制。在膜分离过程中，输入向量的选取与影响膜分离的诸因素有关。膜通量是反映膜处理废水能力的指标参数，作为模型输出向量。影响膜分离的主要因素是压差、流速、温度、废水浓度等，因此取这些参数作为输入向量。根据膜分离废水处理系统的实际数据建模，得到模型后在其他输入参数均为 0.5（归一化值，以下均同）时，每一项工艺参数单独地由 0 增加到 1，观察模型的输出响应。响应范围越大，说明该项工艺参数对膜分离过程的影响也越大，从而得到工艺参数压差、流速、温度、废水浓度对膜分离过程影响程度的大小顺序。

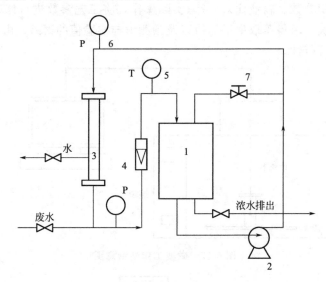

图 6-19 苯系废水无机膜分离工艺流程

1—水箱；2—泵；3—陶瓷膜管；4—流量计；
5—温度表；6—压力表；7—回流阀

炼厂气氢回收过程中三段膜分离工艺流程如图 6-20 所示。原料气经过预处理后进入一段膜分离单元，渗透气为高浓度产品气（快气），一段尾气进入二段膜分离单元，在二段膜分离单元中其中的快气得到进一步回收。一般情况下，二段渗透气中的快气浓度比一段渗透气的快气浓度低，满足不了工艺产品气的要求，故将二段渗透气返回到一段膜中，与原料气混合作为原料气在一段膜分离单元中回收其中的快气。此时，一段膜原料气中快气总量增加了，一段原料气段膜回收的快气总量也提高了，适当控制二段渗透气流量，可以使该工艺实现最优化操作，即浓度达到产品气要求，回收率最大。二段尾气进入第三段，可以进一步降低其中的快气浓度，从而使后续工段回收烃类成为可能，三段渗透气流量已经很小，快气浓度也至少小于 50%。

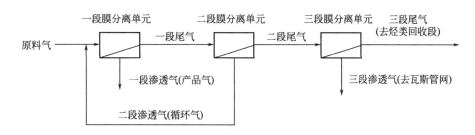

图 6-20　三段膜分离工艺流程

炼化氢回收装置一段膜分离过程中，渗透气氢浓度（C_{pq}）、渗透气流量（Q_p）和尾气氢浓度（C_{rq}）是最重要的性能指标，因此，选为主导变量。在气体膜分离过程中，操作温度（T）、原料气压力（P_f）、渗透气压力（P_p）、尾气压力（P_r）和原料气流量（Q_f），可以通过实时测量得到。影响膜渗透的主要气体组分——原料气氢浓度（C_{fq}）不用在线测量，通过物料平衡推断得到。操作温度（T）、原料气压力（P_f）设定在使装置保持正常运行的一定范围内，而不需要选为建模变量。建模只选择原料气氢浓度（C_{fq}）、渗透气压力（P_p）、尾气压力（P_r）和原料气流量（Q_f）4 个相关变量作为辅助变量。

6.7.2　超滤

中药挥发油含油水体超滤时，压力、温度、搅拌速度、初始通量和料液黏度 5 个因素为自变量，稳定通量为因变量。

取红芪饮片按提取工艺制备酶解液，趁热过滤，滤液冷却至室温后离心（4000r/min，10min），上清液经浓缩、盐酸调 pH 值后得到料液。料液同时含有大分子多糖和水溶小分子成分，采用孔径为 100nm 的陶瓷超滤膜进行过滤分离。陶瓷膜在使用前先测定其纯水通量，然后通过改变操作压力和温度来考察各料液的通量变化情况。每次实验结束后，分别用碱性 0.27%多聚磷酸钠＋1% NaOH＋0.45%乙二胺四乙酸四钠和酸性 1.7% HNO_3 清洗剂对膜组件进行循环清洗，每种清洗剂清洗后均用纯水漂洗至中性。当在"同温度、同压力、同水质"条件下膜纯水通量恢复率达到初始通量 95%以上时可进行下一次实验。采用压力阶梯法进行测定。在维持恒定错流速率（0.10m/s）情况下，以每次 0.01MPa 的幅度逐渐增大操作压力，记录料液在各压力点 10min 内的稳定通量。通过绘制料液通量随操作压力的变化图，将第一个非线性关系点所对应的通量值作为临界通量，此时的压力作为临界压力。在压力上升的初始阶段，通量与压力呈良好的线性关系；当压力增大到 0.15MPa 时，二者开始偏离了这种线性关系，由此可确定该条件下的临界通量为 33.75L/(m²·h)，临界压力为 0.15MPa。为了降低模型复杂度，提高模型的可靠性和鲁棒性，需根据影响因素的主次压减输入变量。由于实验采用多通道陶瓷超滤膜，且提取液经统一离心预处理后溶质颗粒尺寸变化不大，加之中药提取液的离子强度变化有限，所以在构建 BP 神经网络模型时选择料液的浓度、黏度、pH 值和温度为输入变量，临界通量和临界压力为输出变量。

6.7.3　反渗透

对于含有大量阴、阳离子（例如金属离子）的自然水源，反渗透（RO）膜分离技术是最先进的脱盐技术。反渗透脱盐水工艺流程如图 6-21 所示。脱盐率和产水量的下降是最常见的现象，如果脱盐率和出水量显示异常，就表明系统存在故障。一般来说当脱盐率和产水量下降平缓时，表明是系统存在正常的污堵，可以定期清洗来处理。但当脱盐率和产水量快速或者突然下降时，就表明系统存在故障，需要及时排除，从而恢复系统的性能。合适的模型应用于反渗透脱盐水系统的反渗透膜故障诊断中，当系统出现故障的时候，能够分析出故障的类型，及时对故障做出反应，使故障带来的损失达到最小化。除盐系统采用反渗透装置，降低水中含盐量，其中约 80％的脱盐水通过纯水泵送至锅炉房软化水系统。在现场脱盐水系统中，在反渗透装置的进水口、出水口、浓水出水口分别安装了温度、压力、电导率、pH 值、流量传感器，如图 6-22 所示，通过现场传感器采集实时数据，作为 SVM 的训练数据。当渗透膜故障时，一般表现出下列现象中的一种：①反渗透膜产水量减少；②反渗透膜脱盐率下降，即产水电导率上升；③压降增大，RO 进水恒定时，与浓水之间的压差增

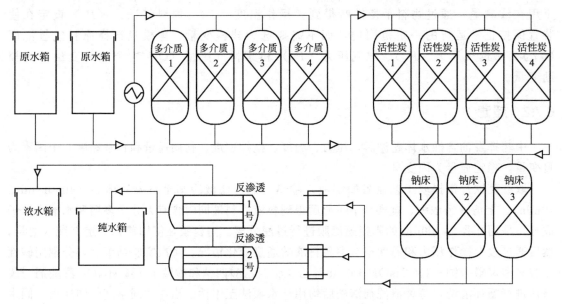

图 6-21　反渗透系统脱盐水工艺流程

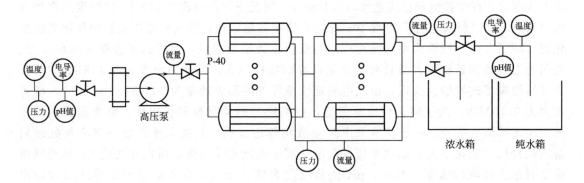

图 6-22　反渗透系统传感器布置图

大。因此反渗透膜的故障可以分为 6 类，即低产水量正常透盐率、低产水量高透盐率、低产水量低透盐率、高透盐率正常产水量、高透盐率高产水量、高压降。利用 SVM 进行训练主要分为以下几个过程：①输入的数据进行归一化处理；②数据选为测试集合和训练集合；③SVM 的参数依靠优化方法得到；④将数据进行训练。混沌粒子群算法优化的一些参数设置如下：粒子群的种群规模、最大迭代次数、设置搜索范围。仿真在 MATLAB 环境下进行，训练样本中分别包含 6 种故障状态和正常状态时所采集到的数据，每个样本包含温度（℃）、压差 1（进水压力−浓水出水压力，MPa）、压差 2（进水压力−出水压力，MPa）、出水电导（μS/cm）、pH 值和产水量（出水流量/进水流量）。7 种形态每种故障取测试样本。选取遗传算法优化的 SVM 和传统 SVM 作为对照。将正常和 6 类故障从 1～7 编号，分别对应为：1—正常，2—低产水量正常透盐率，3—低产水量高透盐率，4—低产水量低透盐率，5—高透盐率正常产水量，6—高透盐率高产水量，7—高压降。分类正确率越高，对于反渗透脱盐水系统的故障诊断效率就越高。反渗透脱盐水的故障分类流程见图 6-23。随着训练样本的增加，故障的诊断效率就越高。

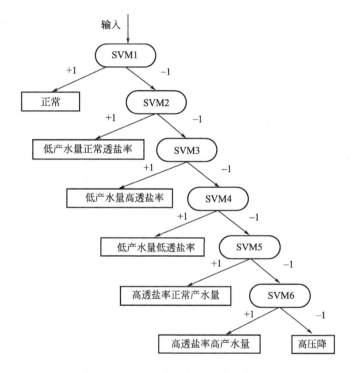

图 6-23　反渗透脱盐水的故障分类流程

6.8　气固过滤装置

燃气轮机进气系统均设有滤网对空气进行过滤处理。滤网在过滤空气的过程中，会产生一定的压力损失，称之为滤网压差。掌握滤网压差变化规律，可以更好地指导机组安全、经济的运行。燃气轮机滤网压差除了与运行参数有关，还与环境参数有关，而环境因素并没有很好的规律性可以掌握，因此，如仅用公式计算，误差会很大，并且不具备预测功能，无法准确指导机组经济运行。采用神经网络建模对燃气轮机进气滤网压差进行分析时，运行时间、燃气轮机功率（即机组负荷）、环境温度、大气压力、大气湿度、燃机进气流量、燃机排气流量、$PM_{2.5}$、PM_{10}作为原始数据，并且由于环境温度与大气压力主要通过影响空气的密度来影响滤网压差，因此将环境温度与大气压力的比值作为一个参数进行输入。其中，运行时间从机组更换滤网后开始计算，以一天即24h为单位。因此整合为8个参数作为BP网络输入参数，隐含层数为2，第一隐含层含有11个神经元，第二隐含层含有6个神经元，均采用双曲正切激活函数（tansig）作为传递函数。输出层采用线性函数（puerlin）作为传递函数，模型如图6-24所示。因为隐含层函数采用的是sigmoid型变换函数，取值范围为[−1,1]，因此需要对输入参数的输入值进行归一化处理。选择某燃气-蒸汽联合循环机组中的2#燃机历史运行数据，燃机为GE公司的MS9001FA型燃气轮机，燃料为天然气，额定输出功率为255MW。根据SIS系统历史运行数据，找到各个测点的名称，选取输入参数所对应的测点。除了上述输入测点以外，选取粗滤压差和精滤压差作为输出参数对应的测点。由于燃气轮机机组一般滤网的更换周期为3500h，因此选取更换滤网后的两个月的历史运行数据作为原始数据。为了保证样本的均布性，考虑到燃气的进气与排气流量与燃机功率呈正相关，以及大气压力变化不大的情况，将环境温度、大气湿度、燃机功率按区间分布的百分比进行选取训练样本并进行微调，选取过程中，剔除掉升降负荷时间段的数据，并使样本数据尽量按每天均布，选择完成后，将温度与大气压力的比值作为一个参数列出，并将样本放入模型中进行学习训练，训练次数为1500次，训练精度设置为0.0001，训练完成后收敛，将测试样本的输入值输入到模型中，得到粗滤压差和精滤压差的模型输出值，与测试样本的实际值进行比较，随着运行时间的延长，粗滤压差和精滤压差计算值误差都在不断增大。初步推断，由于空气中杂质的影响，使得滤网积灰，随着时间的延长，部分堵塞，再加上空气中的化学成分以及水汽造成滤网的腐蚀，使得滤网过滤功能不稳定，因此模型输出的误差增大，同时因为有机组运行的反吹作用，所以会出现振荡的情况。因此在接下来的模型验证及应用时，应该考虑运行时间对于滤网压差的影响。为了使模型的建立具有工程价值，因此，选取某燃气-蒸汽联合循环机组中的2#燃机的三天的运行数据，每10min取样，并剔除掉其中升降负荷的时间段，最后共计288个数据点，按照模型需求的输入参数进行数据的预处理，并代入模型中进行计算，将输出值与运行值进行比较。通过可靠的模型，可以对燃气轮机的滤网压差进行预测，在极端恶劣天气到来之前，事先对滤网压差的值有大概的估计，并及时作出优化调整，如升降负荷、反吹清理等，维持滤网压差的稳定，保证机组有效、经济的运行。

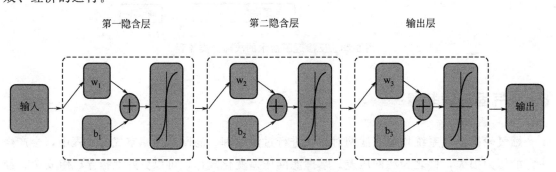

图 6-24　神经网络模型结构

耐高温滤料是袋式除尘器的关键部件。耐高温滤料的过滤效率与被测流体的温度、风速以及上游的发尘浓度有关。数据由过滤器静态效率测试装置取得（图6-25），被测滤料为聚四氟乙烯（PTFE）耐高温高效滤料，所用测试粉尘为 500 目滑石粉。测试的流体温度范围为 $20\sim100℃$，共分为 8 档；发尘浓度分为 $30g/m^3$、$40g/m^3$、$50g/m^3$、$60g/m^3$、$80g/m^3$，共 5 档；风速分为 $1.5m/s$、$2m/s$、$2.5m/s$、$3m/s$、$3.5m/s$，共 5 档，总共得到数据 140 组。将数据样本中的流体温度、发尘浓度和气体速度作为输入向量，将过滤效率作为目标向量，构成一个三维输入一维输出的数学模型。在以上三种输入变化的情况下，输出的过滤效率变化在百分数中小数点后第一位开始出现变化，为了体现算法预测的准确性，舍去过滤效率中不变的前两位，而把输出定义为百分数小数点后的四位数字用来预测。由于流体温度与气体速度间存在数量级的差别，为了保证预测结果，需要对数据进行归一化。预测耐高温高效滤料过滤效率步骤如下：①载入实验数据，对实验数据进行平滑和归一化处理，即将原始数据通过线性变换至 [0，1] 区间中，构成训练样本集；②初始化支持向量机模型，选定核函数；③运用交叉检验法的 L-折交叉检验确定正则化参数 γ 和核函数参数 σ^2；④用 LSSVM 工具箱编程，对于现有数据训练算法；⑤对其他条件下的过滤效率进行预测；⑥用验证集进行检验，即验证预测出的结果。采用绝对百分比误差（absolute percentage error，APE）、平均绝对百分比误差（mean absolute percentage error，MAPE）来对预测点进行评价。用 MATLAB 以及 LSSVMlab 工具箱编写 LSSVM 过滤效率预测的程序，通过网格搜索法以及交叉验证法确定正则化参数和核函数参数。载入数据库，训练算法，得出的预测结果验证所提方法的通用性和实用性。LSSVM 程序学习样本的时间为 1.28s（INTELT4200，2G 内存），而 RBF 神经网络程序的运行时间为 11.04s，如果样本集很大，则 LSSVM 可以在更短的时间内获得更高的精度。

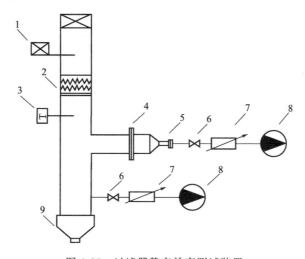

图 6-25　过滤器静态效率测试装置

1—发尘器；2—电加热；3—热电偶；4—被测滤料；5—高效滤膜；6—调节阀；8—抽气泵；9—清灰口

第7章

变压吸附设备运行数据挖掘

变压吸附设备运行时，衡量性能指标的量有温度、压力、流量、露点温度、含水质量分数等。本研究以某工厂的变压吸附设备现场运行时实际测量到的数据为研究对象。露点温度 y_1 和含水质量分数 y_2 受到压力 x_1、温度 x_2、流量 x_3 共三个因素的影响，根据前面的分析，注意到 x_1、x_2、x_3、y_1、y_2 这五个变量中，露点温度 y_1、含水质量分数 y_2 需要软测量。因此，研究目标是找到以下高精度的数学关系：y_1 与 x_1、x_2、x_3 之间的关系，y_2 与 x_1、x_2、x_3 之间的关系。

进行建模时，需要选择部分数据作为训练样本来构建模型，剩余的部分数据作为检验样本，用来验证模型的可靠性。一般地，当训练样本数量大于或等于测试样本数量时，建立的模型更加可靠。原始数据见表 7-1。

表 7-1　原始数据

日期	时间	压力/MPa	温度/℃	流量/(m³/h)	露点温度/℃	含水质量分数/($\times 10^{-6}$)
	07:00	0.526	40.6	3897	−45	68.6
2008-08-08	12:50	0.533	40.3	4001	−44	78.3
	18:30	0.542	40.5	3988	−48	49.2
	22:00	0.527	39.9	3733	−49	45.9
	04:00	0.538	40.9	4176	−48	50.3
2009-04-15	08:00	0.539	40.3	4169	−47	58.7
	14:00	0.538	40.6	4086	−50	40.1
	21:00	0.531	41.4	4186	−49	43.7
	01:00	0.526	40.4	4066	−48	48.6
2010-01-16	07:00	0.537	40.3	4169	−45	72.1
	15:00	0.529	40.6	4189	−44	79.9
	19:00	0.537	39.7	4015	−51	36.5
	12:00	0.520	40.7	4187	−48	50.4
2010-08-23	18:00	0.531	40.9	4019	−49	43.9
	22:00	0.529	39.9	4016	−45	69.2
	24:00	0.536	40.3	4274	−44	77.5
	02:00	0.540	40.6	4006	−42	96.7
2011-10-01	07:00	0.535	40.6	4005	−47	52.7
	14:00	0.529	40.2	4120	−44	78.9
	20:00	0.537	40.1	4063	−48	50.1
	04:00	0.535	40.6	4143	−45	75.5
2012-05-21	10:00	0.541	40.8	4033	−56	18.2
	17:00	0.536	40.5	4122	−46	64.9
	22:00	0.530	41.1	4169	−50	40.6

日期	时间	压力/MPa	温度/℃	流量/(m³/h)	露点温度/℃	含水质量分数/(×10⁻⁶)
	18:00	0.526	40.1	4101	−44	78.6
2013-08-20	22:00	0.540	40.8	4044	−52	28.3
	24:00	0.533	40.6	4236	−48	51.3
	02:00	0.537	39.9	4098	−53	44.2

7.1 解释变量组合方案

为了探索构造精度更高的模型的可能性，构造以下无因次变量 $x_1^3 x_2 x_3$，$x_1 x_2/x_3^2$，$x_3^2 x_2/x_1$，$x_1 x_3/x_2$ 等。最终设计的 14 种试验方案见表 7-2。

表 7-2 解释变量组合试验方案

方案序号	因变量	解释变量	方案序号	因变量	解释变量
1	y_1	x_1, x_2, x_3	8	y_1	$x_3^2 x_2/x_1$
2	y_1	$x_1^3 x_3, x_2$	9	y_1	$x_1 x_3/x_2$
3	y_1	$x_1/x_3^2, x_2$	10	y_2	x_1, x_2, x_3
4	y_1	$x_3^2/x_1, x_2$	11	y_2	$x_1^3 x_3, x_2$
5	y_1	$x_1 x_2, x_3 x_2$	12	y_2	$x_1/x_3^2, x_2$
6	y_1	$x_1^3 x_2 x_3$	13	y_2	$x_3^2/x_1, x_2$
7	y_1	$x_1 x_2/x_3^2$	14	y_2	$x_1 x_3/x_2$

7.2 训练样本方案

由此方法进行建模时，需要选择部分数据作为训练样本，用来构建模型，剩余的部分数据作为检验样本，用来验证模型的可靠性。本研究建模分别采取未排序及排序数据进行软测量。具体情况见表 7-3。

表 7-3 方案选取情况

选取情况	排序情况	训练样本	选取情况	排序情况	训练样本
1	未排序	1～14	4	未排序	15～28
2	未排序	1,3,5,7,9,…,27	5	函数上升排序	1～14
3	未排序	1,4,7,10,…,28	6	函数上升排序并分段	1～7

7.3 基于 SPSS Modeler 的数据挖掘

7.3.1 解释变量方案设计

露点温度 y_1 和含水质量分数 y_2 受到压力 x_1、温度 x_2、流量 x_3 共三个因素的影响。为了探索构造精度更高的模型的可能性，构造以下的无因次变量 $x_1^3 x_2 x_3$，$x_1 x_2/x_3^2$，$x_3^2 x_2/x_1$，$x_1 x_3/x_2$ 等。设计的 6 种试验方案见表 7-4。

表 7-4 解释变量组合试验方案

方案序号	因变量	解释变量	方案序号	因变量	解释变量
1	y_1	x_1, x_2, x_3	4	y_1	$x_3{}^2/x_1, x_2$
2	y_1	$x_1{}^3 x_3, x_2$	5	y_2	x_1, x_2, x_3
3	y_1	$x_1/x_3{}^2, x_2$	6	y_2	$x_1{}^3 x_3, x_2$

7.3.2 训练样本和测试样本选取方案设计

训练样本和测试样本的选取情况见表 7-5。

表 7-5 训练样本和测试样本的选取情况

试验组数	训练样本比例/%	测试样本比例/%	试验组数	训练样本比例/%	测试样本比例/%
1	50	50	3	70	30
2	60	40	4	80	20

7.3.3 数据挖掘过程

建模过程以原始数据中自变量对露点温度 y_1 的影响为例，首先准备试验数据，打开 IBM SPSS Modeler，界面如图 7-1 所示。单击界面下方"源"选项卡，在下方的列表中选择"Excel"节点，将该节点拖动至数据流编辑区，结果如图 7-2 所示。单击"Excel"节点，弹出菜单，选择"编辑选项"，如图 7-3 所示。弹出编辑界面，在"导入文件"右方的输入框中选择建模需要使用的 Excel 文件，由于准备数据时表格文件中存在数据名称，所以需要勾选对话框中的"第一行存在列名称"选项，如图 7-4 所示。在"输出"选项卡列表中选择

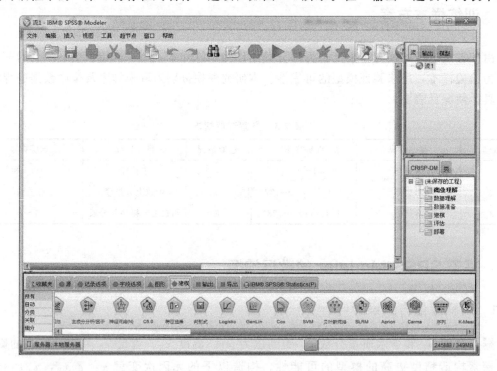

图 7-1 SPSS Modeler 主界面

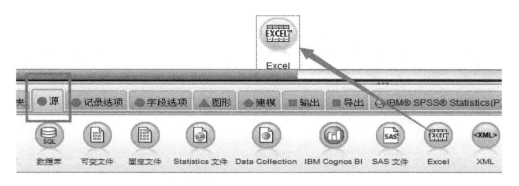

图 7-2 添加"Excel"节点

图 7-3 在右键菜单中选择"编辑"选项

"表"节点，拖动至数据流编辑区，右键单击"Excel"，在弹出菜单中选择"连接"，如图 7-5 所示。将"Excel"和"表"节点连接起来，如图 7-6 所示。

在"Excel"节点中成功导入数据后，右键单击"表"节点，选择"运行"选项，如图 7-7 所示。"表"节点运行成功后，即可在弹出的对话框中预览导入的试验数据，如图 7-8 所示。在"字段选项"中拖动"类型"节点至数据流编辑区，将"Excel"节点和"类型"节点连接。右键单击"类型"节点。在弹出菜单中选择"编辑"选项，如图 7-9 所示，弹出"类型"编辑对话框，在"角色"所在列中将因变量改为"目标"，点击确定，如图 7-10 所示。在"字段选项"中拖动"分区"节点至数据流编辑区，将"类型"与"分区"节点连接起来，右键单击"分区"节点，选择"编辑"选项，如图 7-11 所示。在弹出的对话框中通过修改"训练分区大小"及"测试分区大小"来调整训练样本和测试样本比例，如图 7-12 所示。在"建模"选项卡中选择"SVM"节点拖动至数据流编辑区，将"分区"与"SVM"节点连接起来，右键单击"SVM"节点，在弹出的菜单中选择"编辑"选项，如图 7-13 所示。在弹出的窗口中选择"专家"选项，将"模式"改为"专家"，并修改"RBF 伽马"参数，如图 7-14 所示。根据资料，确定当内核类型为"RBF"时，"RBF 伽马"的取值范围为

图 7-4　读取数据文件

图 7-5　单击"连接"选项

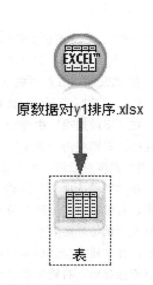

图 7-6　连接"Excel"节点
和"表"节点

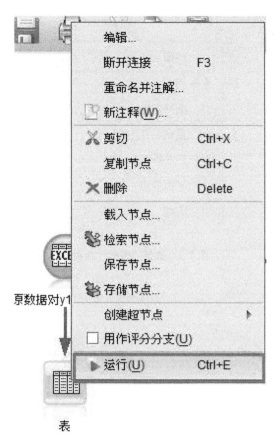

图 7-7　运行"表"节点

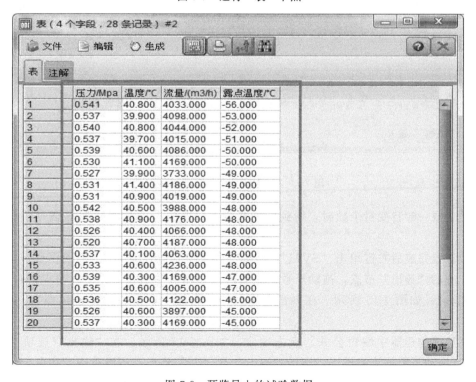

图 7-8　预览导入的试验数据

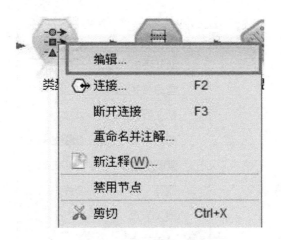

图 7-9　选择"编辑"选项

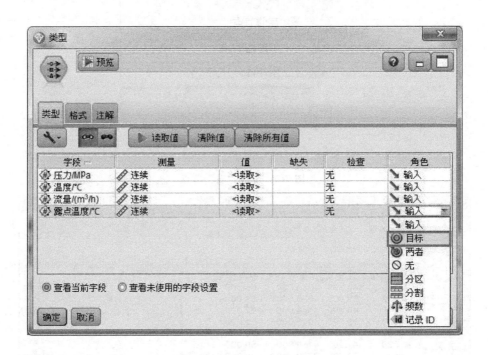

图 7-10　将因变量修改为"目标"

3/自变量个数～6/自变量个数时，得到的结果较好，所以示例数据"RBF 伽马"取值范围为 1～2。

　　参数设置完成后右键单击"SVM"，在弹出菜单中选择"运行"，出现模型，选择"字段选项"中的"导出"节点，拖动至数据流编辑区，连接模型与"导出"节点，右键单击，选择"编辑"，如图 7-15 所示。在弹出的窗口中，点击"启动表达式构建器"，如图 7-16 所示。

　　在表达式构建器中编辑公式，点击确定，如图 7-17 所示。在"输出"选项卡中选择"表"节点拖动至数据流编辑区，连接"导出"与"表"节点，右键单击"表"节点，单击"运行"选项运行数据流，如图 7-18 所示。部分运行结果如图 7-19 所示。

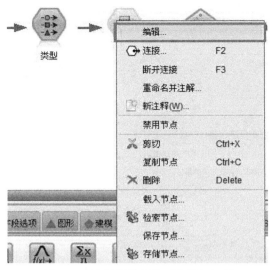

图 7-11 选择菜单中的"编辑"选项

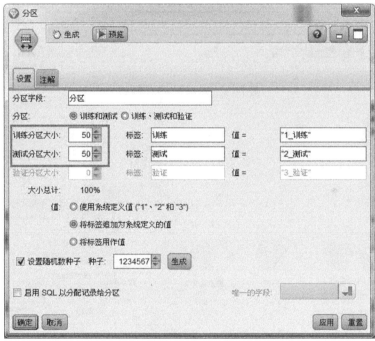

图 7-12 调整训练样本和测试样本比例

图 7-13 编辑"SVM"节点

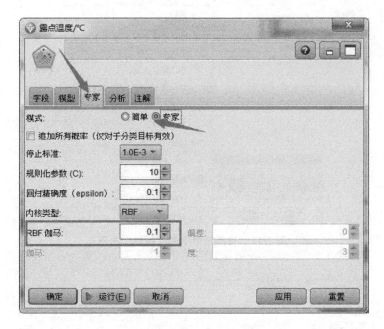

图 7-14 调为"专家"模式

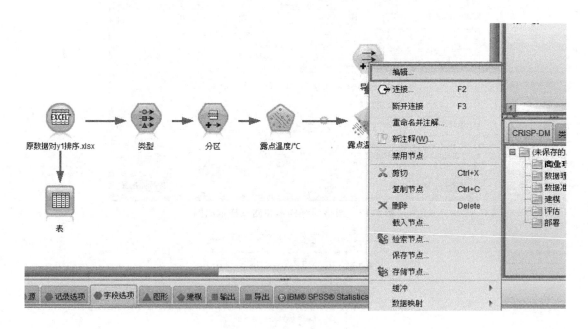

图 7-15 编辑"导出"节点

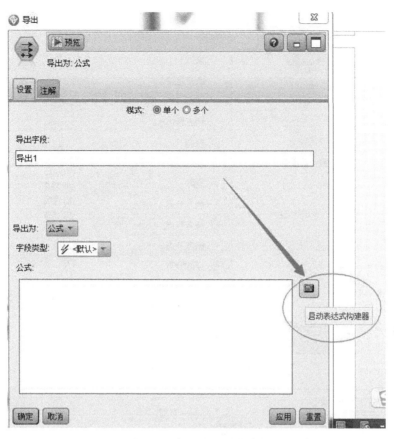

图 7-16　启动表达式构建器

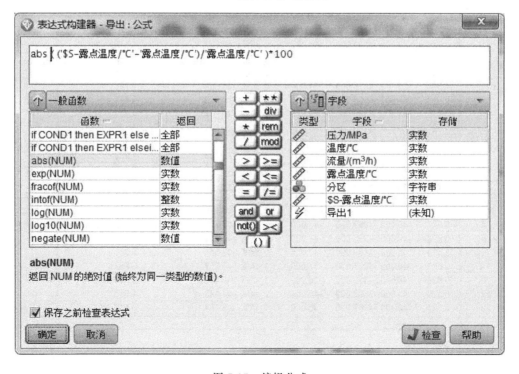

图 7-17　编辑公式

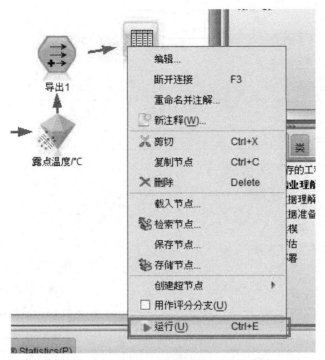

图 7-18　运行数据流

	压力/MPa	温度/℃	流量/(m³/h)	露点温度/℃	分区	$S-露点温度/℃	导出1
1	0.541	40.800	4033.000	-56.000	1_训练	-48.648	13.129
2	0.537	39.900	4098.000	-53.000	1_训练	-45.270	14.584
3	0.540	40.800	4044.000	-52.000	2_测试	-48.466	6.795
4	0.537	39.700	4015.000	-51.000	2_测试	-46.009	9.786
5	0.539	40.600	4086.000	-50.000	1_训练	-47.263	5.474
6	0.530	41.100	4169.000	-50.000	1_训练	-47.849	4.301
7	0.527	39.900	3733.000	-49.000	2_测试	-53.697	4.700
8	0.531	41.400	4186.000	-49.000	1_训练	-49.100	0.204
9	0.531	40.900	4019.000	-49.000	1_训练	-48.103	1.830
10	0.542	40.500	3988.000	-48.000	1_训练	-48.100	0.209
11	0.538	40.900	4176.000	-48.000	2_测试	-47.536	0.967
12	0.526	40.400	4066.000	-48.000	2_测试	-45.317	5.590
13	0.520	40.700	4187.000	-48.000	2_测试	-45.826	4.530
14	0.537	40.100	4063.000	-48.000	1_训练	-45.776	4.634
15	0.533	40.600	4236.000	-48.000	2_测试	-45.056	6.133
16	0.539	40.300	4169.000	-47.000	2_测试	-45.561	3.061
17	0.535	40.600	4005.000	-47.000	1_训练	-47.353	0.752
18	0.536	40.500	4122.000	-46.000	1_训练	-46.099	0.216
19	0.526	40.600	3897.000	-45.000	2_测试	-47.188	4.863
20	0.537	40.300	4169.000	-45.000	1_训练	-45.184	0.410

图 7-19　部分运行结果

示例数据及部分解释变量运算结果见表 7-6、表 7-7、表 7-8。其中，比例为总样本中训练样本的比例。

表 7-6　示例数据运算结果

比例	停止标准	规则化参数(C)	回归精确度(epsilon)	内核类型	RBF 伽马	误差/%
80	0.001	10	0.1	RBF	1	13.96614522
80	0.001	10	0.1	RBF	1.5	14.59650001
80	0.001	10	0.1	RBF	2	14.20726088
80	0.001	5	0.1	RBF	1	14.05230704
80	0.001	1	0.1	RBF	1	14.64632983
70	0.001	10	0.1	RBF	1	13.96614522
70	0.001	10	0.1	RBF	1.5	14.59650001
70	0.001	10	0.1	RBF	2	14.20726088
70	0.001	5	0.1	RBF	1	14.05230704
70	0.001	1	0.1	RBF	1	14.64632983
60	0.001	10	0.1	RBF	1	13.93830840
60	0.001	10	0.1	RBF	1.5	13.99470781
60	0.001	10	0.1	RBF	2	14.01859920
60	0.001	5	0.1	RBF	1	14.03861700
60	0.001	1	0.1	RBF	1	15.18640171
50	0.001	10	0.1	RBF	1	15.28857716
50	0.001	10	0.1	RBF	1.5	15.30353592
50	0.001	10	0.1	RBF	2	14.94454560
50	0.001	5	0.1	RBF	1	15.27734762
50	0.001	1	0.1	RBF	1	15.59536007

表 7-7　第二种解释变量对于露点温度的影响

比例	停止标准	规则化参数(C)	回归精确度(epsilon)	内核类型	RBF 伽马	误差/%
80	0.001	10	0.1	RBF	1	14.90579411
80	0.001	10	0.1	RBF	1.5	14.84195480
80	0.001	10	0.1	RBF	2	14.65616393
80	0.001	5	0.1	RBF	1	14.85311541
80	0.001	1	0.1	RBF	1	14.95423349
70	0.001	10	0.1	RBF	1	14.90579411
70	0.001	10	0.1	RBF	1.5	14.84195480
70	0.001	10	0.1	RBF	2	14.65616393
70	0.001	5	0.1	RBF	1	14.85311541
70	0.001	1	0.1	RBF	1	14.95423349
60	0.001	10	0.1	RBF	1	14.90742280
60	0.001	10	0.1	RBF	1.5	14.80794647
60	0.001	10	0.1	RBF	2	14.81172061
60	0.001	5	0.1	RBF	1	14.98217255
60	0.001	1	0.1	RBF	1	15.34229163
50	0.001	10	0.1	RBF	1	15.93752563
50	0.001	10	0.1	RBF	1.5	15.75042401
50	0.001	10	0.1	RBF	2	15.66922776
50	0.001	5	0.1	RBF	1	15.62908400
50	0.001	1	0.1	RBF	1	15.50428637

表 7-8　原始数据对于含水质量分数的影响

比例	停止标准	规则化参数(C)	回归精确度(epsilon)	内核类型	RBF 伽马	误差/%
80	0.001	10	0.1	RBF	1	162.2989487
80	0.001	10	0.1	RBF	1.5	160.4462925
80	0.001	10	0.1	RBF	2	160.9628814
80	0.001	5	0.1	RBF	1	172.8603892
80	0.001	1	0.1	RBF	1	186.1122599
60	0.001	10	0.1	RBF	1	172.5261819
60	0.001	10	0.1	RBF	1.5	168.5133608
60	0.001	10	0.1	RBF	2	163.9336573
60	0.001	5	0.1	RBF	1	180.2986440
60	0.001	1	0.1	RBF	1	187.7080804
50	0.001	10	0.1	RBF	1	193.7699852
50	0.001	10	0.1	RBF	1.5	186.0915905
50	0.001	10	0.1	RBF	2	184.6018263
50	0.001	5	0.1	RBF	1	208.1487289
50	0.001	1	0.1	RBF	1	219.6517238

7.3.4　基于均匀设计的模型优化

在使用均匀设计方法时使用"SVM"进行建模，核函数类型为"RBF"，涉及的参数有"规则化参数（C）""回归精确度（epsilon）""RBF 伽马"和"训练样本比例%"，根据上述条件设计 4 因素 16 水平均匀设计试验表格，见表 7-9。

表 7-9　4 因素 16 水平均匀设计试验表格

规则化参数(C)	回归精确度(epsilon)	RBF 伽马	训练样本比例/×100%
52	0.425	4.693333333	0.76
34	0.175	0.05	0.72
22	0.35	6.02	0.68
10	0.275	2.04	0.6
82	0.075	3.366666667	0.7
28	0.225	4.03	0.5
76	0.325	7.346666667	0.52
40	0.4	9.336666667	0.56
94	0.25	8.673333333	0.74
70	0.3	2.703333333	0.8
46	0.05	6.683333333	0.62
64	0.2	10	0.66
88	0.375	0.713333333	0.64
100	0.15	5.356666667	0.58
58	0.1	1.376666667	0.54
16	0.125	8.01	0.78

在"SVM"节点编辑界面中，按照均匀设计表格中的参数进行编辑，如图 7-20 所示。部分运算结果见图 7-21。运算结果见表 7-10，原始数据对于含水质量分数的影响结果见表 7-11。

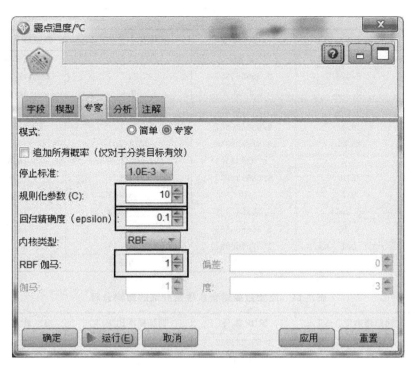

图 7-20　对“SVM”节点进行编辑

	压力/Mpa	温度/℃	流量/(m3/h)	露点温度/℃	分区	$S-露点温度/℃	导出1
1	0.526	40.600	3897.000	-45.000	1_训练	-45.125	0.277
2	0.533	40.300	4001.000	-44.000	1_训练	-44.125	0.285
3	0.542	40.500	3988.000	-48.000	1_训练	-47.875	0.260
4	0.527	39.900	3733.000	-49.000	2_测试	-45.937	6.251
5	0.538	40.900	4176.000	-48.000	1_训练	-48.125	0.260
6	0.539	40.300	4169.000	-47.000	1_训练	-46.875	0.266
7	0.539	40.600	4086.000	-50.000	1_训练	-49.875	0.250
8	0.531	41.400	4186.000	-49.000	1_训练	-49.125	0.255
9	0.526	40.400	4066.000	-48.000	1_训练	-47.875	0.260
10	0.537	40.300	4169.000	-45.000	1_训练	[illegible]	0.278
11	0.529	40.600	4189.000	-44.000	1_训练	-44.125	0.284
12	0.537	39.700	4015.000	-51.000	1_训练	-50.875	0.245
13	0.520	40.700	4187.000	-48.000	2_测试	-47.766	0.488
14	0.531	40.900	4019.000	-49.000	1_训练	-49.125	0.255
15	0.529	39.900	4016.000	-45.000	2_测试	-44.192	1.795
16	0.536	40.300	4274.000	-44.000	2_测试	-42.627	3.121
17	0.540	40.600	4006.000	-42.000	1_训练	-49.179	17.093
18	0.535	40.600	4005.000	-47.000	1_训练	-46.875	0.266
19	0.529	40.200	4120.000	-44.000	1_训练	-43.875	0.284
20	0.537	40.100	4063.000	-48.000	1_训练	-47.875	0.260

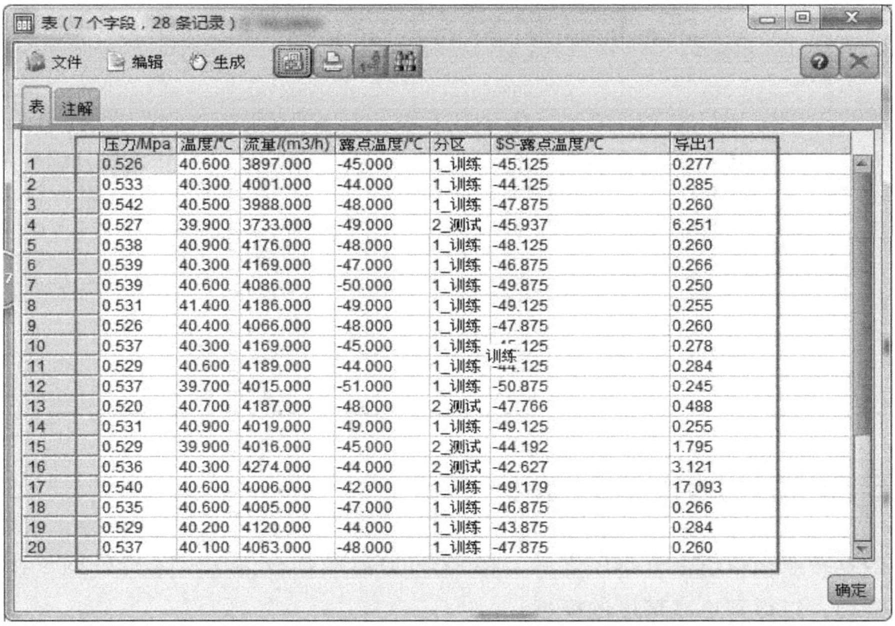

图 7-21　部分运算结果

表 7-10　原始数据对露点温度的影响分析

规则化参数(C)	回归精确度(epsilon)	RBF 伽马	训练样本比例/%	模型最大误差(RBF)/%
52	0.425	4.693333333	0.76(80)	15.75439294
34	0.175	0.05	0.72(75)	13.91384664
22	0.35	6.02	0.68(70)	16.98173596

续表

规则化参数（C）	回归精确度（epsilon）	RBF 伽马	训练样本比例/%	模型最大误差（RBF）/%
10	0.275	2.04	0.6	14.00473018
82	0.075	3.366666667	0.7	17.74708954
28	0.225	4.03	0.5	18.06810417
76	0.325	7.346666667	0.52(55)	13.31724076
40	0.4	9.336666667	0.56(60)	13.28072185
94	0.25	8.673333333	0.74(75)	14.21180974
70	0.3	2.703333333	0.8	16.88354444
46	0.05	6.683333333	0.62(65)	16.11112344
64	0.2	10	0.66(70)	13.06239278
88	0.375	0.713333333	0.64(65)	14.09982193
100	0.15	5.356666667	0.58(60)	15.30393826
58	0.1	1.376666667	0.54(55)	19.13895284
16	0.125	8.01	0.78(80)	17.09326300

表 7-11　原始数据对含水质量分数的影响分析

规则化参数（C）	回归精确度（epsilon）	RBF 伽马	训练样本比例/%	模型最大误差（RBF）/%
52	0.425	4.693333333	0.76(80)	115.8597961
34	0.175	0.05	0.72(75)	182.0190088
22	0.35	6.02	0.68(70)	137.9287437
10	0.275	2.04	0.6	164.7615604
82	0.075	3.366666667	0.7	117.5019698
28	0.225	4.03	0.5	160.5225428
76	0.325	7.346666667	0.52(55)	81.55751989
40	0.4	9.336666667	0.56(60)	111.7140906
94	0.25	8.673333333	0.74(75)	89.5932404
70	0.3	2.703333333	0.8	130.7914176
46	0.05	6.683333333	0.62(65)	115.4917024
64	0.2	10	0.66(70)	77.66983365
88	0.375	0.713333333	0.64(65)	155.6348681
100	0.15	5.356666667	0.58(60)	92.90812978
58	0.1	1.376666667	0.54(55)	147.2352757
16	0.125	8.01	0.78(80)	139.6430686

7.3.5　基于缩小样本规模的模型优化

原始数据按照函数值上升排序之后，将 28 行原始数据分为 1～14 行、15～18 行两段，缩小样本规模，以得到更高精度的模型。

使用均匀设计方法时使用"SVM"进行建模，核函数类型为"RBF"，涉及的参数有"规则化参数（C）""回归精确度（epsilon）""RBF 伽马""训练样本比例%"，根据上述条件设计 4 因素 6 水平均匀设计试验表格，见表 7-12。

以原始数据中 1～14 行试验数据对露点温度的影响为例，在编辑"SVM"模型时，根据均匀设计表格中的参数进行编辑。运行数据流得到的结果见表 7-13。

原始数据对露点温度的影响分析结果见表 7-14。

表 7-12　4 因素 6 水平均匀设计表格

规则化参数(C)	回归精确度(epsilon)	RBF 伽马	训练样本比例/%
82	0.32	2	56
64	0.5	1.6	80
46	0.05	1.4	50
100	0.23	1	68
10	0.41	1.2	62
28	0.14	1.8	74

表 7-13　示例计算结果

规则化参数(C)	回归精确度(epsilon)	RBF 伽马	训练样本比例/%	误差(RBF)/%
82	0.32	2	56	10.78045789
64	0.5	1.6	80	7.56509935
46	0.05	1.4	50	10.74823004
100	0.23	1	68	6.611556275
10	0.41	1.2	62	9.381259362
28	0.14	1.8	74	7.634114511

表 7-14　原始数据对露点温度的影响分析

排序方法	规则化参数(C)	回归精确度(epsilon)	RBF 伽马	训练样本比例/%	误差(RBF)/%
y_1 排序 1～14	82	0.32	2	56	10.78045789
	64	0.5	1.6	80	7.56509935
	46	0.05	1.4	50	10.74823004
	100	0.23	1	68	6.611556275
	10	0.41	1.2	62	9.381259362
	28	0.14	1.8	74	7.634114511
y_1 排序 15～28	82	0.32	2	56	12.44123237
	64	0.5	1.6	80	6.242490682
	46	0.05	1.4	50	11.52098308
	100	0.23	1	68	6.888412512
	10	0.41	1.2	62	5.894175655
	28	0.14	1.8	74	19.59436037

原始数据对含水质量分数的影响分析结果见表 7-15。

表 7-15　原始数据对含水质量分数的影响分析

排序方法	规则化参数(C)	回归精确度(epsilon)	RBF 伽马	训练样本比例/%	误差(RBF)/%
y_2 排序 1～14	82	0.32	2	56	58.43475775
	64	0.5	1.6	80	89.51175778
	46	0.05	1.4	50	47.68946801
	100	0.23	1	68	97.61879359
	10	0.41	1.2	62	102.6911255
	28	0.14	1.8	74	109.3646139
y_2 排序 15～28	82	0.32	2	56	50.18198725
	64	0.5	1.6	80	34.53887429
	46	0.05	1.4	50	54.75445654
	100	0.23	1	68	33.05568937
	10	0.41	1.2	62	43.72395385
	28	0.14	1.8	74	38.12595884

7.3.6 优化后的模型

SPSS Modeler 下建立针对露点温度和含水质量分数的数据挖掘模型。对比全面试验结果与均匀设计结果得到结论：对露点温度及含水质量分数的影响中，缩小样本规模后，再进行均匀设计得到的模型精度更高。因此，SPSS Modeler 下缩小样本规模建立的高精度数据挖掘模型可用。

当缩小样本规模后，对露点温度的影响中，对于 1～14 行数据选取规则化参数为 100，回归精确度为 0.23，RBF 伽马为 1，训练样本比例为 68% 时，模型精度最高，此时控制最大误差为 6.611556275% ，记为"模型一"；15～28 行数据选取规则化参数为 10，回归精确度为 0.41，RBF 伽马为 1.2，训练样本比例为 62% 时，模型精度最高，此时控制最大误差为 5.894175655% ，记为"模型二"。使压力在最大值和最小值的范围里变换，温度分别取最大值、次最大值、平均值、最小值、次最小值，流量取平均值，对露点温度进行预测分析，利用 SPSS Modeler 设计试验方案表，并将数据导入已经得到的高精度模型中进行预测。

当缩小样本规模后，对含水质量分数的影响中，对于第 1～14 行数据选取规则化参数为 46，回归精确度为 0.05，RBF 伽马为 1.4，训练样本比例为 50% 时，模型精度最高，记为"模型三"；第 15～28 行数据选取规则化参数为 100，回归精确度为 0.23，RBF 伽马为 1，训练样本比例为 68% 时，模型精度最高，记为"模型四"。使温度和流量在最大值和最小值的范围里变换，压力取平均值，对含水质量分数进行分析，利用 SPSS Modeler 设计试验方案表，并将数据导入已经得到的高精度模型中进行预测。

第8章

反渗透设备的运行数据挖掘

反渗透技术是用有效的运行压力把溶液中的溶剂通过反渗透膜分离出来，与自然渗透的方向是相反的，所以被称为反渗透。反渗透水处理工艺是利用反渗透膜选择性地透过溶剂而截留离子物质，以膜两侧静压差为动力，克服溶剂的渗透压，使溶剂通过反渗透膜而实现对液体混合物进行膜分离的过程。在使用过程中为产生反渗透压，对于含盐水溶液、含污废水，需要施加压力，以克服自然渗透压，水能透过反渗透膜而杂质不能透过，从而实现水和杂质的分离。要实现反渗透，首先要有外加压力，且必须大于溶液的渗透压，二是必须有一种高选择性、高透水性的半透膜。

反渗透水处理工艺在制取电子工业生产如单晶硅半导体集成电路块、显像管、玻壳、液晶显示器等制造工业用纯水、超纯水等方面有着广泛的应用。

8.1 待挖掘的运行数据

在反渗透水处理中，选取工厂实际测量的原始数据（表 8-1），针对难以直接测量的渗透液通量进行数据挖掘模型优化预测。

表 8-1　原始数据

序号	温度 /℃	时间 /min	运行压力 /MPa	渗透液通量 /[kg/(m²·h)]	序号	温度 /℃	时间 /min	运行压力 /MPa	渗透液通量 /[kg/(m²·h)]
1	20	0	0.5	25.01	15	30	40	0.5	22.76
2	20	10	0.5	24.48	16	30	50	0.5	20.01
3	20	20	0.5	23.04	17	30	60	0.5	16.55
4	20	30	0.5	20.42	18	30	70	0.5	12.95
5	20	40	0.5	17.93	19	30	80	0.5	10.00
6	20	50	0.5	15.05	20	30	90	0.5	9.34
7	20	60	0.5	11.71	21	40	0	0.5	35.00
8	20	70	0.5	7.99	22	40	10	0.5	33.96
9	20	80	0.5	6.02	23	40	20	0.5	33.05
10	20	90	0.5	5.75	24	40	30	0.5	30.11
11	30	0	0.5	29.97	25	40	40	0.5	28.09
12	30	10	0.5	29.05	26	40	50	0.5	25.02
13	30	20	0.5	27.93	27	40	60	0.5	21.17
14	30	30	0.5	25.32	28	40	70	0.5	17.58

序号	温度 /℃	时间 /min	运行压力 /MPa	渗透液通量 /[kg/(m² · h)]	序号	温度 /℃	时间 /min	运行压力 /MPa	渗透液通量 /[kg/(m² · h)]
29	40	80	0.5	14.64	44	40	40	0.5	47.90
30	40	90	0.5	13.47	45	40	50	0.5	43.86
31	40	0	0.4	46.02	46	40	60	0.5	39.83
32	40	10	0.4	44.90	47	40	70	0.5	34.96
33	40	20	0.4	41.83	48	40	80	0.5	27.60
34	40	30	0.4	38.90	49	40	0	0.6	71.80
35	40	40	0.4	34.73	50	40	10	0.6	70.95
36	40	50	0.4	29.72	51	40	20	0.6	69.83
37	40	60	0.4	24.86	52	40	30	0.6	66.91
38	40	70	0.4	18.88	53	40	40	0.6	63.71
39	40	80	0.4	11.94	54	40	50	0.6	59.69
40	40	0	0.5	60.02	55	40	60	0.6	54.97
41	40	10	0.5	57.93	56	40	70	0.6	48.86
42	40	20	0.5	54.86	57	40	80	0.6	39.86
43	40	30	0.5	51.80					

8.2 基于 GeneXproTools 的模型优化

8.2.1 数据建模的过程

打开 GeneXproTools 软件后，点击 "File"，选择 "Open"。出现对话框，点击 Next，选择将要建模的数据文件。选择结束之后，点击 Finish，然后保存文件，出现数据运算的初始界面。

GeneXproTools 建模中主要参数的中文翻译见表 8-2。

表 8-2　GeneXproTools 中各个英文参数对应的中文名称

英文参数名称	中文参数名称	英文参数名称	中文参数名称
Number of Chromosomes	染色体条数	Two-Point Recombination	双点重组概率
Generation Number	遗传代数	Gene Recombination	基因重组概率
Head Size	基因头部长度	Gene Transposition	基因插串概率
Number of Genes	基因个数	Inversion	倒串概率
IS Transpositon	插串转移概率	Mutation	基因突变概率
RIS Transposition	根插串转移概率	Run	循环次数
One-Point Recombination	单点重组概率		

对于表 8-2 中各个参数的输入，寻找每一个参数在软件界面上的位置进行输入。对 "Generation Number"（最大遗传代数），"Run"（循环次数）的输入，如图 8-1 所示。对于其他各个参数，首先点击 "Runs" 列表中的 "Settings"，如图 8-2 所示。

然后寻找 "Number of Chromosomes"（染色体条数）、"Head Size"（基因头部长度）、"Number of Genes"（基因个数）在图 8-3 中所对应的位置，进行输入。

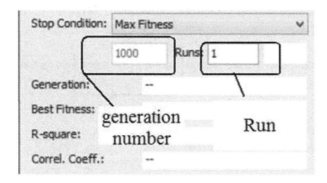

图 8-1 "Generation Number"和"Run"的输入

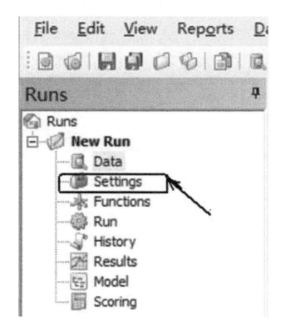

图 8-2 其他参数的位置

图 8-3 "Number of Chromosomes""Head Size""Number of Genes"的输入

对于其他参数，点击界面中的"General Settings"，如图 8-4 所示，出现对话框，如图 8-5 所示，然后进行输入。

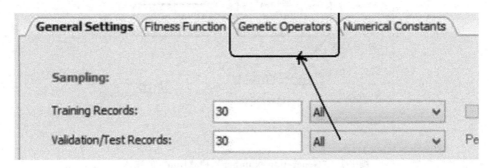

图 8-4　部分参数的位置

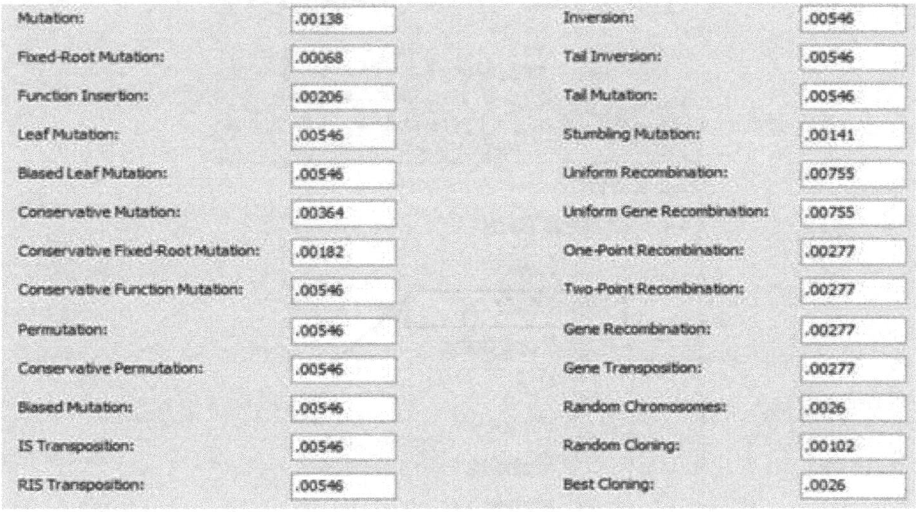

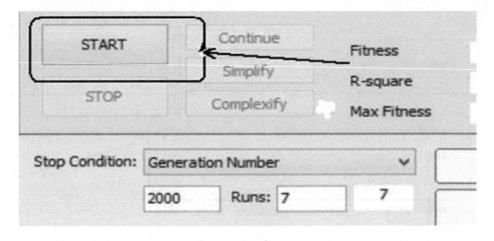

图 8-5　其他参数的输入

完成数据的输入后，点击"Runs"中的"Run"，点击右侧对话框中的"START"，开始运算，如图 8-6 所示。

图 8-6　开始运算

运算时的界面如图 8-7 所示。

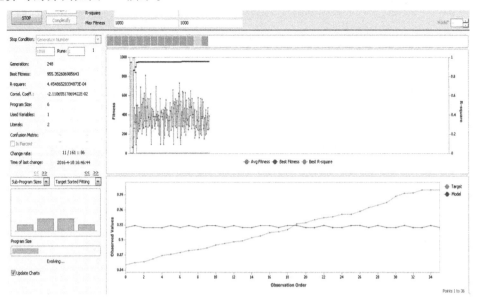

图 8-7　运算时的界面

运算结束后，点击左上角的"File"，选择"Save As…"，如图 8-8 所示。

弹出对话框，保存文件。点击软件左侧"Runs"中的"History"，如图 8-9 所示。弹出"History"项，运算后生成的数据如图 8-10 所示。

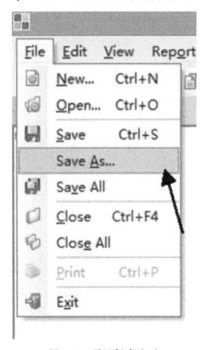

图 8-8　项目保存方法

图 8-9　数据的位置

由图 8-10 可以看出，在最右侧的两列，"Training R-square"和"Validation R-square"分别为训练相关系数和测试相关系数。相关系数越接近 1，则得到的数据模型越精确，达到的效果越好。

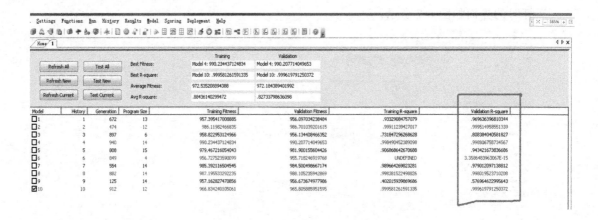

图 8-10　运算后生成的数据

点击软件左侧"Runs"中的"Model"，生成的模型如图 8-11 所示。

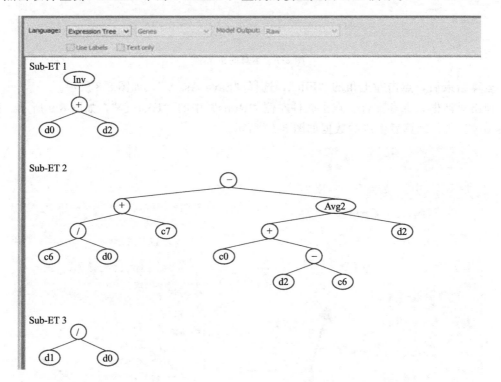

图 8-11　生成的模型

改变右上角的 Model，选择"Training R-square"和"Validation R-square"均值最小的一组，如图 8-12 所示。

点击左上角的"Language"下拉选项，可以根据自己需要选择模型类型，如图 8-13 所示。

8.2.2　基于均匀设计的模型优化

影响模型"相关系数"的因素有：染色体条数、遗传代数、基因头部长度、基因个数、插串转移概率、根插串转移概率、单点重组概率、双点重组概率、基因重组概率、基因插串概率、倒串概率、基因突变概率、循环次数。为此，设计 13 因素 14 水平均匀设计表（表 8-3）。

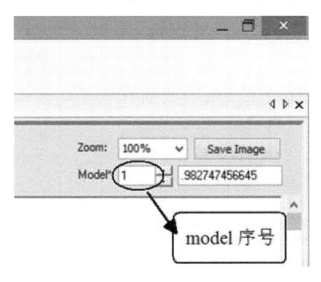

图 8-12　选择查看最佳的模型

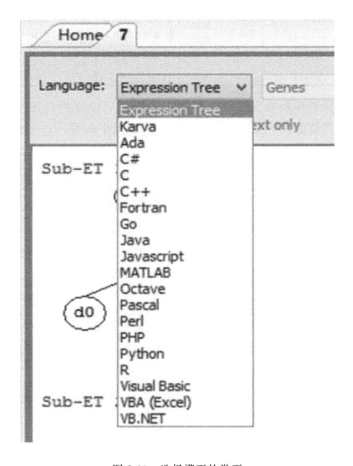

图 8-13　选择模型的类型

表 8-3　13 因素 14 水平的均匀设计表

染色体条数	遗传代数	基因头部长度	基因个数	插串转移概率	根插串转移概率	单点重组概率	双点重组概率	基因重组概率	基因插串概率	倒串概率	基因突变概率	循环次数
8	3	2	11	2	14	9	8	5	3	7	13	12
10	12	5	14	4	10	7	4	14	12	5	2	7
3	14	6	7	11	11	4	14	12	8	9	11	13
5	8	4	6	7	2	13	2	13	1	11	10	5
4	1	3	5	13	7	3	3	1	9	6	4	8
9	2	12	8	6	9	1	12	10	2	13	3	6
6	13	8	3	9	12	11	9	4	4	3	1	3
12	11	11	13	12	6	5	6	2	5	10	12	4
14	7	1	1	5	4	6	13	6	11	8	9	2
7	10	13	2	1	3	2	5	8	6	4	7	14
13	4	7	10	14	1	12	10	11	7	2	6	10
1	5	14	9	8	8	8	7	9	13	1	14	1
2	9	9	12	3	5	14	11	3	10	12	5	9
11	6	10	4	10	13	10	1	7	14	14	8	11

　　设置各个参数的取值范围，见表 8-4。

表 8-4　GeneXproTools 各个参数取值范围

参数	染色体条数	遗传代数	基因头部长度	基因个数	插串转移概率	根插串转移概率	单点重组概率	双点重组概率	基因重组概率	基因插串概率	倒串概率	基因突变概率	循环次数
最小值	10	1000	2	4	0.1	0.1	0.15	0.15	0.1	0.1	0.1	0.02	1
最大值	100	10000	20	11	0.3	0.3	0.4	0.4	0.3	0.3	0.3	0.36	14

　　根据表 8-4，以染色体条数为例，在其取值范围 10～1000 内，10 为最小值，100 最大值，取 14 个数，以其数值大小关系，对应表 8-3 数值大小关系，一一替换掉表 8-3 中的数值，见表 8-5。

表 8-5　对应数值大小关系

表 8-3 数据	8	10	3	5	4	9	6	12	14	7	13	1	2	11
表 8-5 数据	55	68	23	36	29	61	42	81	100	74	87	10	16	74

　　对其他 12 个参数进行同样的操作，最终得到 13 因素 14 水平均匀设计表，见表 8-6。

表 8-6　13 因素 14 水平均匀设计表

染色体条数	遗传代数	基因头部长度	基因个数	插串转移概率	根插串转移概率	单点转移概率	双点转移概率	基因重组概率	基因转移概率	逆转概率	变异概率	循环次数
55	2286	3	9	0.11	0.3	0.29	0.28	0.16	0.19	0.13	0.31	12
68	8071	7	11	0.14	0.23	0.26	0.2	0.3	0.16	0.26	0.04	7
23	10000	8	7	0.24—	0.24	0.2	0.4	0.26	0.21	0.2	0.26	13
36	5500	6	7	0.19	0.11	0.36	0.17	0.27	0.24	0.1	0.24	5
29	1000	5	6	0.27	0.19	0.19	0.19	0.1	0.17	0.21	0.09	8
61	1643	16	8	0.17	0.21	0.15	0.35	0.23	0.27	0.11	0.07	6
42	2000	11	5	0.21	0.26	0.33	0.29	0.14	0.13	0.14	0.02	3
81	7429	15	10	0.26	0.17	0.22	0.24	0.11	0.23	0.16	0.29	4

续表

染色体条数	遗传代数	基因头部长度	基因个数	插串转移概率	根插串转移概率	单点转移概率	双点转移概率	基因重组概率	基因转移概率	逆转概率	变异概率	循环次数
100	4857	2	4	0.16	0.14	0.24	0.36	0.17	0.2	0.24	0.21	2
74	6786	17	5	0.1	0.13	0.17	0.22	0.2	0.14	0.17	0.17	14
87	2929	10	9	0.3	0.1	0.35	0.31	0.24	0.11	0.19	0.14	10
10	3571	20	8	0.2	0.2	0.28	0.26	0.21	0.1	0.27	0.36	1
16	6143	12	10	0.13	0.16	0.4	0.33	0.13	0.26	0.23	0.12	9
74	4214	14	6	0.23	0.27	0.31	0.15	0.19	0.3	0.3	0.19	11

每次计算结束后，记录"Training R-square"和"Validation R-square"，它们分别为"训练相关系数"和"测试相关系数"，最大值为1，相关系数越接近1，则它们所产生模型预测值与真实值越接近，效果越好。如图8-14所示。

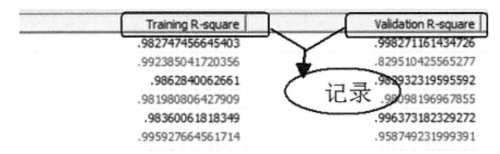

图 8-14　需要记录的数据

计算"Training R-square"和"Validation R-square"各自的平均值，取它们的最小值作为结果，相应的计算结果放在表8-7的最后一列。对于表8-7的结果，相关系数最大值为第10组，为0.8157。

表 8-7　13 因素 14 水平均匀设计表及计算结果

染色体个数	遗传代数	基因头部长度	基因个数	插串转移概率	根插串转移概率	单点重组概率	双点重组概率	基因重组概率	基因插串概率	倒串概率	基因突变概率	循环次数	相关系数
55	2286	3	9	0.11	0.30	0.29	0.28	0.16	0.19	0.13	0.31	12	0.7964
68	8071	7	11	0.14	0.23	0.26	0.20	0.30	0.16	0.26	0.04	7	0.7905
23	10000	8	7	0.24	0.24	0.20	0.40	0.26	0.21	0.2	0.26	13	0.8029
36	5500	6	7	0.19	0.11	0.36	0.17	0.27	0.04	0.1	0.24	5	0.6849
29	1000	5	6	0.27	0.19	0.19	0.19	0.10	0.17	0.21	0.09	8	0.6723
61	1643	16	8	0.17	0.21	0.15	0.35	0.23	0.27	0.11	0.07	6	0.8126
42	8714	11	5	0.21	0.26	0.33	0.29	0.14	0.13	0.14	0.02	3	0.6830
81	7429	15	10	0.26	0.17	0.22	0.24	0.11	0.23	0.16	0.29	4	0.7552
100	4857	2	4	0.16	0.14	0.24	0.36	0.17	0.30	0.24	0.21	2	0.6979
74	6786	17	5	0.1	0.13	0.17	0.22	0.20	0.14	0.17	0.17	14	0.8158
87	2929	10	9	0.30	0.1	0.35	0.31	0.24	0.21	0.19	0.14	10	0.7135
10	3571	20	8	0.20	0.20	0.28	0.26	0.21	0.10	0.27	0.36	1	0.5974
16	6143	12	10	0.13	0.16	0.40	0.33	0.13	0.26	0.23	0.12	9	0.7901
74	4214	14	6	0.23	0.27	0.31	0.15	0.19	0.30	0.30	0.19	11	0.7159

同样的方法，再次设计13因素24水平均匀设计表（表8-8），相应的计算结果放在表8-8

的最后一列。对于表 8-8 的结果，相关系数的最大值为第 19 组，为 0.8005，结果不太理想。

表 8-8　13 因素 24 水平均匀设计表及计算结果

染色体条数	遗传代数	基因头部长度	基因个数	插串转移概率	根插串转移概率	单点重组概率	双点重组概率	基因重组概率	基因插串概率	倒串概率	基因突变概率	循环次数	相关系数
55	20	1	1	0.1	0.1	0.2	0.2	0.30	0.1	0.3	0.02	28	0.6728
100	20	2	6	0.3	0.1	0.1	0.3	0.04	0.1	0.3	0.51	28	0.7588
55	500	20	11	0.2	0.1	0.3	0.1	0.30	0.1	0.2	0.51	50	0.5479
10	260	2	6	0.1	0.1	0.1	0.1	0.30	0.3	0.1	0.51	5	0.7774
55	20	2	6	0.1	0.2	0.3	0.3	0.04	0.3	0.1	0.02	50	0.7498
10	20	20	11	0.2	0.3	0.2	0.2	0.04	0.1	0.1	0.51	5	0.1262
100	20	20	6	0.3	0.2	0.3	0.2	0.04	0.2	0.1	0.51	28	0.6949
55	260	1	11	0.3	0.3	0.2	0.3	0.30	0.2	0.1	0.02	5	0.7745
100	260	2	1	0.2	0.3	0.2	0.3	0.30	0.3	0.3	0.51	50	0.7795
55	260	20	6	0.1	0.3	0.2	0.2	0.04	0.2	0.30	0.51	5	0.7687
10	20	2	11	0.2	0.2	0.1	0.1	0.30	0.2	0.2	0.02	28	0.6572
10	260	1	1	0.2	0.1	0.1	0.3	0.04	0.1	0.2	0.02	5	0.6709
10	500	20	1	0.3	0.3	0.1	0.3	0.17	0.3	0.2	0.51	28	0.7355
100	500	1	6	0.2	0.2	0.1	0.3	0.30	0.1	0.2	1.00	5	0.7924
55	500	1	1	0.3	0.1	0.3	0.2	0.04	0.2	0.1	1.00	50	0.6709
100	500	1	11	0.1	0.2	0.2	0.1	0.04	0.3	0.2	0.51	28	0.7888
55	20	1	11	0.3	0.2	0.3	0.1	0.17	0.2	0.3	1.00	50	0.7157
100	20	2	1	0.2	0.3	0.2	0.2	0.17	0.2	0.2	1.00	5	0.7406
55	500	20	6	0.1	0.3	0.1	0.2	0.2	0.04	0.2	0.02	28	0.8005
100	260	20	1	0.2	0.2	0.1	0.1	0.17	0.1	0.1	0.02	50	0.7941
10	260	20	11	0.1	0.1	0.2	0.3	0.17	0.2	0.3	1.00	50	0.5648
10	500	2	1	0.1	0.2	0.3	0.2	0.17	0.2	0.1	1.00	28	0.7580
10	260	1	6	0.3	0.3	0.3	0.1	0.17	0.1	0.3	0.51	50	0.7787
100	500	2	11	0.2	0.1	0.3	0.2	0.17	0.3	0.3	0.02	5	0.7661

　　将原始数据进行分段，对其 31~57 行数据进行建模，设计了 13 因素 14 水平均匀设计表进行计算，建模后得到的结果如表 8-9 所示。

表 8-9　31~57 行数据 13 因素 14 水平均匀设计表

染色体条数	遗传代数	基因头部长度	基因个数	插串转移概率	根插串转移概率	单点重组概率	双点重组概率	基因重组概率	基因插串概率	倒串概率	基因突变概率	循环次数	相关系数
55	2286	3	9	0.11	0.30	0.29	0.28	0.16	0.19	0.13	0.31	12	0.9432
68	8071	7	11	0.14	0.23	0.26	0.20	0.30	0.16	0.26	0.04	7	0.9614
23	10000	8	7	0.24	0.24	0.20	0.40	0.26	0.21	0.20	0.26	13	0.9099
36	5500	6	7	0.19	0.11	0.36	0.17	0.27	0.24	0.10	0.24	5	0.9511
29	1000	5	6	0.27	0.19	0.19	0.19	0.10	0.17	0.21	0.09	8	0.9120
61	1643	16	8	0.17	0.21	0.15	0.35	0.23	0.27	0.11	0.07	6	0.9635
42	8714	11	5	0.21	0.26	0.33	0.29	0.14	0.13	0.14	0.02	3	0.9693
81	7429	15	10	0.26	0.17	0.22	0.24	0.11	0.23	0.16	0.29	4	0.9761
100	4857	2	4	0.16	0.14	0.24	0.36	0.17	0.20	0.24	0.21	2	0.9423
74	6786	17	5	0.10	0.13	0.17	0.22	0.20	0.14	0.17	0.17	14	0.9360
87	2000	9	9	0.30	0.10	0.35	0.31	0.24	0.18	0.19	0.14	10	0.9793
10	3571	20	8	0.20	0.20	0.28	0.26	0.21	0.1	0.27	0.36	1	0.7592
16	6143	12	10	0.13	0.16	0.40	0.33	0.13	0.26	0.23	0.12	9	0.8290
74	4214	14	6	0.23	0.27	0.31	0.15	0.19	0.30	0.30	0.19	11	0.9435

在对原始数据中的 31～57 行数据进行建模所得到的这组数据，其相关系数平均值达到了 0.9269，整体效果比较理想，其中，第 11 组参数的相关系数达到了最大值，为 0.9793。对第 11 组数据再次进行计算，产生的所有结果见表 8-10。

表 8-10 第 11 组数据计算结果

模型	历程	代数	程序大小	训练优度	检验优度	训练相关系数	检验相关系数	相关系数平均值
5.0000	5.0000	1152.0000	45.0000	275.7513	267.5633	0.9809	0.9914	0.9861
2.0000	2.0000	1190.0000	72.0000	235.0977	201.2507	0.9729	0.9501	0.9615
1.0000	1.0000	1804.0000	50.0000	209.9295	242.0245	0.9586	0.9489	0.9537
3.0000	3.0000	984.0000	80.0000	201.6122	207.0060	0.9565	0.9483	0.9524
4.0000	4.0000	395.0000	56.0000	199.4618	145.0098	0.9872	0.9463	0.9667
6.0000	6.0000	463.0000	60.0000	176.2567	271.6907	0.9364	0.9430	0.9397
7.0000	7.0000	408.0000	47.0000	180.5036	232.6017	0.9384	0.9366	0.9375

通过比较，第 5 组模型中，"Training R-square" 和 "Validation R-square" 的平均值最大。因此，第 5 组所产生的数学模型最佳。

选择 "Runs" 中的 "Results"，如图 8-15 所示。

弹出对话框，选择图 8-15 左上角的 "Training"，表格内出现数据，此数据为训练项所产生的数据。右键点击表格，选择 "Copy Table"，将数据粘贴到表 8-11 中，如图 8-16 所示。

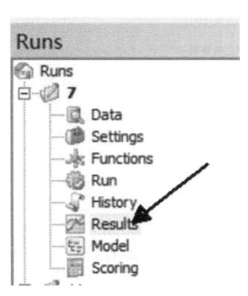

图 8-15 选择 "Results"

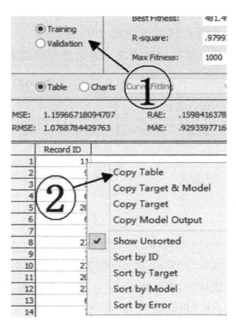

图 8-16 选择训练项数据

表 8-11 训练项数据

Record ID	Target	Model	Residual
11	29.97	29.9400	0.0300
24	30.11	29.1233	0.9867
11	29.97	29.9400	0.0300

Record ID	Target	Model	Residual
26	25.02	24.0328	0.9872
27	21.17	21.4940	−0.3240
25	28.09	26.5753	1.5147
9	6.02	7.1283	−1.1083
22	33.96	34.2623	−0.3023
12	29.05	29.5750	−0.5250
10	5.75	4.5949	1.1551
19	10.00	11.7355	−1.7355
27	21.17	21.4940	−0.3240
12	29.05	29.5750	−0.5250
21	35.00	34.6273	0.3727
1	25.01	25.3328	−0.3228
22	33.96	34.2623	−0.3023
11	29.97	29.9400	0.0300
8	7.99	9.6630	−1.6730
21	35.00	34.6273	0.3727
3	23.04	22.3867	0.6533
26	25.02	24.0328	0.9872
3	23.04	22.3867	0.6533
11	29.97	29.9400	0.0300

选图 8-16 左上角的"Validation"，表格中出现新的数据，此数据为测试项所产生的数据。以上述同样的方法，将数据复制到表格中，见表 8-12。

表 8-12　测试项所产生的数据

Record ID	Target	Model	Residual
46	20.01	19.3456	0.6644
58	17.58	18.9575	−1.3775
41	29.97	29.9400	0.0300
46	20.01	19.3456	0.6644
58	17.58	18.9575	−1.3775
41	29.97	29.9400	0.0300
50	9.34	9.2020	0.1380

其中，"Target（目标值）"为"渗透液通量"的真实值，"Residual（残差）"为"渗透液通量"的预测值减去真实值，则其误差计算方法为："Residual（残差）"除以"Target（目标值）"，再乘以 100。对表 8-11 和表 8-12 进行计算，结果见表 8-13。

表 8-13　测试误差和训练误差

最大测试误差/%	最大训练误差/%	平均测试误差/%	平均训练误差/%	平均误差/%
7.835652934	20.93919978	3.427069035	4.839193111	4.133131073

此外，对于原始数据中的 1~30 行数据，设计了 13 因素 14 水平均匀设计表进行计算，建模结果如表 8-14。

表 8-14 1~30 行数据 13 因素 14 水平均匀设计表

染色体条数	遗传代数	基因头部长度	基因个数	插串转移概率	根插串转移概率	单点重组概率	双点重组概率	基因重组概率	基因插串概率	倒串概率	基因突变概率	循环次数	相关系数
55	460	3	9	0.11	0.30	0.29	0.28	0.16	0.19	0.13	0.31	8	0.9799
68	1610	7	11	0.14	0.23	0.26	0.20	0.30	0.16	0.26	0.04	5	0.9856
23	2000	8	7	0.24	0.24	0.20	0.40	0.26	0.21	0.20	0.26	9	0.9649
36	1100	6	7	0.19	0.11	0.36	0.17	0.27	0.24	0.10	0.24	4	0.9656
29	2000	5	6	0.27	0.19	0.19	0.19	0.10	0.17	0.21	0.09	6	0.9652
61	2000	16	8	0.17	0.21	0.15	0.35	0.23	0.27	0.11	0.07	4	0.9853
42	2000	11	5	0.21	0.26	0.33	0.29	0.14	0.13	0.14	0.02	10	0.9897
81	2000	15	10	0.26	0.17	0.22	0.24	0.11	0.23	0.16	0.29	3	0.9598
100	2000	2	4	0.16	0.14	0.24	0.36	0.17	0.20	0.24	0.21	2	0.9771
74	2000	17	5	0.10	0.13	0.17	0.22	0.20	0.14	0.17	0.17	10	0.9674
87	2000	10	9	0.30	0.35	0.31	0.24	0.11	0.19	0.14	0.14	7	0.9853
10	2000	20	8	0.20	0.20	0.28	0.26	0.21	0.14	0.27	0.36	1	0.9215
16	2000	12	10	0.13	0.16	0.40	0.33	0.13	0.26	0.23	0.12	6	0.9502
74	2000	14	6	0.23	0.27	0.31	0.15	0.19	0.30	0.30	0.19	7	0.9778

表 8-14 中的结果比较理想, 其中, 最佳的相关系数为 0.9897。相关系数为 0.9897 的这一组模型的测试误差和训练误差如表 8-15。

表 8-15 测试误差和训练误差

最大测试误差/%	最大训练误差/%	平均测试误差/%	平均训练误差/%	平均误差/%
6.837226564	32.01005484	5.628513727	6.742713612	6.18561367

8.3 基于 LIBSVM 的模型优化

8.3.1 建模方案设计

原始数据的自变量和因变量及其单位, 见表 8-16。

表 8-16 自变量和因变量及其单位

变量	温度 x_1	时间 x_2	运行压力 x_3	渗透液通量 y
单位	℃	min	MPa	$kg/(m^2 \cdot h)$

根据数据单位, 有四种解释变量组合方案, 见表 8-17。

表 8-17 解释变量组合方案

序号	解释变量	被解释变量	数据序列
解释变量 1	x_1, x_2, x_3	y	A
解释变量 2	$x_1, x_2^2 x_3$	y	B
解释变量 3	$x_1 x_3^{\frac{1}{2}}, x_2 x_3^{\frac{1}{2}}$	y	C
解释变量 4	$x_1 x_2, x_3 x_2$	y	D

根据解释变量组合方案, 产生了三个新的数据组, 解释变量 2, 解释变量 3 和解释变量

4 数据。

对于四组数据，需要产生不同的训练样本和测试样本比例。根据实际情况，设计以下方案，见表 8-18。

表 8-18 试验设计训练样本和测试样本比例

序号	方案描述	序号	方案描述
1	50%训练,50%测试	5	90%训练,10%测试
2	60%训练,40%测试	6	奇数序列训练,偶数序列测试
3	70%训练,30%测试	7	偶数序列训练,奇数序列测试
4	80%训练,20%测试		

对表 8-27 和表 8-28 进行整合，产生 28 种设计方案，见表 8-19。

表 8-19 设计方案

方案序号	数据编号	训练项和测试项分配
1	A	50%训练,50%测试
2	A	60%训练,40%测试
3	A	70%训练,30%测试
4	A	80%训练,20%测试
5	A	90%训练,10%测试
6	A	奇数序列训练,偶数序列测试
7	A	偶数序列训练,奇数序列测试
8	B	50%训练,50%测试
9	B	60%训练,40%测试
10	B	70%训练,30%测试
11	B	80%训练,20%测试
12	B	90%训练,10%测试
13	B	奇数序列训练,偶数序列测试
14	B	偶数序列训练,奇数序列测试
15	C	50%训练,50%测试
16	C	60%训练,40%测试
17	C	70%训练,30%测试
18	C	80%训练,20%测试
19	C	90%训练,10%测试
20	C	奇数序列训练,偶数序列测试
21	C	偶数序列训练,奇数序列测试
22	D	50%训练,50%测试
23	D	60%训练,40%测试
24	D	70%训练,30%测试
25	D	80%训练,20%测试
26	D	90%训练,10%测试
27	D	奇数序列训练,偶数序列测试
28	D	偶数序列训练,奇数序列测试

8.3.2 模型建立过程

编写 MATLAB 程序，以寻找最小真实数据和预测数据误差的设计方案，命名为程序 1。

```
%%% 清空环境变量
tic ;
close all ;
clear ;
clc ;
format compact ;
x=xlsread('.......数据集合\F1','A2:C31') ;
y=xlsread('.......数据集合\F1','D2:D31') ;
x=x' ;
y=y' ;
    a = [(1:27)] ;
    k = [1:30] ;
    b = setdiff(k,a) ;
%% 划分训练数据与测试数据
%训练输入向量
orgtrainx = x(:,a) ;
% 训练样本对应的输出
orgtrainy = y(a) ;
% 测试输入向量
orgtestx = x(:,b) ;
% 测试样本对应的输出
orgtesty = y(b) ;
%% 选择回归预测分析最佳的SVM 参数c&g
%对训练数据进行转置，使其符合支持向量机格式
orgtrainy=orgtrainy' ;
orgtrainx=orgtrainx' ;
% 根据粗略选择的结果图再进行精细选择:
[bestmse,bestc,bestg] = SVMcgForRegress(orgtrainy,orgtrainx,-10,10,-10,10,3,0.1,0.5,0.05) ;
% 打印精细选择结果
disp('打印精细选择结果') ;
str = sprintf( 'Best Cross Validation MSE = %g Best c = %g Best g = %g',bestmse,bestc,bestg) ;
disp(str) ;
%% 利用回归预测分析最佳的参数进行SVM 网络训练
cmd = ['-c ', num2str(bestc), ' -g ', num2str(bestg) , ' -s 3'] ;
model = svmtrain(orgtrainy,orgtrainx,cmd) ;
close all ;
%% SVM 网络回归预测
[predictrain,mse] = svmpredict(orgtrainy,orgtrainx,model) ;
orgtestx=orgtestx' ;
orgtesty=orgtesty' ;
[predictest,mse] = svmpredict(orgtesty,orgtestx,model) ;
disp(str) ;
trainerror = (predictrain-orgtrainy)./orgtrainy.*100 ;
testerror = (predictest - orgtesty)./orgtesty.*100 ;
maxtste=max(abs(testerror)) ;
```

```
maxtrne=max(abs(trainerror)) ;
maxerror=max(maxtste,maxtrne) ;
avertste=mean(abs(testerror)) ;
avertrne=mean(abs(trainerror)) ;
str = sprintf( 'The maximum data error is %g%% ',maxerror) ;
disp(str) ;
str = sprintf( 'The maximum data error for test is %g%% ',max(abs(testerror))) ;
disp(str) ;
str = sprintf( 'The average data error for test is %g%% ',mean(abs(testerror))) ;
disp(str) ;
str = sprintf( 'The maximum data error for train is %g%% ',max(abs(trainerror))) ;
disp(str) ;
str = sprintf( 'The average data error for train is %g%% ',mean(abs(trainerror))) ;
disp(str) ;
m=[maxtste ; maxtrne ; avertste ; avertrne] ;
A=m' ;
snapnow ;
toc ;
```

预测程序如下：

```
A=xlsread('.......数据集合\1','A1:C60') ;
YY=ones(60,1)
[predictyy,mse] = svmpredict(YY,A,model) ;
```

打开 MATLAB，初始界面如图 8-17 所示。

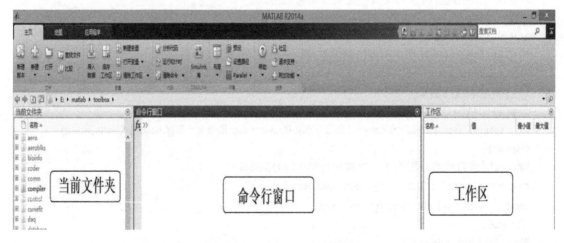

图 8-17 MATLAB 初始界面

对于表 8-19 的 28 种试验设计方案，以方案 1 为例来说明建模过程。完整的程序输入到图 8-17 界面的 MATLAB 中，程序开始运行，如图 8-18 所示。

其中，测试误差为表"testerror"，训练误差为"trainerror"，分别如图 8-19 和图 8-20 所示。

运行结束后，在命令界面中显示均方误差 MSE 和"相关系数 R"，"The maximum data error for test（最大测试误差）"和"The average data error for test（平均测试误差）"，以及"The maximum data error for train（最大训练误差）"和"The average data error for train（平均训练误差）”。如图 8-21 所示。

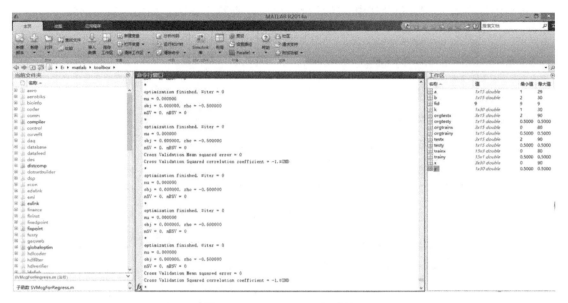

图 8-18 MATLAB 运行时界面

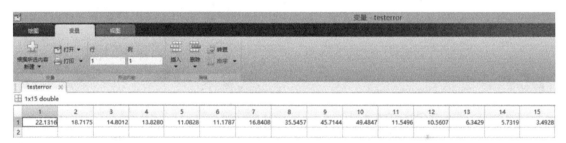

testerror 1x15 double

	1	2	3	4	5	6	7	8	9	10	11	12	13	14	15
1	22.1316	18.7175	14.8012	13.8280	11.0828	11.1787	16.8408	35.5457	45.7144	49.4847	11.5496	10.5607	6.3429	5.7319	3.4928

图 8-19 testerror 表格

trainerror 1x15 double

	1	2	3	4	5	6	7	8	9	10	11	12	13	14	15
1	0.5014	-0.5620	-0.7756	1.2779	1.0708	-0.2855	0.2949	-1.9961	0.8885	-0.4237	-0.4008	0.4743	-0.4159	-0.6859	-0.7414

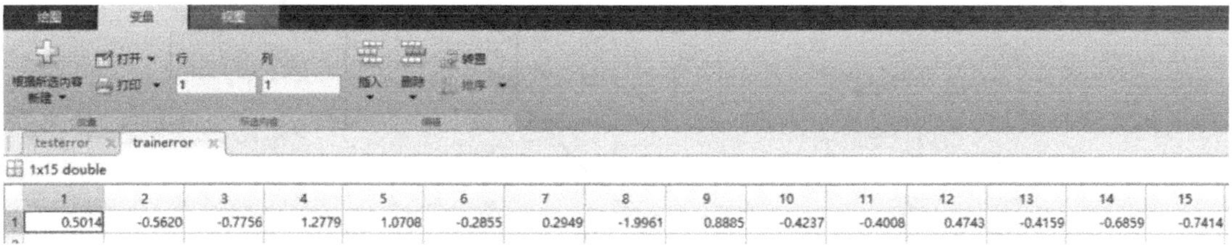

图 8-20 trainerror 表格

```
均方误差 MSE = 0.545314 相关系数 R = 99.4537%
The maximum data error is 40.471%
The maximum data error for test is 40.471%
The average data error for test is 5.03155%
The maximum data error for train is 18.4863%
The average data error for train is 1.95203%
时间已过 8.958621 秒。
```

图 8-21 MATLAB 运行结果

在 MATLAB 的右侧工作区，可以查看程序所产生的数据和矩阵。

将预测程序输入 MATLAB 中，待运行结束后，查看工作区，如图 8-22 所示。

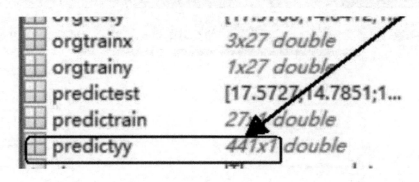

图 8-22　MATLAB 工作区

其中，对于 MATLAB 读取的"预测数据 2"，"predictyy"为预测结果，双击"predictyy"，可以查看预测值，如图 8-23 所示。

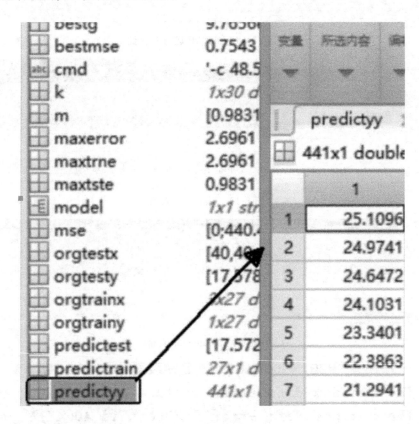

图 8-23　查看预测值

8.3.3　第一段数据建模结果

原始数据的前 30 行，即第一段数据，运用 28 种方案进行建模，结果对比如表 8-20 所示。

表 8-20　对第一段数据进行建模的结果

方案序号	数据编号	训练项和测试项分配	最大测试误差/%	最大训练误差/%	平均测试误差/%	平均训练误差/%	平均误差/%
1	A	50%训练,50%测试	22.89	1.74	13.29	0.70	7.00
2	A	60%训练,40%测试	10.63	2.54	4.64	0.79	2.71
3	A	70%训练,30%测试	5.71	1.73	2.84	0.63	1.74
4	A	80%训练,20%测试	5.71	1.73	2.84	0.63	1.74
5	A	90%训练,10%测试	0.98	2.70	0.57	0.79	0.68
6	A	奇数序列训练,偶数序列测试	40.47	18.49	5.03	1.95	3.49
7	A	偶数序列训练,奇数序列测试	10.60	5.74	1.91	1.40	1.66
8	B	50%训练,50%测试	39.44	11.84	29.91	3.74	16.83
9	B	60%训练,40%测试	33.25	105.98	22.04	21.52	21.78
10	B	70%训练,30%测试	14.75	5.94	8.57	0.59	4.58
11	B	80%训练,20%测试	14.75	5.94	8.57	0.59	4.58
12	B	90%训练,10%测试	11.93	10.05	7.08	1.04	4.06
13	B	奇数序列训练,偶数序列测试	276.18	21.78	61.10	1.94	31.52
14	B	偶数序列训练,奇数序列测试	221.24	13.52	45.46	1.92	23.69
15	C	50%训练,50%测试	22.04	3.09	9.55	0.89	5.22
16	C	60%训练,40%测试	6.44	4.01	3.36	0.80	2.08
17	C	70%训练,30%测试	3.13	3.06	1.66	0.77	1.22
18	C	80%训练,20%测试	3.61	4.64	2.20	0.89	1.55
19	C	90%训练,10%测试	3.61	4.64	2.20	0.89	1.55
20	C	奇数序列训练,偶数序列测试	13.29	1.67	3.57	0.57	2.07
21	C	偶数序列训练,奇数序列测试	3.50	1.73	1.51	0.60	1.05
22	D	50%训练,50%测试	98.68	16.22	35.75	1.75	18.75
23	D	60%训练,40%测试	95.19	16.22	39.17	1.56	20.37
24	D	70%训练,30%测试	47.09	18.34	28.74	2.31	15.53
25	D	80%训练,20%测试	49.46	144.57	33.83	25.68	29.76
26	D	90%训练,10%测试	49.46	144.57	33.83	25.68	29.76
27	D	奇数序列训练,偶数序列测试	255.33	104.30	58.33	14.04	36.18
28	D	偶数序列训练,奇数序列测试	221.58	1.74	55.29	0.67	27.98

由表 8-20 可以看到,序号 5 的方案,平均误差最小,仅为 0.68%;最大误差最小,仅为 2.70%,说明方案 5 所产生的数学模型最佳。

对 MATLAB 和 GeneXproTools 计算第一段数据所得到的最佳模型的误差值进行对比,如表 8-21 所示。可以看出,MATLAB 预测值的测试误差和训练误差均小于 GeneXproTools 预测值的测试误差和训练误差。

表 8-21　第一段数据 MATLAB 和 GeneXproTools 的最佳模型对比

软件名称	最大测试误差/%	最大训练误差/%	平均测试误差/%	平均训练误差/%	平均误差/%
GeneXproTools	6.837226564	32.01005484	5.628513727	6.742713612	6.18561367
MATLAB	0.98	2.7	0.57	0.79	0.68

8.3.4　第二段数据建模结果

对第二段数据,即对原始数据的 31~57 行也进行建模。结果如表 8-22 所示。

表 8-22　对第二段数据进行建模的结果

方案序号	数据编号	训练项和测试项分配	最大测试误差/%	最大训练误差/%	平均测试误差/%	平均训练误差/%	平均误差/%
1	A	50%训练,50%测试	63.3603	37.3311	47.1617	13.5623	30.3620
2	A	60%训练,40%测试	69.7796	45.6882	48.0057	14.5095	31.2576
3	A	70%训练,30%测试	43.6648	132.3894	39.5015	23.5338	31.5177
4	A	80%训练,20%测试	13.5267	0.8355	8.3056	0.2707	4.2882
5	A	90%训练,10%测试	29.4527	177.7693	24.9744	28.5944	26.7844
6	A	奇数序列训练,偶数序列测试	110.0426	233.0824	28.3558	35.8750	32.1154
7	A	偶数序列训练,奇数序列测试	218.7401	101.2191	34.4711	26.4612	30.4661
8	B	50%训练,50%测试	42.3703	128.8200	27.1932	17.1940	22.1936
9	B	60%训练,40%测试	42.5708	153.0400	32.0849	17.5178	24.8013
10	B	70%训练,30%测试	44.4226	81.9093	30.5164	8.2873	19.4019
11	B	80%训练,20%测试	34.2202	109.3853	21.3379	10.2799	15.8089
12	B	90%训练,10%测试	20.5585	234.7217	13.5845	31.4152	22.4999
13	B	奇数序列训练,偶数序列测试	134.4488	220.3327	33.2610	28.7770	31.0190
14	B	偶数序列训练,奇数序列测试	301.2969	153.6722	46.0056	34.9192	40.4624
15	C	50%训练,50%测试	71.4120	3.1615	27.8822	1.1840	14.5331
16	C	60%训练,40%测试	6.8398	2.5997	3.9825	0.4413	2.2119
17	C	70%训练,30%测试	6.4325	12.3983	3.9691	1.0643	2.5167
18	C	80%训练,20%测试	4.1755	8.3710	2.2858	0.9729	1.6293
19	C	90%训练,10%测试	2.8313	1.0303	2.1495	0.3475	1.2485
20	C	奇数序列训练,偶数序列测试	5.6175	26.1720	1.7198	2.3821	2.0509
21	C	偶数序列训练,奇数序列测试	14.3612	1.9227	2.4476	0.4740	1.4608
22	D	50%训练,50%测试	39.7576	23.1588	25.7371	2.9828	14.3599
23	D	60%训练,40%测试	42.8227	153.2555	31.5873	17.4548	24.5210
24	D	70%训练,30%测试	41.2143	30.2035	29.5785	3.0455	16.3120
25	D	80%训练,20%测试	29.3621	30.2036	21.5289	2.6007	12.0648
26	D	90%训练,10%测试	13.5952	30.2031	9.2211	2.1948	5.7080
27	D	奇数序列训练,偶数序列测试	135.1811	224.6508	32.7889	29.6580	31.2234
28	D	偶数序列训练,奇数序列测试	301.2969	153.6671	46.0057	34.9170	40.4613

第9章

油田原油三相分离器运行数据挖掘

原油的三相分离是通过原油三相分离器将油、气、水三相分离，而原油三相分离的输入量主要有三个：来液温度（℃）、药剂浓度（mg/L）和来液压力（MPa）；原油三相分离的输出量主要有出水含油（mg/L）。数据见表9-1。

表 9-1　现场测量数据

序号	来液温度/℃	药剂浓度/(mg/L)	来液压力/MPa	出水含油/(mg/L)
1	34	34	0.2	418.421
2	38	34	0.2	298.988
3	42	34	0.2	169.433
4	46	34	0.2	99.5951
5	50	34	0.2	219.028
6	54	34	0.2	429.555
7	58	34	0.2	590.486
8	46	22	0.2	406.373
9	46	26	0.2	258.701
10	46	30	0.2	188.848
11	46	34	0.2	109.191
12	46	38	0.2	189.461
13	46	42	0.2	240.931
14	46	46	0.2	389.216
15	46	34	0.08	48.0916
16	46	34	0.12	98.628
17	46	34	0.16	147.836
18	46	34	0.2	186.351
19	46	34	0.24	319.722
20	46	34	0.28	507.856
21	46	34	0.32	647.901

9.1　数据预处理方案

根据现场原始数据，为了以下表达方便，将来液温度设为 x_1，药剂浓度设为 x_2，来液压力设为 x_3，同样地，将出水含油设为 y_1。观察现场原始数据的量纲可以发现，三个输入量的量纲均不同。将所有输入量与输出量的单位转化为单位制单位，三个输入量的单位分别为 K、kg/m^2 和 N/m^2，输出量的单位为 kg/m^2。为了探索不同输入量之间的关系，以消除量纲为目的，设计的解释变量方案如表9-2所示。

表 9-2　软测量解释变量组合方案

序号	解释变量	序号	解释变量
1	x_1, x_2, x_3, y_1	5	$x_1 x_3, x_2 x_3, y_1$
2	$x_1, x_2/x_3, y_1$	6	$x_1, (x_2/x_3)^{3/2}, y_1$
3	$x_1, x_3/x_2, y_1$	7	$x_1, x_3^3/x_2^2, y_1$
4	$x_1 x_2, x_2 x_3, y_1$	8	$x_1, x_3 x_2^{2/3}, y_1$

从现场原始数据中可以看出，不同输入量数值的数量级不同，为了防止模型建立过程中出现有的输入量对模型的影响较大，即大数吃小数的现象，对数据进行了归一化的处理，查阅相关资料，设计了八种归一化方案，如表 9-3 所示。

表 9-3　归一化方案

序号	归一化方法	序号	归一化方法
1	$x' = (x - x_{均})/$样本标准差	5	$x' = x/x_{max}$
2	$x' = (x - x_{min})/(x_{max} - x_{min})$	6	$x' = \arctan x$
3	$x' = [2(x - x_{min})/(x_{max} - x_{min})] - 1$	7	$x' = \lg x$
4	$x' = 0.8x/(x_{max} - x_{min}) + 0.9 - 0.8 x_{max}/(x_{max} - x_{min})$	8	$x' = x/$样本平方和的平方根

8 种解释变量组合方案和 8 种归一化方案不单单只是其本身的设计方案，更可以将两者结合起来，在解释变量的基础上进行归一化，或者在归一化的基础上设计解释变量，这样简单的设计就可以得到 64 种设计方案。

9.2　基于 SPSS Modeler 的数据挖掘模型筛选

9.2.1　建模流程

数据准备好以后，通过建立流，完成相应的输入数据、建立模型、导出数据、计算误差流程。首先打开 IBM SPSS Modeler 软件，主界面如图 9-1 所示。

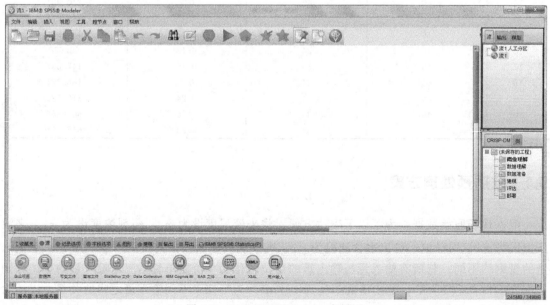

图 9-1　IBM SPSS Modeler 主界面

主界面的上方是菜单栏，下方是建立流的各种功能区，中间是工作区。建立流程的第一步是数据的导入，点击下方功能区的"源"，选择"Excel"拖到工作区，如图9-2所示。

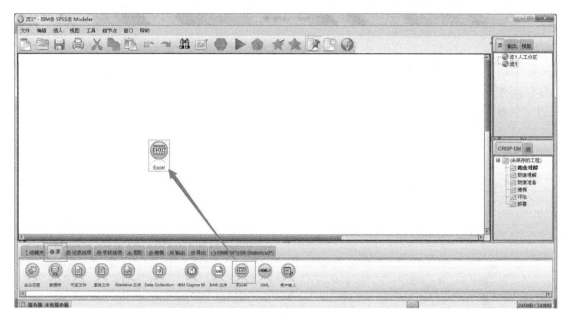

图9-2　建立 Excel

右键点击 Excel 图标，点击"编辑"，如图9-3所示。

此时弹出 Excel 编辑栏，在文件类型选择文件格式。如果电脑 Excel 版本低，则选择 xls 文件，如果 Excel 版本较高，则选择 xlsx 文件。在导入文件中选择建模所需的数据，如果文件中第一行数据存在名称，则需在相应位置打钩，然后点击确定，如图9-4所示。

图9-3　点击 Excel 图标"编辑"

读入数据后，选择下方功能区的"输出"，将"表"拖到工作区，如图9-5所示。

此时再次右键点击 Excel 图标，点击"连接"，如图9-6所示。

选中左侧表格图标，如图9-7所示。

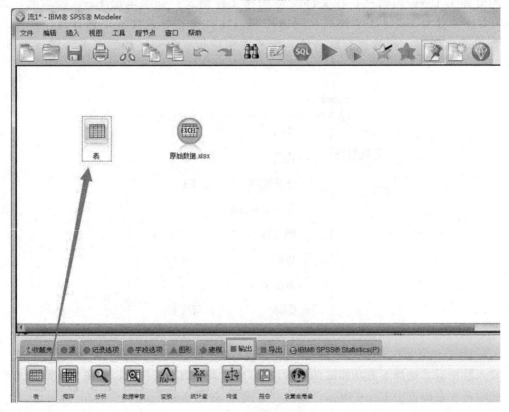

图 9-4　选择数据文件

图 9-5　创建"表"

图 9-6 点击 Excel 图标"连接"

图 9-7 连接"表"

然后右键点击表图标，选择最下方菜单"运行"，如图 9-8 所示。

图 9-8 运行"表"

此时弹出导入数据的表格，如图 9-9 所示。

	来液温度/℃	药剂浓度/mg·L-1	来液压力/Mpa	y1	y1计算
1	34.000	34.000	0.200	418.421	418.421
2	42.000	34.000	0.200	169.433	169.433
3	50.000	34.000	0.200	219.028	219.028
4	58.000	34.000	0.200	590.486	590.486
5	46.000	26.000	0.200	258.701	258.701
6	46.000	34.000	0.200	109.191	109.191
7	46.000	42.000	0.200	240.931	240.931
8	46.000	34.000	0.080	48.092	48.092
9	46.000	34.000	0.160	147.836	147.836
10	46.000	34.000	0.240	319.722	319.722
11	46.000	34.000	0.320	647.901	647.901
12	38.000	34.000	0.200	$null$	298.988
13	46.000	34.000	0.200	$null$	99.595
14	54.000	34.000	0.200	$null$	429.555
15	46.000	22.000	0.200	$null$	406.373
16	46.000	30.000	0.200	$null$	188.848
17	46.000	38.000	0.200	$null$	189.461
18	46.000	46.000	0.200	$null$	389.216
19	46.000	34.000	0.120	$null$	98.628
20	46.000	34.000	0.200	$null$	186.351

图 9-9 导入数据表

然后再选择下方功能区的"字段选项"，将"类型"拖入工作区，并将 Excel 图标连接到类型图标，如图 9-10 所示。

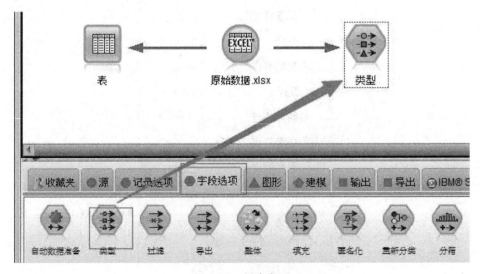

图 9-10 创建类型

右键点击类型图标，点击"编辑"，弹出类型编辑栏，显示输入数据各个自变量的类型，前三个变量保持输入角色不变，将 y1 改为目标，y1 计算改为无，如图 9-11 所示。

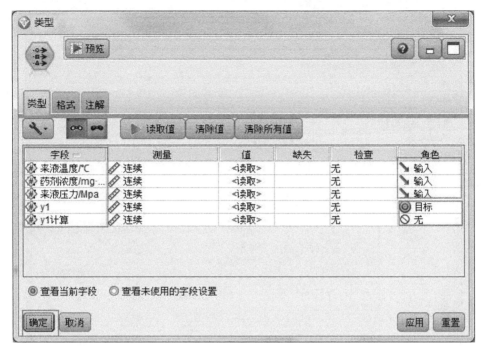

图 9-11　数据类型编辑

然后再选择下方功能区的"建模"，将神经网络（N）拖入工作区，并将类型与神经网络图标连接，如图 9-12 所示。

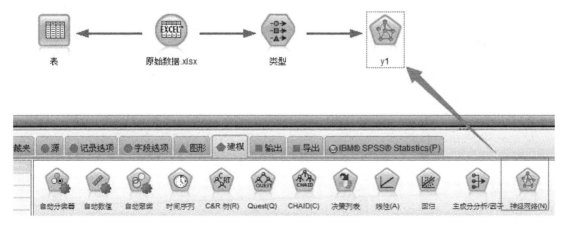

图 9-12　创建神经网络

右键点击神经网络 y1 图标，点击"编辑"，弹出神经网络编辑菜单栏，选择上方菜单"构建选项"，在左侧菜单栏点击"基本"，可以在神经网络模型中选择"多层感知器（MLP）"和"径向基函数（RBF）"两种函数类型，选择完函数类型后，点击"运行"，如图 9-13 所示。

等待片刻，得到神经网络 y1 运行结果，如图 9-14 所示。

在下方功能区选择"字段选项"，将"导出"拖动到工作区，并将 y1 运行结果连接到导出图标，如图 9-15 所示。

图 9-13　运行神经网络

图 9-14　神经网络运行结果

　　右键点击导出图标，点击"编辑"，弹出导出编辑框，再点击右方小键盘图标，启动表达式构建器，如图 9-16 所示。

　　在表达式构建框中输入计算误差所需的表达式 "abs((′$N－y1′－y1 计算)/y1 计算 *100)"，然后检查公式，确定公式，如图 9-17 所示。

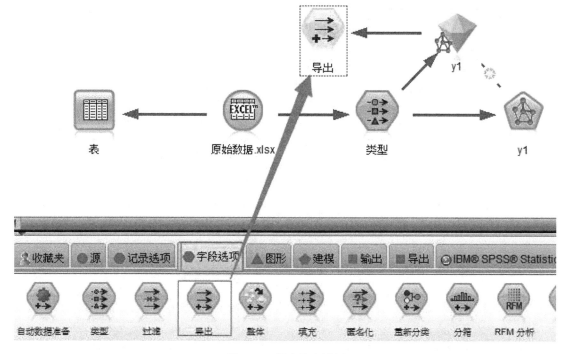

图 9-15　创建导出图标

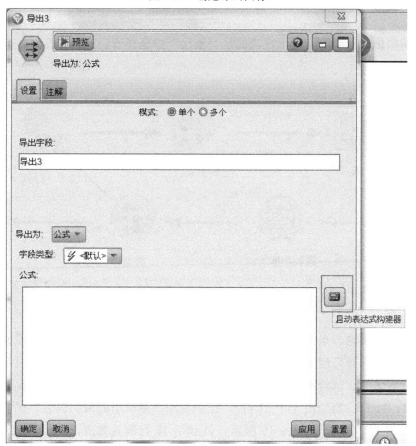

图 9-16　导出编辑框

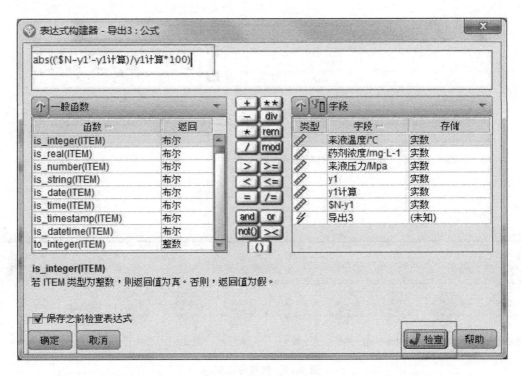

图 9-17　表达式构建框

在导出编辑框点击确定，在下方功能区"输出"中选择表，拖到工作区，并将导出与表连接，如图 9-18 所示。

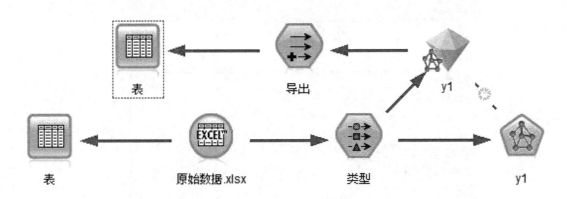

图 9-18　神经网络流程图

右键点击导出表格，点击运行，就可得到最终模型运行结果与误差，如图 9-19 所示。

需要指出：建立神经网络的流程之后，开始对数据进行训练学习，建立模型。首先对神经网络函数进行试验，试验的数据有所有解释变量、归一化 1、4、5、原始数据不排序分两段（第一段 1~11 行，第二段 11~21 行），记录训练、测试组的最大误差，试验的模型训练分配方式均采用人工分区，如图 9-19 所示，y1 值后 10 行删除数值，全部填空。结合试验方案，按上述步骤进行操作，试验结果见表 9-4。

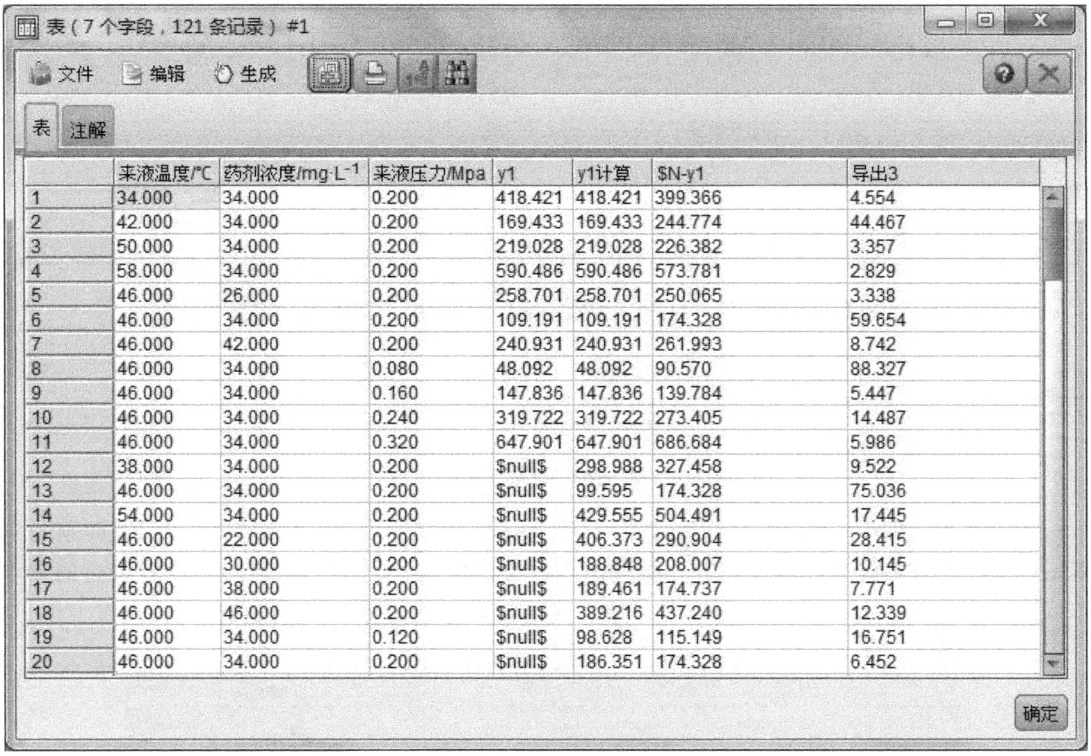

	来液温度/°C	药剂浓度/mg·L⁻¹	来液压力/Mpa	y1	y1计算	$N-y1	导出3
1	34.000	34.000	0.200	418.421	418.421	399.366	4.554
2	42.000	34.000	0.200	169.433	169.433	244.774	44.467
3	50.000	34.000	0.200	219.028	219.028	226.382	3.357
4	58.000	34.000	0.200	590.486	590.486	573.781	2.829
5	46.000	26.000	0.200	258.701	258.701	250.065	3.338
6	46.000	34.000	0.200	109.191	109.191	174.328	59.654
7	46.000	42.000	0.200	240.931	240.931	261.993	8.742
8	46.000	34.000	0.080	48.092	48.092	90.570	88.327
9	46.000	34.000	0.160	147.836	147.836	139.784	5.447
10	46.000	34.000	0.240	319.722	319.722	273.405	14.487
11	46.000	34.000	0.320	647.901	647.901	686.684	5.986
12	38.000	34.000	0.200	$null$	298.988	327.458	9.522
13	46.000	34.000	0.200	$null$	99.595	174.328	75.036
14	54.000	34.000	0.200	$null$	429.555	504.491	17.445
15	46.000	22.000	0.200	$null$	406.373	290.904	28.415
16	46.000	30.000	0.200	$null$	188.848	208.007	10.145
17	46.000	38.000	0.200	$null$	189.461	174.737	7.771
18	46.000	46.000	0.200	$null$	389.216	437.240	12.339
19	46.000	34.000	0.120	$null$	98.628	115.149	16.751
20	46.000	34.000	0.200	$null$	186.351	174.328	6.452

图 9-19　运行结果与误差

表 9-4　神经网络试验

实验数据	径向基函数最大误差/%	多层感知器最大误差/%
解释变量 1	61.02460892	70.29631613
解释变量 2	522.6544604	472.4058534
解释变量 3	522.6544576	494.7044455
解释变量 4	510.3165173	1099.030943
解释变量 5	535.1866149	356.6033697
解释变量 6	522.4063731	515.404992
解释变量 7	522.4565471	492.729979
解释变量 8	437.6857874	512.467495
归一化 1	333.7590402	608.2319101
归一化 4	81.25631612	103.2302582
归一化 5	107.0945814	113.3988218
原始数据分段 1	28.27481012	38.64803829
原始数据分段 2	39.17938637	39.4399052

从结果可以看出，原始数据结果较好，解释变量与归一化结果都不太理想，分段之后的原始数据模型精度得到了提高，但是误差依然较大，不能满足所需模型的要求。

9.2.2　模型的优化

开始对 SVM 函数进行试验，SVM 函数模型建立流程与神经网络相似，不同之处在于模型选取步骤，选择 SVM 图标，其他步骤相同，如图 9-20 所示。

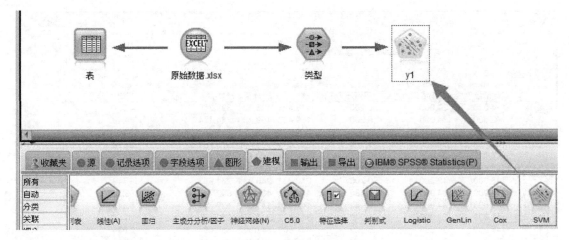

图 9-20　创建 SVM

右键点击 SVM 图标，点击"编辑"，得到函数编辑框，点击上方"专家"，此时就可以对 SVM 函数的参数进行调整，首先要选定函数类型即内核类型，不同的函数所包有的参数不同，所以需要进行不同的参数调节，来完成最优模型的建立，如图 9-21 所示。

图 9-21　函数参数界面

SVM 试验原始数据有大小排序和奇偶排序两种排序方法，大小排序是按输出量从小到大进行排序，奇偶排序是原始数据奇数行放在前面，偶数行放在后面。试验的训练测试方案依然采用人工分区，前 11 行进行训练，后 10 行进行测试。

试验前进行大量预试验，观察参数对模型的影响，然后采用 4 因素均匀试验表进行试验。因为不同的函数类型其参数不同，所以均匀试验表也会不同，RBF 函数试验见表 9-5 与表 9-9，多项式函数见表 9-6、表 9-10，Sigmoid 函数见表 9-7、表 9-11，线性函数见表 9-8 与表 9-12。

表 9-5　大小排序 RBF 函数均匀试验表

停止标准	规则化参数	回归精确度	RBF 参数	最大误差/%
1.00E-05	64	10	10.0008	94.79440010
1.00E-04	100	6.02	50	75.11129356
1.00E-03	10	4.03	0.001	252.2934510
1.00E-06	46	0.05	30.0004	118.0465837
1.00E-01	82	2.04	20.0006	72.96122782
1.00E-02	28	8.01	40.0002	173.1698869

表 9-6　大小排序多项式函数均匀试验表

停止标准	规则化参数	回归精确度	伽马	偏差	度	最大误差/%
1.00E-06	7	25.025	20	20	8.5	96.56530799
1.00E-01	1	16.7	16.75	10	5.5	122.0083163
1.00E-02	4	41.675	0.5	15	10	114.0466779
1.00E-05	2.5	8.375	3.75	25	2.5	82.39042728
1.00E-03	8.5	0.05	7	0	7	450.6295031
1.00E-01	10	33.35	10.25	30	4	69.33831090
1.00E-04	5.5	50	13.5	5	1	178.9323915

表 9-7　大小排序 Sigmoid 函数均匀试验表

停止标准	规则化参数	回归精确度	伽马	偏差	最大误差/%
1.00E-03	100	50	4.1	3	210.0544696
1.00E-05	2080	10.04	1.4	4	248.4527689
1.00E-06	8020	20.03	5	2	246.8269292
1.00E-04	6040	40.01	0.5	0	85.58218702
1.00E-02	10000	30.02	2.3	5	227.5041718
1.00E-01	4060	0.05	3.2	1	226.8347503

表 9-8　大小排序线性函数均匀试验表

停止标准	规则化参数	回归精确度	最大误差/%
1.00E-02	184	5	109.5304123
1.00E-03	300	1.04	83.89001448
1.00E-06	242	3.02	80.17645707
1.00E-01	68	2.03	185.5423585
1.00E-05	126	0.05	128.5908558
1.00E-04	10	4.01	242.4938613

表 9-9　奇偶排序 RBF 函数均匀试验表

停止标准	规则化参数	回归精确度	RBF 参数	最大误差/%
1.00E-05	604	30	6.0008	62.38143564
1.00E-04	1000	18.02	30	79.50071916
1.00E-03	10	12.03	0.001	396.6565107
1.00E-06	406	0.05	18.0004	41.37895558
1.00E-01	802	6.04	12.0006	38.14211948
1.00E-02	208	24.01	24.0002	136.4932865

表 9-10 奇偶排序多项式函数均匀试验表

停止标准	规则化参数	回归精确度	伽马	偏差	度	最大误差/%
1.00E-06	337	2.525	20	20	9	104.8506998
1.00E-01	10	1.7	16.75	10	6	135.4660070
1.00E-02	173	4.175	0.5	15	10	158.6949294
1.00E-05	92	0.875	3.75	25	3	57.17441695
1.00E-03	418	0.05	7	0	7	324.0803701
1.00E-01	500	3.35	10.25	30	4	170.0121588
1.00E-04	255	5	13.5	5	1	124.2093886

表 9-11 奇偶排序 Sigmoid 函数均匀试验表

停止标准	规则化参数	回归精确度	伽马	偏差	最大误差/%
1.00E-03	1	50	4.1	3	407.8434179
1.00E-05	101	10.04	1.4	4	398.5246980
1.00E-06	400	20.03	5	2	394.6636531
1.00E-04	300	40.01	0.5	0	210.670811
1.00E-02	500	30.02	2.3	5	142.182578
1.00E-01	201	0.05	3.2	1	380.3120982

表 9-12 奇偶排序线性函数均匀试验表

停止标准	规则化参数	回归精确度	最大误差/%
1.00E-02	301	30	137.7772898
1.00E-03	501	6.04	146.8106366
1.00E-06	401	18.02	139.3468474
1.00E-01	101	12.03	254.4333730
1.00E-05	201	0.05	150.7814946
1.00E-04	1	24.01	395.2714083

通过观察试验结果，发现大小排序的效果比奇偶排序差，函数类型以 RBF 函数最优，其中以奇偶排序情况下的 RBF 函数能得到较好的模型，此时停止标准为 1.00×10^{-1}，规则化参数为 802，回归精确度为 6.04，RBF 参数为 12.0006，最大误差为 38.14211948%，在此基础上，再对参数进行优化，对各个参数进行微调，在停止标准为 1.00×10^{-6}，规则化参数为 285，回归精度为 15.3，RBF 参数为 16.5 时，得到平均误差为 2.135% 的模型，此即为所找到的最优模型。

第10章

干燥典型设备运行数据挖掘模型

10.1 真空脉动干燥装置

在真空脉动干燥（pulsed vacuum drying，PVD）机内，在一次干燥过程中，干燥室内连续进行"最高负压—常压—最高负压—常压"周期性脉动交替的变化，打破物料表面水蒸气压力平衡，促进物料内部水分迁移扩散而完成传热传质过程，直到物料达到目标含水率；同时真空低温低氧（甚至隔绝氧气）环境抑制物料在干燥过程中的氧化褐变，在提高干燥效率的同时最大限度地保持物料原有的色泽和营养成分。干燥流程如图 10-1 所示。在真空阶段，关闭放空阀，打开缓冲罐的阀门，通过水环真空泵的运转使真空槽处于真空状态，对物料进行干燥；在常压阶段，打开放空阀，关闭缓冲罐阀门，水环真空泵继续工作，抽取缓冲罐内的空气，在常压下对物料进行干燥。水环真空泵通过真空出口将抽出的气体排出，同时内部通过水循环对真空泵进行降温，排出的热水先进入水箱，再由泵抽到板式换热器进行冷却后，流回水环真空泵。板式换热器、冷冻压缩机和管式换热器构成一个冷却系统。制冷剂在板式换热器中蒸发，吸收大量热量，随后由冷冻压缩机压缩后形成高压高温气体，在管式换热器中冷却后，通过节流阀液化并流入板式换热器。管式换热器内部通过水循环进行换热，热水由冷却塔进行冷却。真空脉动干燥装置装配图如图 10-2 所示。真空脉动装置由加热系统、真空系统、冷却系统和控制系统组成。加热系统为两个可移动式干燥架，在干燥架上安装加热板和料盘。真空系统由干燥室、缓冲罐、水箱和真空泵组成。缓冲罐主要用于常压干燥阶段，由于真空泵工作时不宜骤开骤停，所以在常压阶段，关闭缓冲罐和干燥室之间的真空控制阀，真空泵抽取缓冲罐中的空气。冷却系统由板式换热器、冷冻压缩机、管式换热器和冷却塔组成。控制系统由显示屏、压力传感器、物料温度传感器和主控部件组成。压力传感器固定在干燥室内壁，物料温度传感器固定在加热板上。基于 LSSVM 的含水率预测模型建立前，选择 LSSVMlab 工具箱，在 MATLAB 设置路径中添加此工具箱函数，从运行数据中随机选取数据作为训练样本，其余作为预测样本，用以对比实验值与预测值的偏差，以检测算法的预测精度。以实测的真空脉动干燥工艺参数（干燥温度、真空度、真空保持时间、干燥时间）为输入，以含水率为输出，从而构建 4 输入 1 输出的含水率预测模型。交叉验证（cross validation）将训练数据等分为 K 个子集，测试集为任意子集，决策函数由剩余 $K-1$ 个子集作为训练集得到，用于预测测试集。设定 C 和 γ 的初始搜索范围，设置网格搜索 grain 值，判断终止精度，设置交叉验证的初始化分组数 K，一次寻优得到（C，γ）最佳寻优结果。根据基于 LSSVM 算法的物料含水率预测模型的最大偏差率、平均偏差率、均方根误差（RMSE）、决定系数 R^2、训练时间，确保 LSSVM 算法模型能够很好地用于物料含水率的预测。为进一步验证算法模型的准确性，选取干燥温度、真空度、真空保持时间、常压保持时间作为输入，将实际测量得到的物料真实含水率曲线与 LSSVM 预测模型曲线进行对比，经计算 RMSE、决定系数 R^2、运算时间，确保模型预测曲线与实际干燥过程曲线基本重合，LSSVM 预测模型具有很高的预测精度，可以预测物料在真空脉动干燥过程中的含水率。

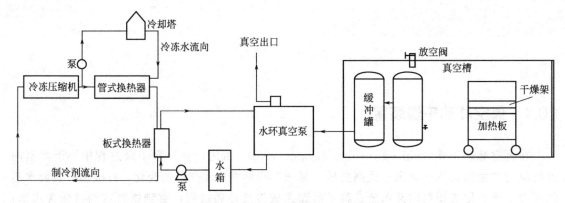

图 10-1　真空脉动干燥装置干燥流程

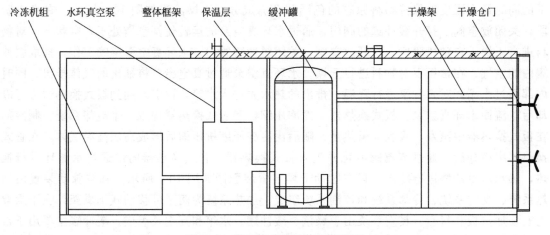

图 10-2　真空脉动干燥装置装配图

10.2　气流干燥装置

干燥温度、油菜籽初始含水率、真空度是影响油菜籽干燥的最主要的因素。对油菜籽干燥过程的工艺参数进行优化时，BP 神经网络模型中，输入层有 3 个神经元，分别为干燥温度、初始含水率和真空度；输出层有 2 个神经元，分别为平均水分下降速率和发芽率。

有色冶炼过程中，三段管式气流干燥由圆筒干燥窑、鼠笼破碎机和气流干燥管构成。用于初步干燥的圆筒干燥窑为顺流式，其入口气体温度由整个干燥系统的热平衡确定。经初步干燥后，物料的水分低于 7%。然后经鼠笼破碎机进一步干燥精矿并同时将可能存在的颗粒或者结团打散，最后由气流干燥管实现最终的干燥并保证物料输送到要求的高度，存于干矿仓中，供熔炼过程使用。在闪速熔炼过程中，炉料从进入反应塔到落入沉淀池，停留时间大约为 1s，因此炉料的干燥程度对闪速熔炼过程影响非常大。如果炉料含水率过高，炉料中的水分从物料颗内部运动到颗粒表面，进而从表面蒸发，造成炉料在脱水过程中还没来得及与富氧空气反应就落入沉淀池内，形成生料堆积。所以一般工艺要求精矿含水率在 0.3% 以下。但是，如果精矿过于干燥（含水率低于 0.1%），则精矿中的硫会在干燥过程中与氧反应，造成精矿自燃。因此，控制入炉精矿含水率在 0.1%～0.3% 是稳定闪速熔炼生产的前提。但由于人工化验的时间较长，次数较少，分析结果不能及时、准确地反映生产过程中每一时刻的实际情况。而购买在线水分检测仪价格非常昂贵，根据现场工艺调查和对机理的定性分析，并考虑到变量的类型、数目和测点位置，气流干燥过程精矿含水率的影响因素有以下 11 个：精矿量、湿矿含水率、烟气量、烟气温度、燃油量、鼓风量（燃烧风、稀释风和氮气的总和）、热风温度、机内负压、混气室出口温度、回转窑尾温度及沉尘室温度。据此，一旦建立气流干燥过程水分的高精度软测量模型，就能对干燥后精矿的含水率进行在线检测，从而为现场操作提供准确指导。

10.3　滚筒干燥器

10.3.1　能耗的预测

　　滚筒干燥器广泛应用于轻工、冶金、建材、化工、煤炭等行业，是颗粒物料的首选干燥设备，结构示意图见图 10-3。滚筒干燥器的滚筒是略微倾斜、能回转的筒体，湿物料和热气流在滚筒内完成换热过程。扬料叶片使物料在滚筒回转过程中不断扬起又洒下，使得物料充分与热气流接触，提高了干燥效率并使物料向前移动。滚筒干燥器内部主要由进料区、扬料区和出料区等组成。燃烧器安装在出料区，采取逆流式加热方式。需要加热的物料由进料口加入，进料区中有含料叶片，含料叶片使物料紧贴滚筒内壁，通过叶片的导料作用使物料顺利进入扬料区；扬料区由大量的扬料叶片组成，扬料叶片在滚筒的转动下使物料沿着径向形成均匀的料帘，燃烧器在滚筒内形成的热气流和料帘充分接触，带走物料中的水，从而达到物料干燥的目的。因此，在扬料区形成的料帘分布特性直接决定干燥效率和能耗。干燥好的物料在出料区含料叶片和燃烧器火焰的作用下紧贴滚筒内壁被加热到设定的温度，同时物料也对滚筒壁起到保护作用，避免燃烧器火焰和滚筒壁直接接触导致滚筒变形。热拌混凝土生产过程中，物料干燥过程的操作参数需要在现场不断地调试，提取影响能耗和排放的向量，明确生产参数的影响机制。选择滚筒干燥器的燃烧器配风量、物料出料温度、

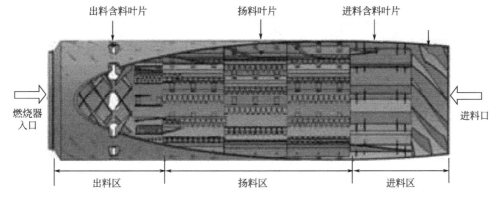

图 10-3　滚筒干燥器结构示意图

生产率、燃油雾化压力、烟尘温度、燃油温度作为生产参数，风机变频控制的频率代表燃烧器配风量，建立模型对滚筒干燥器的燃油消耗进行预测。采用最小二乘支持向量机对滚筒干燥器的能耗进行建模分析和预测。由于每套设备制造误差和现场工况的差异，每台滚筒干燥器最优状态参数存在一定差异，在调试期间通过现场测量的状态参数和能耗，构建能耗支持向量机模型，提取每台滚筒干燥器最优状态参数组合，实现生产过程中操作参数的优化。

10.3.2　产品质量的预测

　　球团物理性能指标与冶金性能指标中起决定作用的是抗压强度。干燥介质的温度、流速、流量、料层的厚度、生球的初始组成及尺寸等因素都是影响球团质量的关键因素，其中生球的初始组成及尺寸由链箅机前的造球工段决定。链箅机—回转窑—环冷机的球团生产工艺如图 10-4 所示。链箅机是利用回转窑排出的热气流及环冷机余热给生球干燥、预热及氧化固结的装置。干燥预热过程可分为鼓风干燥段、抽风干燥段、预热一段和预热二段。其中，鼓风干燥段的热源为环冷三段的废气，抽风干燥段的热源为预热二段的废气，预热一段的热源为环冷二段的废气，预热二段的热源为回转窑窑尾的热气流。球团的干燥预热过程在链箅机中完成，利用环冷机的余热及回转窑排出的热气流对生球进行干燥预热，在达到足够的抗压强度后送入回转窑进行焙烧。网络模型的输出选择球团在链箅机干燥预热后的抗压强度。影响球团质量的工艺参数有鼓风干燥段、抽风干燥段、预热一段、预热二段的温度及各风机的风速，链箅机的料层厚度及机速，选取这些参数作为预热球团质量预测模型的输入。隐含层节点数确定较常用的方法见式(10-1)~式(10-3)。其中，m、n、S 分别为输入层节点数、输出层节点数、隐含层节点数。选定输入层、隐含层和输出层节点数分别为 9、10 和 1，激活函数分别为 tansig 和 logsig，利用 MATLAB 神经网络工具箱初始化函数 newff()，初始化 BP 神经网络模型。根据预处理后的样本数据，利用遗传算法优化神经网络的权值和阈值，定义初始种群、最大遗传代数，首先根据神经网络的输入层、隐含层及输出层

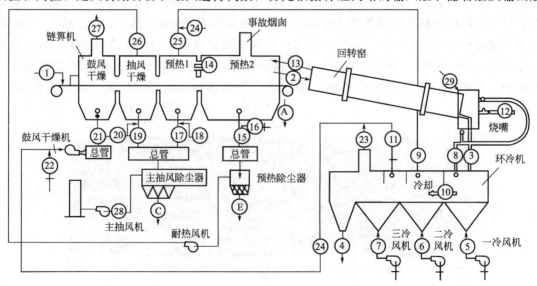

图 10-4　"链箅机—回转窑—环冷机"的球团生产工艺

节点数确定网络中权值和阈值个数，然后对其进行编码。选择 1/MSE 作为种群的适应度函数，计算出种群的平均适应度和样本最佳适应度，选用轮盘赌算子对种群进行选择操作，形成一个新的种群。设置交叉和变异的概率，经过遗传操作得到新种群，计算新种群个体的适应度值与原种群中的个体比较，优胜劣汰排队，确定进入新一代种群的个体，直到满足终止条件。将最终迭代得到的最佳权值和阈值赋给神经网络模型，设置最大训练步数、学习速率，选择附加动量因子的梯度下降学习函数 learndm 作为网络的反向权值学习函数，利用trainlm（）函数进行模型训练，直到收敛到要求的误差精度为止。预热球团抗压强度的模型精度理想，以满足对预热球团进行质量控制的要求。

$$S = 2m + 1 \tag{10-1}$$

$$S = \log_2 m \tag{10-2}$$

$$S = mn \tag{10-3}$$

10.4　喷雾干燥器

图 10-5 为玫瑰茄火龙果固体饮料工艺流程。其中，溶液放到喷雾干燥器中，并设定一定的参数，迅速收集喷雾干燥后的火龙果玫瑰茄干粉，密封保存。产品出粉率的计算式见式(10-4)。

$$X = \frac{M}{M_0} \times 100\% \tag{10-4}$$

式中，X 为产品出粉率，%；M 为喷雾干燥后玫瑰茄火龙果固体饮料粉末的质量，g；M_0 为喷雾干燥前玫瑰茄火龙果固体饮料汁中总固形物质量与壁材添加量的总和，g。影响喷雾干燥后的玫瑰茄火龙果固体饮料出粉率的因素是进风温度、进料速度、风机速度。建立喷雾干燥器出粉率预测的 BPNN 模型前，在每个实际样本的各变量增加一个 $\pm\Delta i$ 值，使每个实际样本产生虚拟样本，加上实际样本，共同构成 BPNN 训练和测试的样本。采用包含 1 个隐含层的 3 层 BPNN 建模以逼近存在于训练数据间的函数关系时，隐含层神经元数计算见式(10-5)。

$$p = \sqrt{m + n} + q \tag{10-5}$$

式中，p 为隐含层神经元数；m 为输入层神经元数；n 为输出层神经元数；q 为经验值（$1 \leqslant q \leqslant 10$）。建立稳健的 BPNN 模型后，采用 MATLAB 结合 GAOT 遗传算法工具箱编程，设定最大遗传代数、种群大小、变异概率、交叉概率，运行 MATLAB 软件程序，得到最大出粉率和对应的最优工艺参数，进行验证实验。

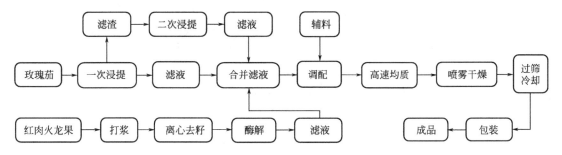

图 10-5　玫瑰茄火龙果固体饮料工艺流程

10.5 流化床干燥器

用连续流化床干燥器对医药中间体产品进行干燥时,热风从干燥器底部吹入干燥器,由顶部排出。蒸汽通过换热器对进风进行加热,通过控制安装在蒸汽管道上的调节阀控制蒸气量,来调整进风温度。物料在热风吹拂下,一边上下翻腾,一边缓慢由左向右移动,直到出料口。为了确定干燥器出口最终产品湿含量(湿基含水量),人工每隔 1~2h 取样 1 次送到化验室化验。如果化验的样品合格,则产品打包入库;如果样品水分含量高于标准值,则操作人员适当开大蒸汽阀门,提高空气进口温度,已出物料则需要再送到入口,重新干燥。取样间隔时间长,而且阀门操作起来麻烦,工人劳动强度大。造成产品的水分含量波动很大,尤其是夜间工作。产品重复干燥,不但影响产品质量和产率,而且极大浪费能源。对于物料湿含量,还没有直接检测固体物料水分的仪器仪表。干燥器进料口,由人工投料,来料湿含量(湿基含水量)在 10%~12% 之间,出料口要求湿含量≤0.35%。通过工艺分析确定:在被干燥介质确定,工艺环境条件变化不大的前提下,流化床出口固体颗粒的湿含量(X)与可以在线测量的进风温度(T_i)、出风温度(T_o)、气相温度(T_g)和气相湿度(W_g)相关,作为软测量模型的辅助变量。收集 3 个月的数据,数据的采集间隔时间是 30min,每天白天做 8h 的实验。采集到的数据,去掉异常的数据,留下 300 组数据。其中 250 组数据采用多元回归分析的方法,借助 MATLIB 软件离线构建软测量模型,用来预估干燥器出口的物料湿含量,另外 50 组数据用于检验模型的精度。

10.6 旋转闪蒸干燥器

旋转闪蒸干燥器是流化床和气流干燥的组合。干燥系统如图 10-6 所示。经沉降、机械脱水后的湿物料通过螺旋加料器送入旋转闪蒸干燥器,因机械干燥引起板结的物料块被干燥器下部搅拌器打碎,加热的新鲜空气经鼓风机增压后切向进入干燥器,在旋转热风和搅拌器的共同作用下,湿物料分散流态化,随热空气旋转向上,粒度适宜、湿度合格的物料颗粒被气体从干燥室上部出口携带至旋风分离器,在旋风分离器下部得到干燥的产品。未达到干燥

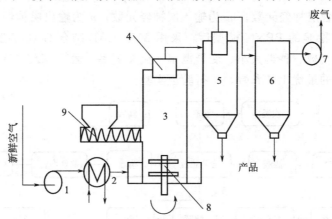

图 10-6　旋转闪蒸干燥器

1—鼓风机;2—空气加热器;3—闪蒸干燥器;4—分级器;5—旋风过滤器;
6—布袋过滤器;7—引风机;8—搅拌器;9—螺旋加料器

要求的湿颗粒团受离心力作用被抛向器壁，重新落回到干燥器底部被搅拌叶片组进一步粉碎后干燥，直到达到所要求的湿度。在一定的处理量下，干燥产品含水率（y）受切向进口风温度（x_1）、轴向风速（x_2）和搅拌轴转速（x_3）三个因素影响。用前向人工神经网络（BPANN），通过输入输出样本之间的非线性映射来逼近实际的干燥过程，建立含水率与操作参数的关系模型，不必关心过程机理和细节，可以得到精确的过程模型。进一步采用遗传算法（GA）进行寻优计算干燥过程的最佳操作参数的匹配问题。

10.7　旁热式辐射与对流干燥机

旁热式辐射与对流粮食干燥机结构如图 10-7 所示。

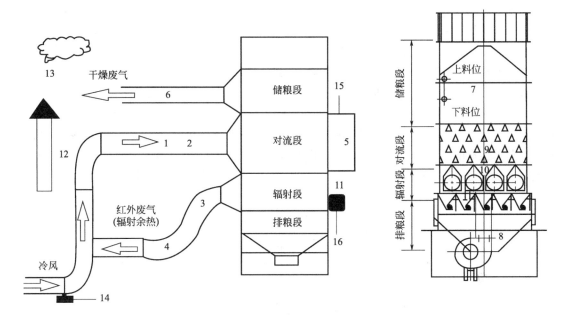

图 10-7　旁热式辐射与对流粮食干燥机结构

1—主热风道风速传感器监测点；2—热风温度传感器监测点；3—红外废气温度传感器监测点；
4—红外废气风速传感器监测点；5—废气温度和湿度传感器监测点；6—干燥废气风速传感器监测点；
7—入口粮食温度和水分传感器监测点；8—出口粮食温度和水分传感器监测点；9—对流段粮食温度
传感器监测点；10—红外辐射段粮食温度传感器监测点；11—燃烧管温度传感器监测点；12—烟气温度
传感器监测点；13—环境温度和湿度传感器监测点；14—电动调节阀；15—废气室；16—油炉

干燥机长 2.06m，宽 1.3m，高 4.7m，主体由储粮段、对流段、辐射段和排粮段组成，其中储粮段高 1.6m，对流段高 1.1m，辐射段高 0.8m，排粮段高 1.2m。干燥机的对流段为组合设计，方便拆解和更换，有 3 种工艺可供选择：顺流、逆流和混流；辐射段 4 个油炉为旁热辐射式，能自动点火，配有相应安全装置；燃烧室采用锅炉钢板结构并且所有钢板均做防锈处理。粮食从干燥机顶端由上而下流动经过对流段与辐射段依次进行对流干燥与辐射干燥，到达排粮口时，判断出口粮食水分传感器检测的粮食含水率是否达到目标值，如达到，则胶带输送机正转，粮食送入干谷仓，至此干燥结束，如未达到目标含水率，则胶带输送机反转，粮食重新进入干燥机，继续循环干燥。其中，辐射段与对流段干燥粮食的基本原理如下：辐射干燥时，燃烧机加热的辐射筒温度可以达到 380℃左右，利用其高温对辐射段粮食进行红外辐射干燥。红外辐射干燥后的红外废气温度为150℃左右，利用其余热进行热风对流干燥可有效节约能源。对流干燥时，将辐射段产生的红外废气中混入适量冷空气，通过电动调节阀调节冷风量实现对混合后空气温度的调节，混合空气经管道进入对流段与粮食接触进行热风对流干燥。因其利用红外辐射干燥的余热进行热风对流干燥，辐射段与对流段使用同一热源，实现能源的循环利用；另外，辐射干燥时不需要加热中间介质，热量直接传入物料内部，可使物料内部受热均匀，所以比较节能，干燥后粮食品质较好。旁热式辐射与对流粮食干燥机系统的检测控制系统由计算机、PLC、变频器及检测传感器组成。控制系统框图如图10-8所示，主要由检测部分及控制部分组成。实时监测的信息有21个温度、3个风速和2个湿度，另外干燥机顶端与底端都安装电容式水分在线监测装置，可以实现干燥机入口粮食及出口粮食含水率的实时监测；控制部分主要对3台粮食提升机、5台粮食胶带输送机以及供热风机、除尘风机、油炉电动机和湿仓阀门电动机进行启停控制，对混气电动阀门进行开度控制，对排粮电动机进行变频控制。传感器检测的数据经 PLC：s7-300 输入输出模块采集后，经以太网通信，在计算机上或触摸屏上进行存储、显示和计算，操作人员通过计算机或触摸屏对干燥机设备进行控制。建立粮食干燥机的过程模型时，假设热风风速、风量及品种等在整个实验过程中基本不变，看作常量，选取干燥时间（D_t）、入口粮食含水率（M_{in}）、入口粮食温度（T_{in}）、出口粮食温度（T_{out}）、红外辐射段的粮温（T_{ir}）、对流段的粮温（T_{con}）、热风对流温度（T_h）以及干燥机排粮速度（V）共8个主要影响因素作为BP神经网络模型的输入，粮食干燥机的出口水分比或干燥速率作为模型的输出。粮食干燥机干燥过程的BP神经网络预测模型，可以用于确定粮食被干燥至目标含水率所需要的循环干燥次数。

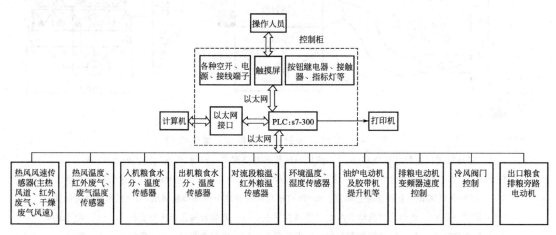

图 10-8　旁热式辐射与对流粮食干燥机控制系统框图

10.8　气体射流冲击干燥装置

高湿气体射流冲击烫漂及干燥装置如图10-9所示。此设备主要由气体射流冲击主体装置（射流冲击回风管道、离心风机、电加热管、进风管道、气流分配室和干燥室等）、蒸汽发生装置以及温湿度控制和采集系统三部分组成。该装置能够实现蒸汽烫漂和干燥一体操作。此设备可以调节烫漂过程中的主要参数：烫漂温度、气体湿度和气体流速。在进行烫漂时，通过温度控制器设定烫漂温度，开启蒸汽发生器，待其压力达到规定范围，手动调节常闭阀5，待烫漂室内的温度和湿度达到预设值并稳定后，进行烫漂。干燥时关闭蒸汽发生器并使常闭阀处于关闭状态，然后通过控制器设定干燥温度和风速，在风速和温度达到设定值并处于稳定状态时开始干燥。烫漂和干燥的气流风速由变频器调节离心风机8转速的方式控制，实验中所有风速均保持在预设值。在干燥过程中，烫漂时间、干燥温度和时间是干燥的重要参数，对物料含水率有重要影响，作为输入层向量。输出层是出料含水率。选择tansig-purelin组合作为该网络的传递函数，采用LM算法的trainlm作为网络训练函数。按照神经网络结构和参数，将随机选择的数据作为训练样本，经过训练，训练收敛曲线如图10-10所示。将余下的数据对所得到模型进行测试，经过对比，预测含水率与实测含水率

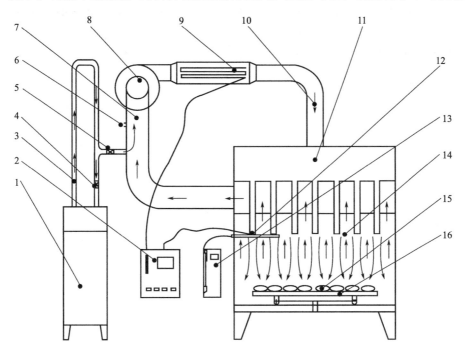

图 10-9　高湿气体射流冲击烫漂及干燥装置

1—过热蒸汽发生器；2—温度风速控制器；3—蒸汽导管；4—常开阀；5—常闭阀；6—排湿孔；
7—射流冲击回风管道；8—离心风机；9—电加热管；10—进风管道；11—气流分配室；
12—温度传感器；13—湿度传感器；14—干燥室；15—物料；16—物料托盘

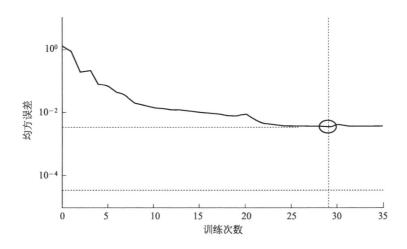

图 10-10　均方误差曲线

最大偏差、决定系数 R^2、均方根误差。为了进一步验证模型的准确性，选取烫漂前处理时间、干燥温度，获得从初始到干燥完成的干燥曲线，并与 BP 神经网络预测值进行对比。根据预测值与实测值之间的决定系数 R^2、均方根误差（RMSE），确定是否能够很好地预测干燥过程中的含水率。

10.9 超声强化热风干燥装置

直触式超声强化热风干燥方式是将物料直接放在辐射板上，超声能量能直接传播到物料内部，从而减少能量损耗，提高干燥效率。利用 BP 神经网络进行干燥过程模拟时，热风温度、超声功率及干燥时间参数作为输入层向量，输出层向量为物料的实时含水率。

第11章

基于RBFNN的流化床干燥器运行数据挖掘

11.1 生产热效率预测模型

流化床干燥器的热效率与操作工艺条件有关。试验得到的数据见表11-1,其中试验数据关联选择的数学模型见式(11-1)。

$$\eta = 0.3388 - 0.0248 \times u - 0.0013 \times t_{in} - 0.0233 \times d_i + 0.0174 \times w + 0.0022 \times h \quad (11\text{-}1)$$

式中,η 表示生产热效率;影响生产热效率的五个因素分别是进风速率 u、进风温度 t_{in}、惰性粒子粒径 d_i、进料质量流量 w、惰性粒子静床高 h。

表 11-1 试验数据及式(11-1)的计算结果

样本序号	进风速率 u/(m/s)	进风温度 t_{in}/℃	惰性粒子粒径 d_i/mm	进料质量流量 w/(g/s)	惰性粒子静床高 h/mm	生产热效率 η	式(11-1)的计算结果 η_{cal}	相对误差 e/%
1	4.5	80	1.5	5.5	25	0.213	0.239	12.183
2	4.5	85	2.0	7.5	30	0.257	0.267	3.735
3	4.5	90	2.5	9.5	35	0.283	0.294	3.975
4	4.5	95	3.0	11.5	40	0.302	0.322	6.589
5	5.0	80	2.0	9.5	40	0.285	0.318	11.404
6	5.0	85	1.5	11.5	35	0.345	0.346	0.420
7	5.0	90	3.0	5.5	30	0.178	0.190	6.517
8	5.0	95	2.5	7.5	25	0.211	0.219	3.578
9	5.5	80	2.5	11.5	30	0.371	0.306	−17.453
10	5.5	85	3.0	9.5	25	0.282	0.242	−14.078
11	5.5	90	1.5	7.5	40	0.325	0.269	−17.246
12	5.5	95	2.0	5.5	35	0.266	0.205	−22.932
13	6.0	80	3.0	7.5	35	0.194	0.224	15.258
14	6.0	85	2.5	5.5	40	0.182	0.205	12.610
15	6.0	90	2.0	11.5	25	0.269	0.282	4.647
16	6.0	95	1.5	9.5	30	0.206	0.263	27.597
17	5.5	85	1.5	11.5	40	0.378	0.345	−8.717

由表11-1可知:对于参与式(11-1)关联的序号1~16的试验数据,式(11-1)的相对误

差绝对值的最大值为 27.597%；对于没有参与式(11-1) 关联的序号 17 的试验数据，式(11-1) 的相对误差绝对值为 8.717%。式(11-1) 是根据序号 1~16 的试验数据进行线性回归得到的。式(11-1) 是根据常见的线性函数拟合出来的显式数学模型，精度不一定高。能否基于研究提出的技术路线找到精度更高的数学模型，成为需要探讨的问题。

11.1.1　基于人工选择检验样本

取表 11-1 中前 16 组样本进行 RBFNN 学习，当重叠系数自动确定时，对第 17 组样本进行检验，结果见表 11-2。

表 11-2　取前 16 组样本进行 RBFNN 学习时的模型最大误差

归一化方法	归一化方法(1)	归一化方法(2)	归一化方法(3)	不进行归一化
相对误差/%	27.478	-28.836	-28.836	38.260

对表 11-1 中的样本，分别取奇数序号、偶数序号的样本进行 RBFNN 学习，当重叠系数由系统自动确定时，除第 17 组样本以外还相应地对偶数序号、奇数序号样本进行检验，所得 RBFNN 数学模型的误差最大值分别见表 11-3、表 11-4。

表 11-3　取奇数序号的样本进行学习时的模型最大误差

归一化方法	归一化方法(1)	归一化方法(2)	归一化方法(3)	不进行归一化
相对误差/%	34.642	31.259	35.700	78.153

表 11-4　取偶数序号的样本进行学习时的模型最大误差

归一化方法	归一化方法(1)	归一化方法(2)	归一化方法(3)	不进行归一化
相对误差/%	31.956	28.760	32.217	72.993

对表 11-1 中的样本根据"生产热效率"排序后，除第 17 组样本以外，分别取排序后奇数序号、偶数序号的样本进行 RBFNN 学习，当重叠系数由系统自动确定时，除第 17 组样本以外还相应地对偶数序号、奇数序号样本进行检验，所得 RBFNN 数学模型的误差最大值分别见表 11-5、表 11-6。

表 11-5　根据"生产热效率"排序后取奇数序号的样本学习时的模型最大误差

归一化方法	归一化方法(1)	归一化方法(2)	归一化方法(3)	不进行归一化
相对误差/%	31.844	33.639	32.979	-39.564

表 11-6　根据"生产热效率"排序后取偶数序号的样本学习时的模型最大误差

归一化方法	归一化方法(1)	归一化方法(2)	归一化方法(3)	不进行归一化
相对误差/%	31.427	9.967	22.586	48.184

表 11-3、表 11-4、表 11-5、表 11-6 相比，较好精度下误差绝对值最小值是 9.967%。此时，当重叠系数在 1~2 之间变化时，得到 RBFNN 数学模型后，除第 17 组样本以外还相应地对奇数序号样本进行检验，结果见表 11-7。当重叠系数为 1.625 时，所得 RBFNN 数学模型的预测误差绝对值最大值为 9.927%。此时的 RBFNN 数学模型记为模型 I。模型 I 对于表 11-1 的数据的预测结果还和式(11-1) 的预测结果进行了对比，结果见表 11-8。

表11-7　"重叠系数"和"模型Ⅰ预测时误差绝对值最大值"间的关系

重叠系数	模型误差/%	重叠系数	模型误差/%	重叠系数	模型误差/%
1	11.653	1.64	−9.928	1.77	10.063
2	11.543	1.66	−9.929	1.78	10.131
1.5	9.967	1.69	−9.931	1.875	10.762
1.625	−9.927	1.75	−9.933	1.8125	10.351
1.63	−9.927	1.76	9.995		

表11-8　模型Ⅱ-1对于表11-1的数据的预测结果和式(11-1)的对比

表11-1中样本的序号	"模型Ⅱ-1"的结果	式(11-1)的结果	表11-1中样本的序号	"模型Ⅱ-1"的结果	式(11-1)的结果
1	0	12.183	10	0	−14.078
2	2.543	3.735	11	0	−17.246
3	6.584	3.975	12	0	−22.932
4	9.031	6.589	13	0	15.258
5	9.768	11.404	14	3.941	12.610
6	−0.377	0.420	15	0	4.647
7	0	6.517	16	−9.927	27.597
8	−0.465	3.578	17	−8.335	−8.717
9	0	−17.453			

由表11-8可知，模型Ⅰ、式(11-1)的误差绝对值最大值分别为9.927%、27.597%。进一步分析表明，模型Ⅰ、式(11-1)的误差绝对值平均值分别为2.998%、11.114%。模型Ⅰ不仅精度更高，建立模型Ⅰ时选择表11-1中前16组样本排序后的8组样本学习（即选择排序后偶数序号的8组样本）、剩余的8组样本和第17组样本均未参与学习而仅仅用来检验，因此模型Ⅰ比式(11-1)更为优越。

11.1.2　基于连续冒泡法选择检验样本

基于连续冒泡法技术路线来筛选检验样本组合方案，分别选择不同的归一化方法，取表11-1中前16组样本进行RBFNN学习，每次取出一种样本、连同第17组样本作为检验样本，剩余15组样本用来训练。结果见表11-9。经过学习可知，除第17组样本作为检验样本以外，还选择第10组样本为检验样本，采用归一化方法（2）或（3）时，所得RBFNN数学模型的精度较高。在此基础上，基于技术路线来筛选检验样本组合方案，继续寻找检验样本组合时的结果见表11-10～表11-16。

表11-9　两组样本作为检验样本时模型的误差绝对值最大值　　　　单位：%

检验样本	归一化方法(1)	归一化方法(2)	归一化方法(3)	不进行归一化
1、17	30.706	37.042	45.526	51.708
2、17	30.130	29.133	29.133	43.759
3、17	49.402	35.260	35.260	46.285
4、17	48.948	48.948	48.948	42.753
5、17	28.834	30.930	30.930	45.164
6、17	45.166	34.184	34.184	41.366
7、17	34.181	35.051	35.051	49.478
8、17	50.405	50.577	50.577	46.728
9、17	29.997	37.625	37.625	42.041
10、17	26.470	26.179	26.179	42.909

续表

检验样本	归一化方法(1)	归一化方法(2)	归一化方法(3)	不进行归一化
11、17	38.897	29.253	29.253	44.778
12、17	46.956	47.141	47.141	43.385
13、17	39.597	38.526	38.526	56.935
14、17	58.229	47.476	47.476	480.003
15、17	29.736	29.959	29.959	47.314
16、17	52.490	40.392	51.443	51.886

表 11-10　三组样本作为检验样本时模型的误差绝对值最大值　　单位：%

检验样本	归一化方法(1)	归一化方法(2)	归一化方法(3)	不进行归一化
1、10、17	29.384	49.019	26.542	52.189
2、10、17	27.998	26.930	26.930	42.946
3、10、17	49.280	25.573	25.573	45.922
4、10、17	50.190	50.431	50.049	41.409
5、10、17	48.818	27.664	27.664	44.520
6、10、17	30.663	30.671	30.671	40.448
7、10、17	31.638	31.646	31.646	49.269
8、10、17	49.583	28.449	28.449	46.029
9、10、17	38.406	44.772	38.486	40.896
11、10、17	24.775	26.477	26.477	40.698
12、10、17	25.842	26.212	26.212	42.313
13、10、17	30.577	28.906	28.906	57.332
14、10、17	29.961	29.469	29.469	47.358
15、10、17	27.112	27.684	27.684	47.126
16、10、17	51.819	26.995	26.995	46.178

表 11-11　四组样本作为检验样本时模型的误差绝对值最大值　　单位：%

检验样本	归一化方法(1)	归一化方法(2)	归一化方法(3)	不进行归一化
1、11、10、17	24.103	26.475	26.475	48.600
2、11、10、17	25.454	26.854	26.854	40.728
3、11、10、17	22.735	24.659	24.659	42.969
4、11、10、17	25.589	43.421	43.421	40.512
5、11、10、17	25.280	28.141	28.141	41.377
6、11、10、17	28.941	28.500	28.500	37.232
7、11、10、17	26.405	26.268	26.268	46.204
8、11、10、17	24.611	27.265	27.265	34.631
9、11、10、17	32.666	33.092	33.092	32.666
12、11、10、17	25.126	26.411	26.411	49.143
13、11、10、17	270.077	25.791	25.791	40.116
14、11、10、17	28.080	24.613	24.613	53.212
15、11、10、17	26.375	28.136	28.136	26.375
16、11、10、17	29.208	29.545	29.545	45.449

表 11-12　五组样本作为检验样本时模型的误差绝对值最大值　　单位：%

检验样本	归一化方法(1)	归一化方法(2)	归一化方法(3)	不进行归一化
1、3、11、10、17	21.638	24.571	24.571	47.551
2、3、11、10、17	23.170	25.142	25.142	44.936
4、3、11、10、17	28.539	21.791	41.727	39.764
5、3、11、10、17	25.084	43.136	43.136	40.399

检验样本	归一化方法(1)	归一化方法(2)	归一化方法(3)	不进行归一化
6、3、11、10、17	31.188	30.305	30.305	35.415
7、3、11、10、17	25.404	24.789	24.789	44.829
8、3、11、10、17	22.995	43.586	43.586	39.061
9、3、11、10、17	28.959	28.342	28.342	36.117
12、3、11、10、17	23.253	43.855	43.855	45.249
13、3、11、10、17	34.465	31.061	31.061	48.056
14、3、11、10、17	31.684	28.338	28.338	48.887
15、3、11、10、17	23.797	25.957	25.957	43.184
16、3、11、10、17	36.114	35.675	35.675	39.268

表 11-13 六组样本作为检验样本时模型的误差绝对值最大值 单位：%

检验样本	归一化方法(1)	归一化方法(2)	归一化方法(3)	不进行归一化
2、1、3、11、10、17	22.046	24.031	24.031	50.709
4、1、3、11、10、17	27.849	30.609	30.609	51.561
5、1、3、11、10、17	25.437	26.493	26.493	44.981
6、1、3、11、10、17	26.750	26.442	26.442	39.531
7、1、3、11、10、17	23.710	24.890	24.890	49.984
8、1、3、11、10、17	22.163	26.385	26.385	46.206
9、1、3、11、10、17	28.391	27.803	27.803	37.356
12、1、3、11、10、17	42.343	25.290	25.290	49.853
13、1、3、11、10、17	32.200	32.404	32.404	54.624
14、1、3、11、10、17	30.660	28.653	28.653	55.512
15、1、3、11、10、17	24.266	26.211	26.211	48.476
16、1、3、11、10、17	42.155	37.995	37.995	49.000

表 11-14 七组样本作为检验样本时模型的误差绝对值最大值 单位：%

检验样本	归一化方法(1)	归一化方法(2)	归一化方法(3)	不进行归一化
4、2、1、3、11、10、17	29.137	18.642	19.389	74.178
5、2、1、3、11、10、17	30.259	32.749	25.294	74.178
6、2、1、3、11、10、17	26.934	23.167	24.245	74.178
7、2、1、3、11、10、17	33.123	35.561	34.364	74.178
8、2、1、3、11、10、17	39.125	31.705	31.004	74.178
9、2、1、3、11、10、17	25.244	22.948	20.564	46.190
12、2、1、3、11、10、17	26.982	27.420	27.742	74.178
13、2、1、3、11、10、17	34.961	24.972	24.457	74.178
14、2、1、3、11、10、17	21.593	24.868	24.867	74.178
15、2、1、3、11、10、17	23.470	25.933	24.502	74.178
16、2、1、3、11、10、17	36.494	25.714	29.679	74.178

表 11-15 八组样本作为检验样本时模型的误差绝对值最大值 单位：%

检验样本	归一化方法(1)	归一化方法(2)	归一化方法(3)	不进行归一化
5、4、2、1、3、11、10、17	26.334	25.110	18.987	74.178
6、4、2、1、3、11、10、17	26.844	21.279	23.772	74.178
7、4、2、1、3、11、10、17	34.463	26.343	30.655	74.178
8、4、2、1、3、11、10、17	40.142	25.784	26.394	74.178
9、4、2、1、3、11、10、17	25.894	21.501	24.457	46.190
12、4、2、1、3、11、10、17	26.999	30.561	26.610	74.178
13、4、2、1、3、11、10、17	37.576	18.361	20.003	74.178

检验样本	归一化方法(1)	归一化方法(2)	归一化方法(3)	不进行归一化
14、4、2、1、3、11、10、17	20.262	18.294	19.077	74.178
15、4、2、1、3、11、10、17	20.427	18.847	19.341	74.178
16、4、2、1、3、11、10、17	37.200	27.050	28.141	74.178

表 11-16　九组样本作为检验样本时模型的误差绝对值最大值　　单位：%

检验样本	归一化方法(1)	归一化方法(2)	归一化方法(3)	不进行归一化
5、14、4、2、1、3、11、10、17	17.403	25.239	16.556	74.178
6、14、4、2、1、3、11、10、17	25.850	20.457	23.700	74.178
7、14、4、2、1、3、11、10、17	24.201	25.716	30.082	74.178
8、14、4、2、1、3、11、10、17	29.765	25.629	25.842	74.178
9、14、4、2、1、3、11、10、17	25.479	23.284	25.177	55.729
12、14、4、2、1、3、11、10、17	27.118	43.768	27.526	74.178
13、14、4、2、1、3、11、10、17	67.084	53.749	63.222	74.178
15、14、4、2、1、3、11、10、17	15.984	18.405	19.005	74.178
16、14、4、2、1、3、11、10、17	29.993	26.898	28.125	74.178

11.1.3　小结

根据流化床干燥时生产热效率的试验数据，基于 SPSS 的径向基神经网络（RBFNN）建模功能，基于人工选择检验样本的技术路线和连续冒泡法选择检验样本的技术路线，分别考虑了三种不同的归一化方案和不进行归一化的方案，找到较佳的检验样本组合，使 RBFNN 的重叠因子变化。经过大量的计算对比，找到了比文献模型的最高相对误差、平均相对误差均降低的 RBFNN 模型。较佳的 RBFNN 模型使最高相对误差由资料的 27.957% 降低到 9.927%，使平均相对误差由资料的 1.652% 降低到 0.751%。

资料得到式(11-1)是基于前 16 组数据进行回归，并没有在建模阶段考虑回归模型的泛化能力控制。部分数据进行训练、部分数据进行检验，考虑了 RBFNN 模型的泛化能力控制。因此更有利于描述流化床干燥时生产热效率试验数据间的关系，可以在类似场合推广应用。

11.2　干燥悬浮液时产品含固率预测模型

载体流化床干燥含卤聚合物悬浮液时产品含固率与工艺条件有关。表 11-17 中试验数据关联选择的数学模型见式(11-2)。式(11-2)是根据序号 1～12 的试验数据进行线性回归得到的。由表 11-17 可知：对于参与式(11-2)关联的序号 1～12 的试验数据，式(11-2)的相对误差绝对值的最大值为 1.237%；对于没有参与式(11-2)关联的序号 13 的试验数据，式(11-2)的相对误差的绝对值为 0.893%。能否基于研究提出的技术路线找到精度更高的数学模型，成为需要探讨的问题。

$$Y = 99.79450 + 3.635075 \times 10^{-3} x_1 - 1.963147 \times 10^{-5} (x_3)^2 - 2.665002 \times 10^{-4}$$
$$x_1 x_4 + 2.575884 \times 10^{-5} x_2 x_3 - 2.211758 \times 10^{-4} x_3 x_4 \tag{11-2}$$

表 11-17　式（11-2）关联的试验数据及其预测误差

样本序号	进风温度 x_1/℃	进料温度 x_2/℃	进料速率 x_3/(mL/min)	载体尺寸 x_4/mm	含固率 Y/%	式（11-2）的预测相对误差/%
1	120	36	56	6	99.962	−0.539
2	124	48	110	4	99.919	−1.237
3	128	60	38	8	99.966	−0.568
4	132	30	92	4	99.954	−0.769
5	136	42	20	8	99.974	−0.261
6	140	54	74	6	99.972	−1.021
7	100	25	56	6	99.902	−0.444
8	105	35	110	4	99.827	−1.021
9	110	60	38	8	99.908	−0.577
10	115	20	92	4	99.890	−0.661
11	120	30	20	8	99.947	−0.229
12	140	40	74	6	99.948	−0.889
13	125	25	98	4	99.921	−0.893

11.2.1　基于连续冒泡法选择检验样本

这里探讨了基于连续冒泡法选择检验样本的"技术路线"来降低流化床干燥悬浮液时产品含固率预测模型误差的可能性。分别选择四种不同的归一化方法，取表 11-17 中前 12 组样本进行 RBFNN 学习，每次取出 1 组样本、连同第 13 组样本作为检验样本，剩余 11 组样本用来训练。经过学习可知，除第 13 组样本作为检验样本以外，当选择第 6 种样本为检验样本，采用归一化方法（1）时，所得 RBFNN 数学模型的精度较高。结果见表 11-18。

表 11-18　两组样本作为检验样本时模型的误差绝对值最大值　　　　　　　　%

检验样本	归一化方法（1）	归一化方法（2）	归一化方法（3）	不进行归一化
1、13	0.086	0.088	0.088	0.099
2、13	0.065	0.050	0.047	0.043
3、13	0.045	0.092	0.092	0.093
4、13	0.066	0.057	0.071	0.100
5、13	0.088	0.086	0.086	0.098
6、13	0.024	0.086	0.086	0.098
7、13	0.088	0.090	0.090	0.106
8、13	0.105	0.105	0.105	0.114
9、13	0.053	0.093	0.081	0.100
10、13	0.057	0.097	0.097	0.107
11、13	0.049	0.094	0.094	0.101
12、13	0.072	0.088	0.076	0.101

取表 11-18 的前 12 组样本中除第 6 组样本以外的 11 组样本进行 RBFNN 学习，每次取出 1 组样本连同第 6 组样本、第 13 组样本作为检验样本，剩余 10 种样本用来训练。经过学习可知，当选择第 5 组样本和第 6 组样本、第 13 组样本为检验样本，所得 RBFNN 数学模型的精度较高，结果见表 11-19。依次类推，结果见表 11-20～表 11-23。

表 11-19　三组样本作为检验样本时模型的误差绝对值最大值

检验样本	归一化方法(1)	归一化方法(2)	归一化方法(3)	不进行归一化
1、6、13	0.032	0.033	0.035	0.060
2、6、13	0.025	0.0052	0.027	0.092
3、6、13	0.037	0.026	0.036	0.058
4、6、13	0.024	0.021	0.023	0.064
5、6、13	0.026	0.0049	0.024	0.033
7、6、13	0.026	0.023	0.026	0.060
8、6、13	0.055	0.013	0.042	0.092
9、6、13	0.057	0.048	0.053	0.058
10、6、13	0.023	0.017	0.023	0.064
11、6、13	0.026	0.014	0.025	0.033
12、6、13	0.037	0.063	0.056	0.033

表 11-20　四组样本作为检验样本时模型的误差绝对值最大值

检验样本	归一化方法(1)	归一化方法(2)	归一化方法(3)	不进行归一化
1、5、6、13	0.033	0.034	0.036	0.060
2、5、6、13	0.024	0.007	0.026	0.092
3、5、6、13	0.045	0.057	0.053	0.058
4、5、6、13	0.021	0.021	0.022	0.064
7、5、6、13	0.026	0.024	0.024	0.060
8、5、6、13	0.050	0.020	0.042	0.092
9、5、6、13	0.062	0.073	0.069	0.058
10、5、6、13	0.023	0.017	0.030	0.064
11、5、6、13	0.026	0.069	0.030	0.033
12、5、6、13	0.035	0.065	0.057	0.033

表 11-21　五组样本作为检验样本时模型的误差绝对值最大值

检验样本	归一化方法(1)	归一化方法(2)	归一化方法(3)	不进行归一化
1、2、5、6、13	0.034	0.034	0.037	0.092
3、2、5、6、13	0.047	0.060	0.052	0.092
4、2、5、6、13	0.044	0.058	0.054	0.092
7、2、5、6、13	0.0226	0.0228	0.0233	0.0601
8、2、5、6、13	0.0511	0.0441	0.0578	0.0631
9、2、5、6、13	0.0620	0.0736	0.0683	0.0921
10、2、5、6、13	0.0223	0.0464	0.0261	0.0921
11、2、5、6、13	0.0262	0.0691	0.0298	0.0330
12、2、5、6、13	0.0400	0.0693	0.0616	0.0921

表 11-22　六组样本作为检验样本时模型的误差绝对值最大值

检验样本	归一化方法(1)	归一化方法(2)	归一化方法(3)	不进行归一化
1、10、2、5、6、13	0.0320	0.0533	0.0359	0.0921
3、10、2、5、6、13	0.0497	0.0517	0.0511	0.0921
4、10、2、5、6、13	0.0466	0.0555	0.0514	0.0941
7、10、2、5、6、13	0.0243	0.0487	0.0303	0.0921
8、10、2、5、6、13	0.1177	0.1029	0.1178	0.1272
9、10、2、5、6、13	0.0613	0.0639	0.0660	0.0921
11、10、2、5、6、13	0.0241	0.0621	0.0288	0.0921
12、10、2、5、6、13	0.0347	0.0662	0.0543	0.0921

表 11-23　七组样本作为检验样本时模型的误差绝对值最大值

检验样本	归一化方法（1）	归一化方法（2）	归一化方法（3）	不进行归一化
1、11、10、2、5、6、13	0.0348	0.0541	0.0362	0.0921
3、11、10、2、5、6、13	0.0514	0.0550	0.0486	0.0921
4、11、10、2、5、6、13	0.0563	0.0661	0.0566	0.0941
7、11、10、2、5、6、13	0.0321	0.0763	0.0377	0.0921
8、11、10、2、5、6、13	0.1232	0.0920	0.1226	0.1272
9、11、10、2、5、6、13	0.0613	0.0550	0.0655	0.0921
12、11、10、2、5、6、13	0.0384	0.0613	0.0516	0.0921

　　由表 11-18～表 11-23 可知，采用归一化方法（2），当选择表 11-1 中的第 5、6、13 组样本为检验样本，剩余的第 1、2、3、4、7、8、9、10、11、12 组样本为训练样本时，学习效果较好，此时的学习误差的绝对值最大值为 0.0049%。在此基础上，使重叠系数变化，所得 RBFNN 数学模型的学习效果见表 11-24。由表 11-24 可知，当重叠系数为 1.365 时，所得 RBFNN 数学模型的误差较小，为 0.0046%。

表 11-24　"重叠系数"和"RBFNN 模型的预测误差"间的关系

重叠系数	模型误差/%	重叠系数	模型误差/%	重叠系数	模型误差/%	重叠系数	模型误差/%
1	0.0113	2.5	0.0126	1.375	0.0046	1.39	0.0048
2	0.0097	1.5	0.0058	1.3125	0.0055	1.36	0.0047
4	0.0203	1.25	0.0066	1.4125	0.0050	1.38	0.0047
3	0.0155	1.75	0.0079	1.34	0.0051	1.365	0.0046

　　由表 11-24 可知，模型 Ⅱ、式（11-2）的误差绝对值最大值分别为 0.00465、1.237%。进一步分析表明，最终所得到的 RBFNN 数学模型、式（11-2）的误差平均值绝对值分别为 0.000807%、0.546%。此外，模型Ⅱ建立时，根据表 11-17 中前 12 组样本排序后的 10 组样本学习（即选择第 1、2、3、4、7、8、9、10、11、12 组样本为训练样本）、第 5、6、13 组样本作为检验样本均未参与训练而仅仅用来检验，因此模型Ⅱ比式（11-2）更为优越，见表 11-25。

表 11-25　模型对于表 11-17 数据的预测结果和式（11-2）的对比

表 11-17 中样本的序号	模型Ⅱ的预测误差绝对值/%	式（11-2）的预测误差绝对值/%	表 11-17 中样本的序号	模型Ⅱ的预测误差绝对值/%	式（11-2）的预测误差绝对值/%
1	0	−0.539	8	0	−1.021
2	0	−1.237	9	0	−0.577
3	0	−0.568	10	0	−0.661
4	0	−0.769	11	0	−0.229
5	0.00129	−0.261	12	0	−0.889
6	0.00465	−1.021	13	0.00455	−0.893
7	0	−0.444			

11.2.2　基于优化后的模型研究含固率

　　基于优化的 RBFNN 数学模型，双因素变化的结果见图 11-1～图 11-6。

　　单因素变化结果见图 11-7～图 11-10。图 11-7～图 11-10 中，使作为横坐标的参量在取值范围内变化，其他参量取均值。例如，图 11-7 中，进料温度取 39℃，进料速率取 68mL/min，载体尺寸取 6mm；图 11-8 中，进风温度取 123℃，进料速率取 68mL/min，载体尺寸取 6mm。

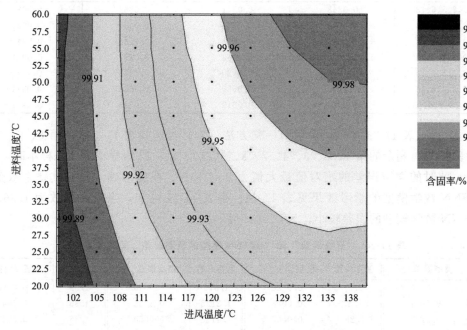

图 11-1　进风温度、进料温度变化对含固率的影响

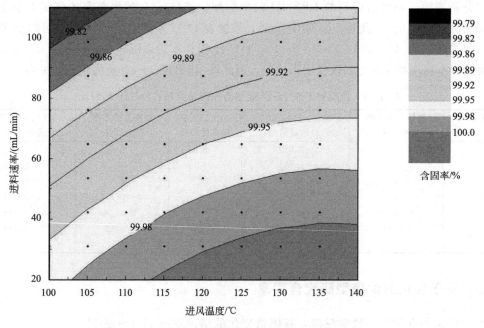

图 11-2　进风温度、进料速率变化对含固率的影响（1）

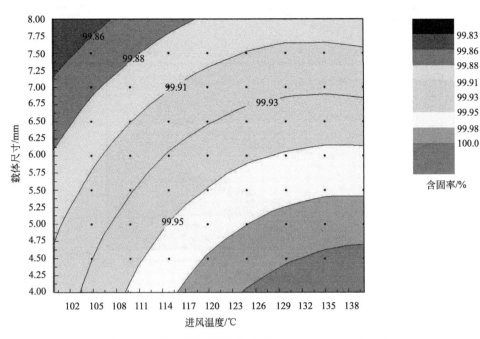

图 11-3 进风温度、载体尺寸变化对含固率的影响（1）

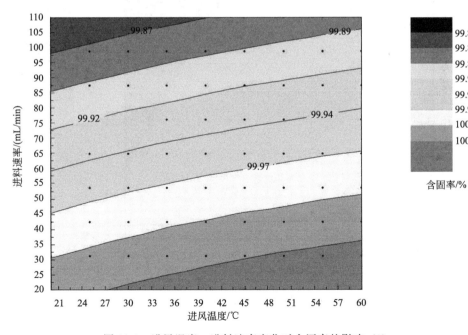

图 11-4 进风温度、进料速率变化对含固率的影响（2）

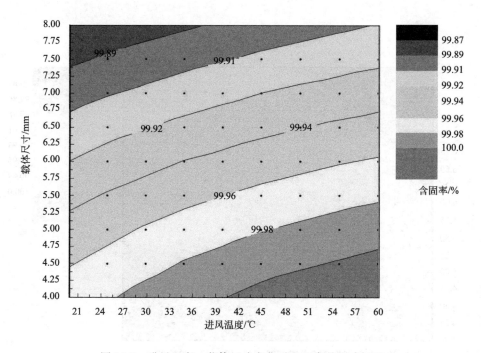

图 11-5 进风温度、载体尺寸变化对含固率的影响（2）

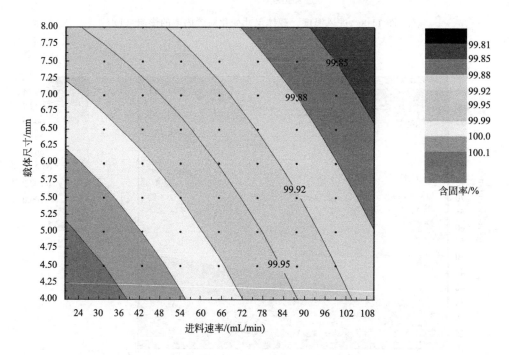

图 11-6 进料速率、载体尺寸变化对含固率的影响

由图 11-7 可知，进风温度提高时，含固率增加；当进风温度过高时，含固率不再增加。

由图 11-8 可知，进风温度提高时，含固率增加。

由图 11-9 可知，进料速率提高时，含固率下降。

由图 11-10 可知，载体尺寸增大时，含固率下降。

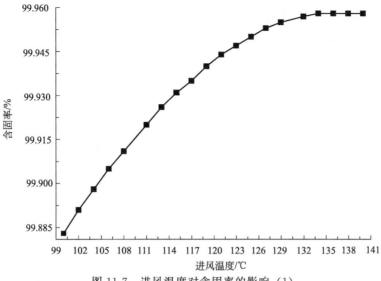

图 11-7　进风温度对含固率的影响（1）

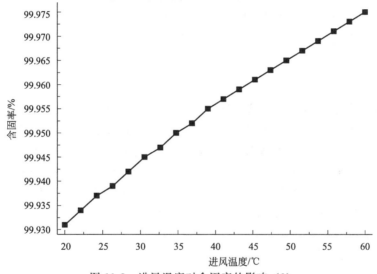

图 11-8　进风温度对含固率的影响（2）

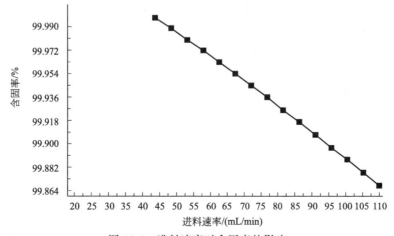

图 11-9　进料速率对含固率的影响

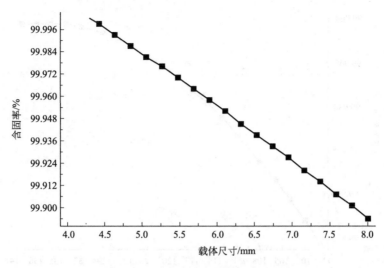

图 11-10　载体尺寸对含固率的影响

　　综合图 11-7～图 11-10 可知，要使含固率提高，需要维持较高的进风温度，也不能使进风温度过高。此外，还要提高进料温度、降低进料速率和减小载体尺寸。考虑到含固率在 99.9％即达标，进风温度和进料温度过高，则不利于节能。

11.2.3　小结

　　根据含卤聚合物悬浮液在载体流化床中干燥的试验数据，基于 SPSS 的径向基神经网络（RBFNN）建模功能，探讨了基于提出的"技术路线"来降低流化床干燥悬浮液时产品含固率预测模型误差的可能性，分别考虑了三种不同的归一化方案和不进行归一化的方案，找到较佳的检验样本组合，使 RBFNN 的重叠因子变化，经过大量的计算对比，找到了比文献模型的最高相对误差、平均相对误差均降低的 RBFNN 模型。较佳的 RBFNN 模型使最高相对误差的绝对值由资料的 1.237％降低到 0.00465％，使平均相对误差的绝对值由资料的 0.546％降低到 0.000807％。

　　资料得到式(11-2)是基于前 12 行数据进行回归，并没有在建模阶段考虑回归模型的泛化能力控制。这里的方法是部分数据进行训练、部分数据进行检验，考虑了 RBFNN 模型的泛化能力控制。因此这里的计算方法更有利于描述含卤聚合物悬浮液在载体流化床中干燥过程的试验数据间的关系，可以在类似场合推广应用。

　　根据找到的 RBFNN 模型，讨论了含卤聚合物悬浮液在载体流化床中干燥过程及其影响因素间的关系，进一步证明了含卤聚合物悬浮液在载体流化床中干燥过程及其影响因素间的非线性关系，说明采用基于 RBFNN 建模这种非线性建模方法的合理性。

11.3　结果及讨论

　　针对当前流化床装置特性预测建模中所得到模型的精度比较低的问题，基于和资料结果对比的方法，从模型涉及的样本出发，设计了不同的检验样本组合方案，用 RBFNN 建模的方法，通过比较不同的检验样本组合方案下模型的精度，从中找到一种检验样本组合方案。在较佳的检验样本组合方案下，用 RBFNN 建模所得到的模型的相对误差的绝对值最大值、平均相对误差的绝对值均比文献报道的回归模型的相对误差的绝对值最大值、平均相对误差的绝对值分别显著降低，说明研究的寻找 RBFNN 模型的方案更加可行，解决了现有的技术中回归函数预测的回归模型精度低的问题，可以在类似场合推广应用这里所提出的方法。

对于流化床装置特性的实际测量数据，进行 RBFNN 建模时，参与检验的样本数据的个数越少，则控制模型的测试精度越不容易。如果想办法设计出不同的检验样本的组合方案，则可以找到精度不同的各种 RBFNN 模型。除此之外，对于测量样本数据组的个数比较多的流化床装置特性的实际测量数据，不仅是单纯地考虑模型精度问题，还应该考虑 RBFNN 建模的时间。实际参与 RBFNN 建模的流化床装置特性的实际测量样本数据组的个数有的多，有的少，因此应该设计不同的检验样本组合筛选的技术路线，应从各种精度不同的 RBFNN 模型中选择所要的模型。

为了解决流化床装置基于 RBFNN 的数据挖掘方法研究问题，设计了三条检验样本筛选的技术路线，分别对应人工指定检验样本、随机指定检验样本和检验样本连续冒泡。主要技术关键如下：

（1）进行 RBFNN 数学模型建立时，如果样本的数量较多，分别设计了基于人工指定检验样本、检验样本连续冒泡两种不同的技术路线，通过对比，可以获得精度较高的 RBFNN 数学模型。这两种技术路线用于被处理的样本数据较多的情况，计算工作量较少。

（2）进行 RBFNN 数学模型建立时，如果样本的数量较少，则设计了基于随机指定检验样本的技术路线。通过对比，可以获得精度较高的 RBFNN 数学模型。此技术路线的计算工作量最大，得到的结果也最好，用于被处理的样本数据较少的情况。

（3）对于这三种技术路线，实际运用时，根据情况选择合适的路线。

流化床装置特性预测的回归建模中，已有的文献没有进行模型优化，因此建模结果不理想。这里系统地研究了流化床装置特性预测的 RBFNN 建模中误差降低的技术。主要创新点如下：

（1）除了考虑了不同的归一化方法的影响以外，设计了两类不同的检验样本的组合方案，分别对应"流化床装置特性预测数据样本较多""流化床装置特性预测数据样本较少"两种情况。为此设计了三种技术路线，分别对应"人工指定检验样本组合""随机选择检验样本组合"和"冒泡法筛选检验样本组合"。经过大量比较，从中找到了较佳的 RBFNN 模型。

（2）在较佳的检验样本组合下，改变 RBFNN 模型的重叠因子取值，观察此时的误差，从中找到了 RBFNN 模型误差更低时的重叠因子取值。

这里研究得到了流化床装置基于 RBFNN 的数据挖掘的新方法。根据研究提出的流化床装置基于 RBFNN 的数据挖掘方法，对于流化床装置特性的测量数据，RBFNN 模型的最大相对误差（绝对值）由文献报道的 37.025%、27.597%、1.237% 相应地分别降低到 23.021%、9.927%、0.00465%。在模型建立过程中所采用的方法，可以在流化床装置特性预测建模领域中进行应用。应用后，有利于提高流化床系统运行的稳定性和品质，降低流化床系统测量和化验的成本，从而会带来巨大的经济效益。

第12章

流化床干燥器换热系数关联数据挖掘

12.1 基于 Engauge Digitizer 的曲线数据化

12.1.1 原始曲线图有效范围选取

打开原始曲线图所在的文件，结果见图 12-1。放大文件，如图 12-2 所示，改变框内显示比例大小，调整到 150%，方便截图，更好用于曲线数据的数字化。然后，在有限范围内截图，结果见图 12-3。并保存到指定文件夹。

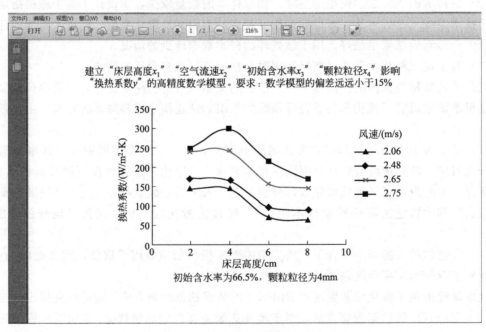

图 12-1　打开原始曲线图所在的文件

"换热系数"的规范名称应为"传热系数"，其单位为 $W/(m^2 \cdot K)$。

图 12-2　调整显示比例大小

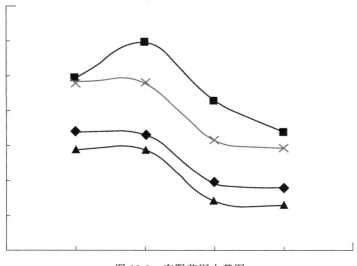

图 12-3 有限范围内截图

12.1.2 截图载入

打开 Engauge Digitizer 软件后，再打开截图所在的文件夹，如图 12-4 和图 12-5 所示。

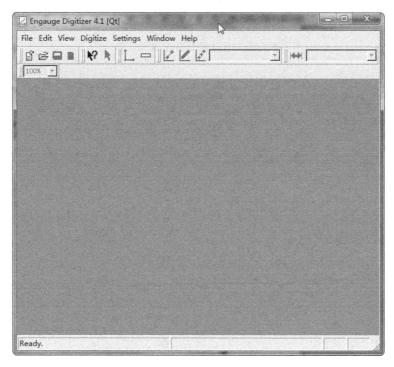

图 12-4 打开 Engauge Digitizer 软件

直接将截图从所在文件夹拖入 Engauge Digitizer 编辑界面中，结果如图 12-6。

12.1.3 设置横纵坐标轴

点击"Axis Point"菜单项，如图 12-7 所示。鼠标光标变为十字形，点击有限范围内横纵坐标的最大值点、最小值点和原点，然后，分别输入坐标，点击"OK"选项。设置纵坐标最大值点如图 12-8 所示。

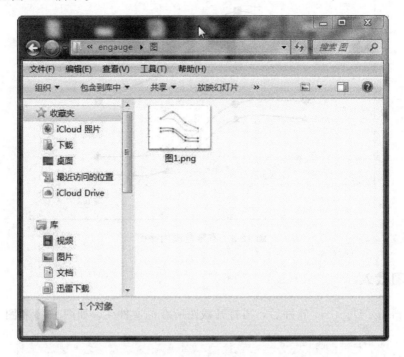

图 12-5　打开截图所在的文件夹

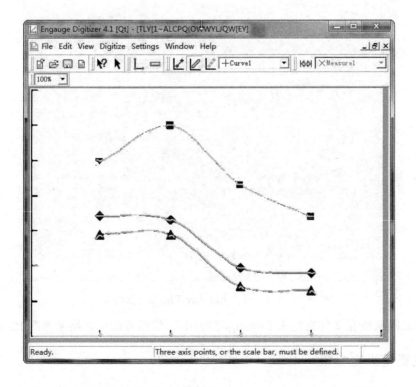

图 12-6　直接将截图从所在文件夹拖入 Engauge Digitizer 编辑界面中

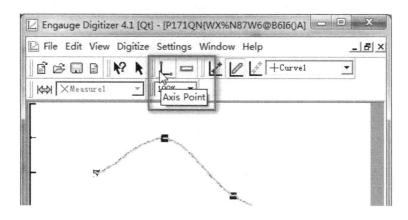

图 12-7　点击"Axis Point"菜单项

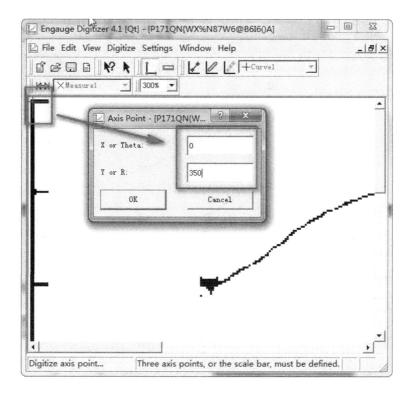

图 12-8　设置纵坐标最大值点

根据上述方法把所有坐标点都确定下来。

12.1.4　选择数据点

点击"Curve Point"菜单项，如图 12-9 所示。用鼠标左键单击曲线上的数据点，如图 12-10 所示，将第一条线上的数据点都进行点击。

12.1.5　数据导出

点击"Export File"菜单键，如图 12-11 所示。

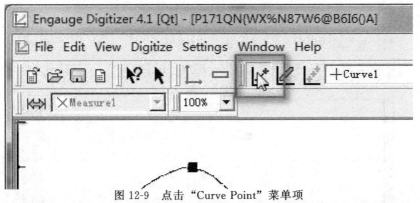

图 12-9　点击"Curve Point"菜单项

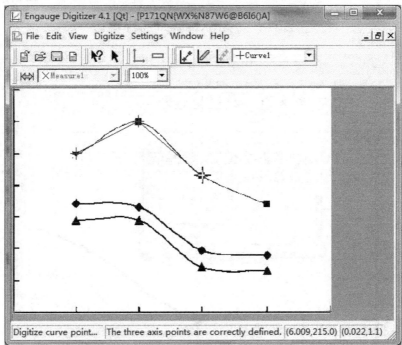

图 12-10　点击选取数据点

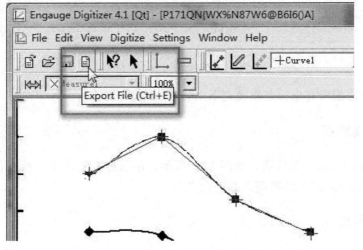

图 12-11　点击"Export File"菜单键

将数据导出到指定文件夹，并自动以 Excel 文件形式保存，如图 12-12 所示。

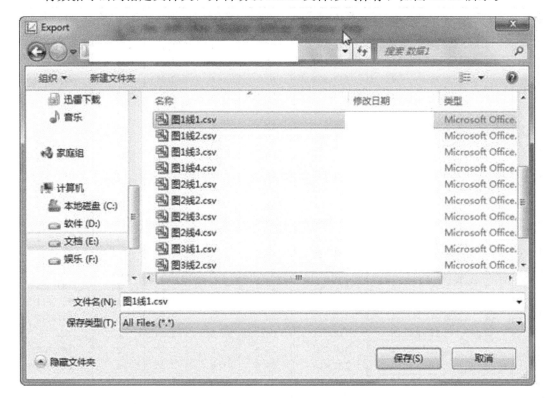

图 12-12　数据导出到指定文件夹对话框

打开数据输出文件夹的 Excel 文件，如图 12-13 所示，其中 x 表示床层高度 x_4，Curcel 表示换热系数 y，把数据四舍五入记录下来。

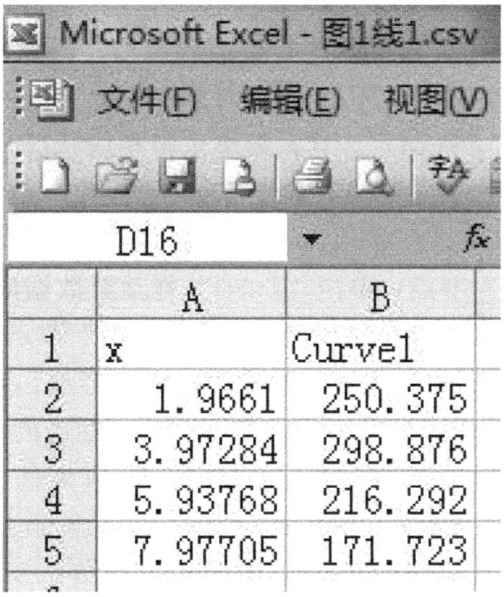

图 12-13　导出文件结果

将图线上的点都找出来，得到原始数据表格，见表 12-1。

表 12-1 原始数据表格

初始含水率/%	颗粒粒径/mm	风速/(m/s)	床层高度/cm	换热系数[1]/[W/(m²·K)]	初始含水率/%	颗粒粒径/mm	风速/(m/s)	床层高度/cm	换热系数[1]/[W/(m²·K)]
66.5	4	2.75	2	250.375	57.9	4	2.21	2	135.118
66.5	4	2.75	4	298.876	57.9	4	2.21	4	105.698
66.5	4	2.75	6	216.292	57.9	4	2.21	6	82.6691
66.5	4	2.75	8	171.723	53.4	4	2.21	2	110.358
66.5	4	2.65	2	242.509	53.4	4	2.21	4	100.107
66.5	4	2.65	4	241.199	53.4	4	2.21	6	66.6933
66.5	4	2.65	6	157.303	53.4	4	2.21	8	60.4362
66.5	4	2.65	8	146.816	66.5	3	2.26	2	170.491
66.5	4	2.48	2	171.723	66.5	3	2.26	4	164.377
66.5	4	2.48	4	166.479	66.5	3	2.26	6	95.7736
66.5	4	2.48	6	97.0037	66.5	3	2.26	8	90.3396
66.5	4	2.48	8	89.1386	66.5	4	2.26	2	150.792
66.5	4	2.06	2	144.195	66.5	4	2.26	4	133.811
66.5	4	2.06	4	144.195	66.5	4	2.26	6	88.3019
66.5	4	2.06	6	70.7865	66.5	4	2.26	8	74.0377
66.5	4	2.06	8	64.2322	66.5	5	2.26	2	139.925
69.8	4	2.21	2	190.23	66.5	5	2.26	4	88.9811
69.8	4	2.21	4	155.219	66.5	5	2.26	6	79.4717
69.8	4	2.21	6	110.624	66.5	5	2.26	8	66.566
66.85	4	2.21	2	150.294	66.5	6	2.26	2	130.415
66.85	4	2.21	4	132.855	66.5	6	2.26	4	54.3396
66.85	4	2.21	6	88.2601	66.5	6	2.26	6	40.7547
66.85	4	2.21	8	73.2171					

[1] 即传热系数，下同。

12.2 基于 SPSS Modeler 的 SVM 建模

支持向量机（SVM）模型的精度取决于核函数类型、训练样本所占的比例，还与归一化方案、解释变量组合方案有关。不管哪个因素，都是从建模的数据出发，通过 SPSS Modeler 的支持向量机回归（SVM）计算，最终求得相应情况下模型的最大误差。通过比较不同情况下模型的误差，直到找到具有最佳精度的模型。

首先打开桌面上的 IBM SPSS Modeler 软件，如图 12-14 所示。单击节点工具箱窗口的"源"选项卡，选择"Excel"节点，单击"Excel"拖动至数据流编辑区，如图 12-15 所示。单击节点工具箱窗口的"记录选项"选项卡，选择"类型"节点，拖动到数据流编辑区，如图 12-16 所示。右键点击"Excel"节点，单击"编辑"选项，如图 12-17 所示。然后出现"Excel"节点的编辑界面，如图 12-18 所示，接下来单击圈内的路径按钮，出现路径打开的对话框如图 12-19 所示。然后选择"解释变量 1"的 Excel 文件，即原始数据文件，接下来点击圈里的打开按钮，回到"Excel"的编辑窗口，如图 12-20 所示，这时单击"应用"按钮，然后单击"确定"按钮，完成"Excel"的编辑。在节点工具箱窗口中选择"字段选项"选项卡，拖动"分区"节点到数据流编辑区，如图 12-21 所示。这时在数据流编辑区，把"Excel"节点和"类型"节点连接起来，右键单击"Excel"节点，出现"连接"选项，单击此选项，选如图 12-22 所示。接下来再单击数据流编辑区的"类型"，连接完成，

图 12-14　打开 SPSS Modeler 后的界面

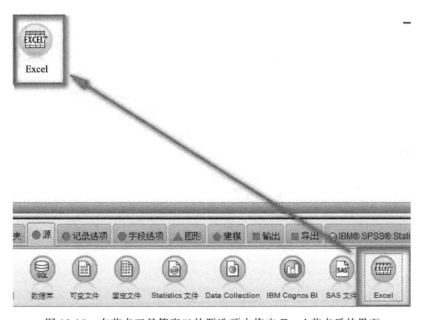

图 12-15　在节点工具箱窗口的源选项中拖出 Excel 节点后的界面

如图 12-23 所示。下面开始编辑"类型"节点，右键点击"类型"节点，选择"编辑"选项，如图 12-24 所示。接下来出现"类型"节点的编辑界面，在"字段"栏中的因变量"换热系数"对应的"角色"栏处下拉，选择"目标"选项，如图 12-25 所示。然后点击确定，完成"类型"编辑。按照前文连接"Excel"节点和"类型"节点的方法，连接"类型"节点和"分区"节点。然后编辑"分区"节点，右键点击"分区"节点，单击"编辑"选项，如图 12-26 所示。进入"分区"节点编辑对话框，选择"训练分区大小"和"测试分区大小"都为 50%，然后点击"应用"再点击"确定"按钮，完成"分区"节点编辑，如图 12-27 所示。从节点工具箱窗口的"建模"选项卡中拖取"SVM"节点至数据流编辑区。然后

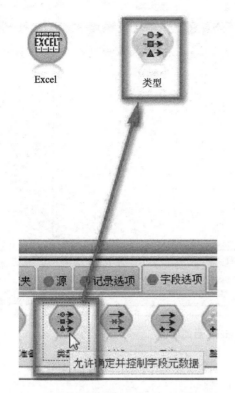

图 12-16　在节点工具箱窗口的"记录选项"
中拖出"类型"节点后的界面

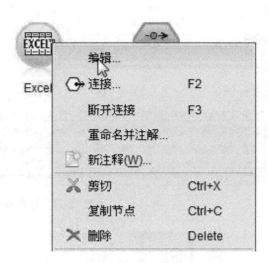

图 12-17　右键单击"Excel"节点
选择"编辑"选项

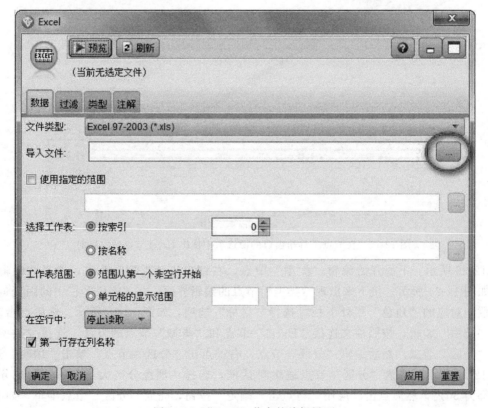

图 12-18　"Excel"节点的编辑界面

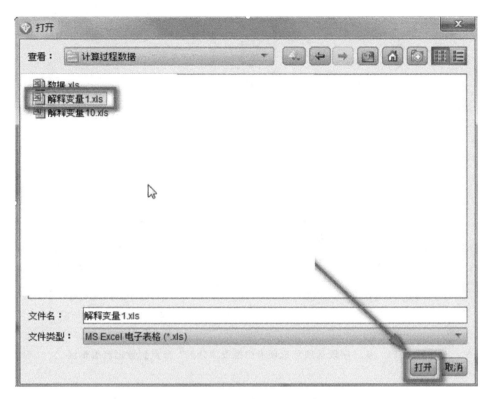

图 12-19　路径打开的对话框

图 12-20　"Excel" 编辑完成

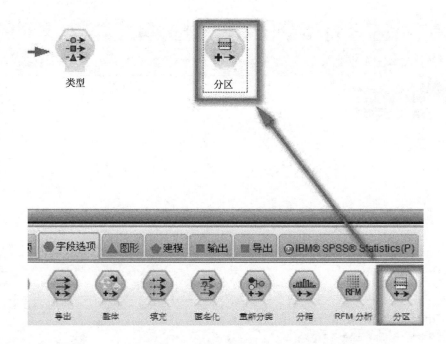

图 12-21 从"字段选项"选项卡中拖取"分区"节点到数据流编辑区

图 12-22 连接"Excel"节点和"类型"节点　　　　图 12-23 成功连接"Excel"节点和"类型"节点

图 12-24 右键点击"类型"节点，选择"编辑"选项的界面

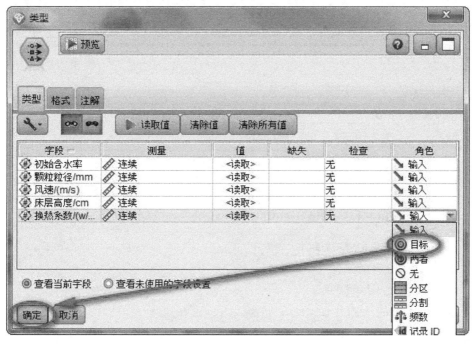

图 12-25 "类型"节点的编辑界面

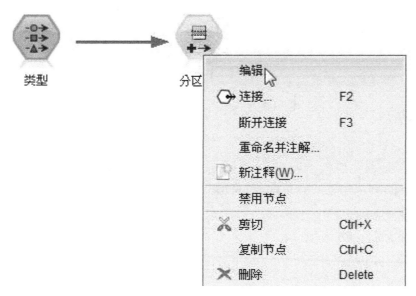

图 12-26 右键点击"分区"节点，出现菜单后点击"编辑"选项

把"分区"节点和"SVM"节点连接起来。右键单击"SVM"节点，选择"编辑"选项，出现"SVM"节点编辑界面，如图 12-28 所示。单击"专家"选项，此时默认模式为"简单"，如图 12-29 所示。然后，在"专家"选项中把模式选择为"专家"。根据资料，一般情况下，在"内核类型"选项选择 RBF 时，RBF 伽马选取 3/自变量个数～6/自变量个数，且RBF 伽马在此范围内越大时，模型精度越高，因此全面试验情况下，先只改变 RBF 伽马值为 1.5，其他参数使用默认参数，然后点击"应用"再点击"确定"按钮，如图 12-30 所示。完成"SVM"节点编辑后，右键点击"SVM"节点，单击菜单最下方"运行"选项。

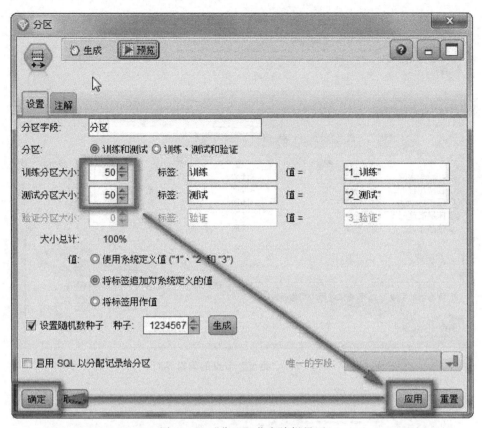

图 12-27 "分区" 节点编辑界面

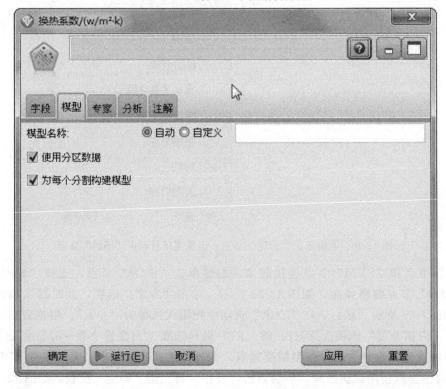

图 12-28 "SVM" 节点编辑界面

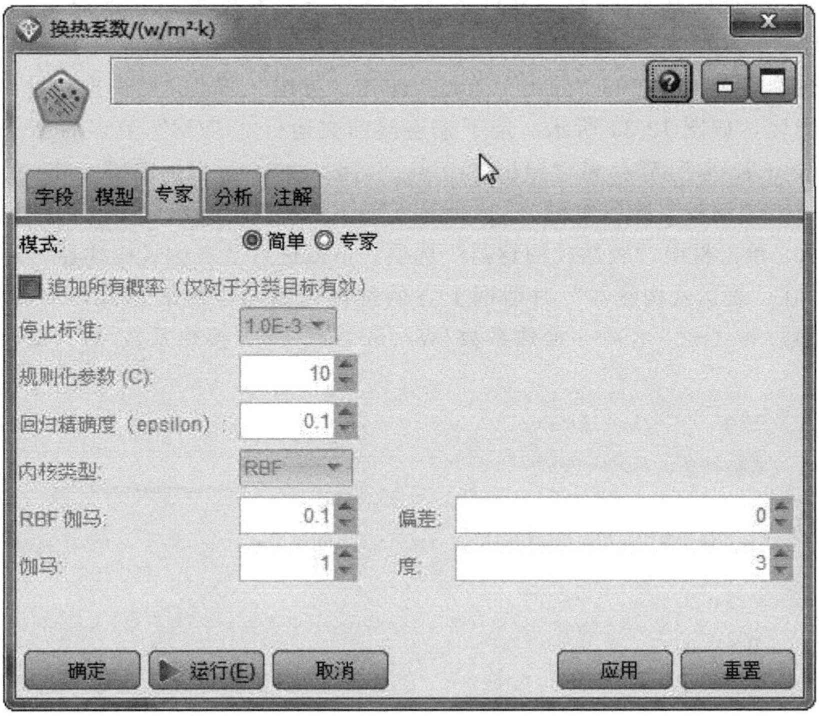

图 12-29 "SVM"节点编辑界面的"专家"选项默认模式

图 12-30 "SVM"节点编辑界面

如图 12-31 所示。此时在"SVM"节点下方会出现一个新的节点"换热系数/[W/(m² · K)]",并且"分区"节点会自动连接这个新的节点,如图 12-32 所示。找到节点工具箱窗口的"字段选项"选项卡中的"导出"节点,单击"导出"节点,然后把"导出"节点拖动到数据流编辑区,如图 12-33 所示。接下来连接前文运行"SVM"节点后新出现的"换热系数/[W/(m² · K)]"节点和"导出"节点,如图 12-34 所示。右键点击"导出"节点,出现菜单,单击"编辑"选项如图 12-35 所示。接下来出现"导出"节点的编辑对话框,如图 12-36 所示,单击框中"表达式构建器"选项。下面进入"表达式构建器"对话框,如图 12-37 所示,在"表达式构建器"对话框上方的红框内编写导出表达式,内容如下:abs(′$S−换热系数/W/(m² · K)′−′换热系数/W/(m² · K)′)/′换热系数/W/(m² · K)′×100。

图 12-31 "SVM"节点的运行

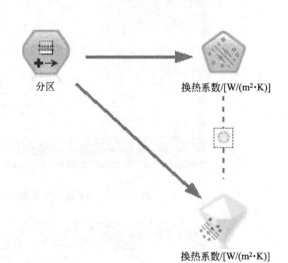

图 12-32 运行"SVM"节点之后的界面

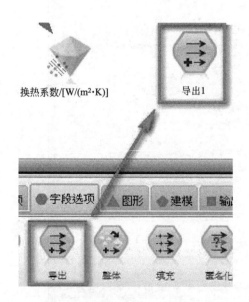

图 12-33 拖动"导出"节点到
数据流编辑区

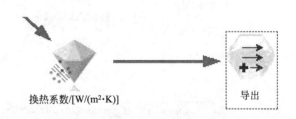

图 12-34 连接"换热系数/[W/(m² · K)]"节点
和"导出"节点

图 12-35　右键点击"导出"节点出现菜单，点击"编辑"选项

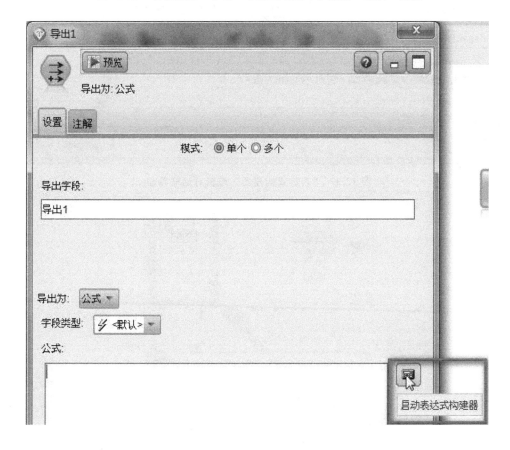

图 12-36　"导出"节点的编辑对话框

表示预测目标函数值和原始数据目标函数值的差的绝对值与原始数据目标函数值之比，再乘以 100，得出误差。然后单击"√检查"按钮，框内字体变黑无误后，单击"确定"按钮，

完成表达式编辑工作。然后从节点工具箱窗口的"输出"选项卡中拖动"表"节点至数据流编辑区，如图 12-38 所示。接下来连接"导出"节点和"表"节点，方法和上文中连接方法相同，结果如图 12-39 所示。右键点击"表"节点，出现菜单，点击菜单最下方的"运行"选项，如图 12-40 所示。出现运行结果界面，如图 12-41 所示，框内为导出结果，即误差。选出所有导出结果 45 行结果中的最大误差，结果保留两位小数，为 110.45%。

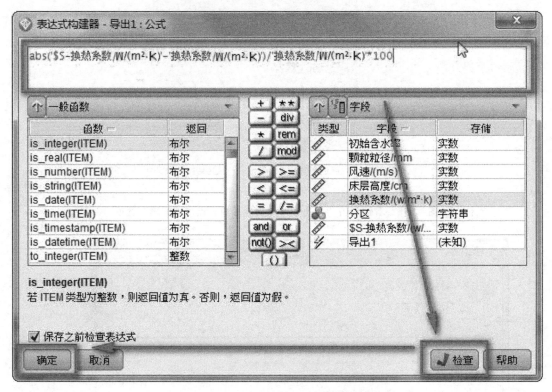

图 12-37　"表达式构建器"编辑对话框界面

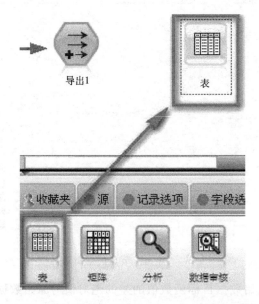

图 12-38　将"输出"选项卡中的"表"节点拖至数据流编辑区

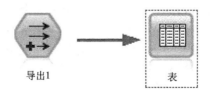

图 12-39 连接"导出"节点和"表"节点

图 12-40 运行"表"节点

	初始含水率	颗粒粒径/mm	风速/(m/s)	床层高度/cm	换热系数/[W/(m²·K)]	分区	$S-换热系数 /[W/(m²·K)]	导出1
1	0.665	4.000	2.750	1.966	250.375	1_训练	164.728	34.208
2	0.665	4.000	2.750	3.973	298.876	1_训练	157.728	47.226
3	0.665	4.000	2.750	5.938	216.292	2_测试	138.058	36.171
4	0.665	4.000	2.750	7.977	171.723	2_测试	118.876	30.774
5	0.665	4.000	2.650	1.992	242.509	1_训练	167.021	31.128
6	0.665	4.000	2.650	4.003	241.199	1_训练	156.598	35.075
7	0.665	4.000	2.650	5.994	157.303	2_测试	132.618	15.693
8	0.665	4.000	2.650	8.005	146.816	1_训练	111.876	23.799
9	0.665	4.000	2.480	1.972	171.723	1_训练	164.663	4.112
10	0.665	4.000	2.480	3.983	166.479	1_训练	148.981	10.511
11	0.665	4.000	2.480	5.972	97.004	2_测试	119.678	23.375
12	0.665	4.000	2.480	8.009	89.139	2_测试	97.048	8.874
13	0.665	4.000	2.060	1.974	144.195	2_测试	140.275	2.718
14	0.665	4.000	2.060	4.010	144.195	1_训练	121.883	15.473
15	0.665	4.000	2.060	6.000	70.786	2_测试	95.476	34.878
16	0.665	4.000	2.060	8.011	64.232	2_测试	79.349	23.535
17	0.698	4.000	2.210	2.013	190.230	1_训练	152.157	20.014
18	0.698	4.000	2.210	4.007	155.219	1_训练	134.836	13.132
19	0.698	4.000	2.210	6.020	110.624	2_测试	106.072	4.115
20	0.668	4.000	2.210	2.013	150.294	1_训练	150.194	0.067

图 12-41 运行结果界面

在 SPSS Modeler 中将每段数据代入每段数据的最好模型中，如图 12-42 所示的软件界面。改变"导出"中的"表达式构建器"，把公式变为：$('\$S-换热系数/W/(m^2 \cdot K)'-'$换热系数/W/$(m^2 \cdot K)')/'$换热系数/W/$(m^2 \cdot K)'\times 100$，去掉预测 y 值与原始 y 值之差的绝对符号，如图 12-43 所示。编辑"表达式构建器"界面完成后，代入三段数据，运行模型，计算结果。

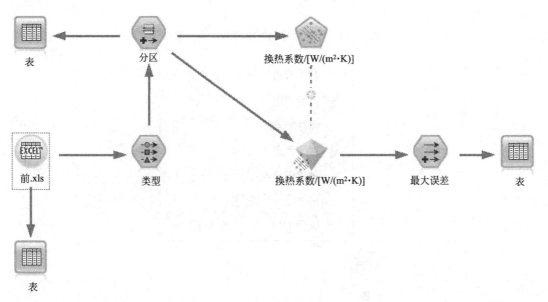

图 12-42　软件界面

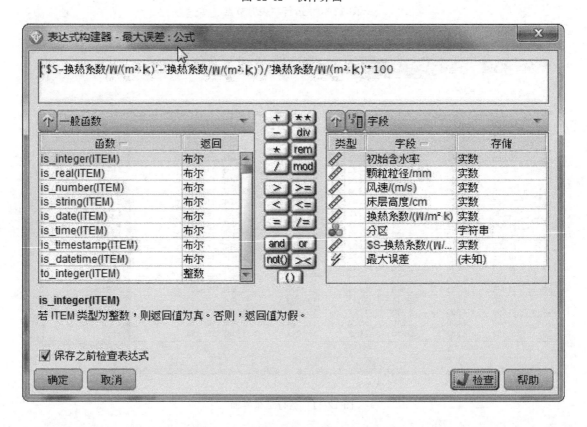

图 12-43　编辑"表达式构建器"界面

12.3　对 SVM 模型的筛选

在全面试验无法找到较高精度 SVMR 模型情况下，基于均匀设计表，在不同解释变量情况下、不同归一化情况下、不同分段数据方法下，继续使用 SPSS Modeler 中的 SVMR 建立模型，筛选更高精度的 SVMR 模型。

12.3.1　不同解释变量情况下

根据全面试验的结果，在核函数为多项式时的模型精度较高。在一般情况下，当训练模型的样本比例较高时，训练出的模型精度较高，所以，固定核函数类型为多项式，固定训练样本比例为 80% 时，在 15 种不同解释变量情况下，设计 6 因素 7 水平的均匀设计表，计算最大误差。由计算结果可知：在采用多项式核函数类型、训练样本比例为 80% 时，第 15 种解释变量方案没有计算结果，其他解释变量方案所建立的 SVMR 模型精度最高的是第 1 种解释变量方案下，停止标准为 0.1、规则化参数为 3、回归精确度为 0.15、伽马为 3.4、偏差为 2.5、度为 7 的 SVMR 隐性模型，此时误差为 47.09104887%。

12.3.2　不同归一化情况下

在一般情况下，当训练模型的样本比例较高时，训练出的模型精度较高，所以训练样本比例选择 80%，根据全面试验时的归一化方案选出的最佳 SVMR 模型，核函数选择多项式函数。最佳模型计算出的最大误差为 47.09104887%。

12.3.3　分两段的情况下

把原始数据按照 y 值排序，一共 45 行数据分为前 23 行数据和后 23 行数据（其中，第 23 行数据属于两边），分两段进行均匀设计试验。在不同核函数下，采用不同的均匀设计表。首先计算前 23 行数据，RBF 函数采用 4 因素 6 水平均匀设计表；多项式函数采用 6 因素 7 水平均匀设计表；sigmoid 函数采用 5 因素 6 水平均匀设计表；线性函数采用 3 因素 6 水平均匀设计表。同理，然后计算后 23 行数据，不同核函数下的不同均匀设计表及其计算结果。计算结果可知，在分两段的情况下，前 23 行数据的最好 SVMR 模型计算出的最大误差为 48.70214%，后 23 行数据的最好 SVMR 模型计算出的最大误差为 27.15273%。

12.3.4　分三段的情况下

把原始数据按照 y 值排序，45 行数据分为 1～16 行数据、16～31 行数据和 31～45 行数据（第 16 行和第 31 行数据分别属于两边），在不同核函数下，采用不同的均匀设计表进行均匀设计试验。

由计算结果可知：

（1）在 1～16 行数据下，最高精度的 SVMR 模型计算出的最大误差为 17.40986147%。

（2）在 16～31 行数据下，最高精度的 SVMR 模型计算出的最大误差为 24.36235293%。

（3）在 31～45 行数据下，最高精度的 SVMR 模型计算出的最大误差为 11.98005563%。

第13章

卷烟厂烘丝装置运行数据挖掘

卷烟厂制丝装置运行时，可记录的数据之间存在因果关系。生产上，常常希望根据容易测量的参数推算难以测量或需要化验的参数。从企业实际装置的运行数据出发，针对一些重要变量在实践中难以测量或者不便测量的情况，通过选择合适的软件进行软测量。在数据挖掘模型优化平台上，提高数据挖掘模型的训练精度和泛化精度，使所得数据挖掘模型不仅训练精度高，而且推广精度也高。SPSS Modeler 软件中的 SVM 模型的建立过程中，分别考虑归一化、解释变量、人工分段、人工分区的影响，并选择均匀设计等试验。最后得到用于软测量的高精度模型。根据高精度模型，可以了解感官质量香气、感官质量刺激性、感官质量余味与其影响因素间所表现的非线性关系。

13.1 基于 SPSS Modeler 的 SVM 建模

打开 SPSS Modeler 软件，选左下角"源"选项卡，界面如图 13-1 所示。

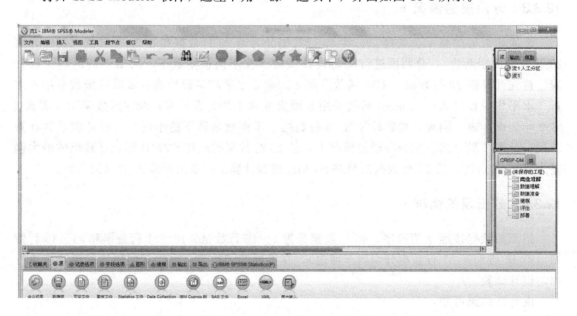

图 13-1 SPSS Modeler 界面

点击"源"选项卡，拖动"源"选项卡里的"Excel"节点，然后拖到数据流编辑区，结果如图 13-2 所示。

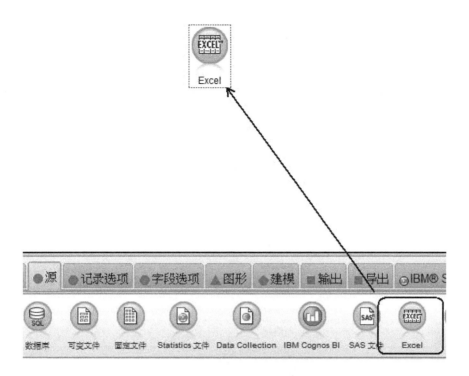

图 13-2　Excel 节点的插入

点击下面"字段选项"选项卡，拖动选项卡里的"类型"节点到数据流编辑区 Excel 节点的后面，结果如图 13-3 所示。

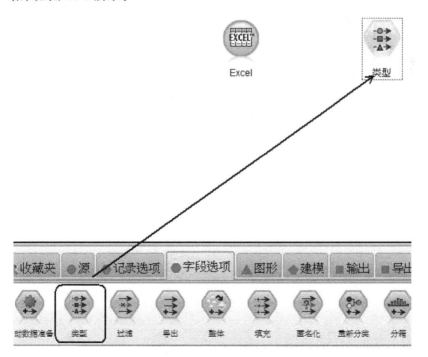

图 13-3　类型节点的插入

右击 Excel 节点出现 Excel 菜单，如图 13-4 所示。

图 13-4　Excel 菜单

点击 Excel 节点菜单里的连接，将 Excel 与类型两节点连接起来，如图 13-5 所示。

图 13-5　两节点的连接

点击下面"输出"选项卡，然后找到"表"节点，如图 13-6 所示。

图 13-6　"表"节点

拖动"输出"选项卡里的"表"节点到数据流编辑区 Excel 节点的下面,如图 13-7 所示。

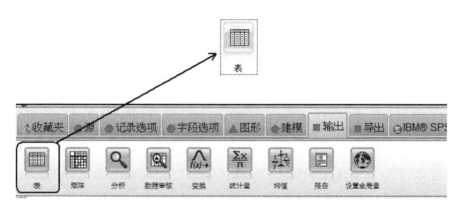

图 13-7 "表"节点的插入

再点击 Excel 节点菜单里的连接,将 Excel 与表两节点连接起来,如图 13-8 所示。

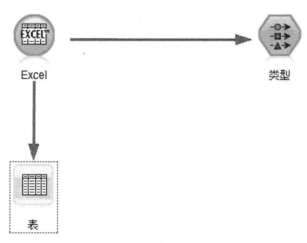

图 13-8 两节点的连接

再次右击 Excel 节点出现菜单,选取菜单里的"编辑"项,出现如图 13-9 所示的界面。

点击编辑项里的导入文件,在导入文件的右面找到文件的路径。所用的是烟丝的试验数据,因为原数据是 4 个输入 7 个输出,现在就以 y_1 为例($y_2 \sim y_7$ 的数据与 y_1 类似),其原始数据见表 13-1。

表 13-1 4 输入 1 输出原数据

热风风速 x_1/(m/s)	蒸汽压力 x_2/MPa	蒸汽温度 x_3/℃	热风温度 x_4/℃	填充值 y_1/(m³/g)
1.0	0.15	127	100	3.87
1.0	0.15	127	110	4.02

续表

热风风速 x_1/(m/s)	蒸汽压力 x_2/MPa	蒸汽温度 x_3/℃	热风温度 x_4/℃	填充值 y_1/(m³/g)
1.0	0.15	127	120	4.13
1.0	0.25	140	100	4.03
1.0	0.25	140	110	4.17
1.0	0.25	140	120	4.31
1.0	0.35	148	100	4.21
1.0	0.35	148	110	4.34
1.0	0.35	148	120	4.49
0.5	0.25	140	100	4.11
1.0	0.25	140	100	3.97
1.5	0.25	140	100	3.63
0.5	0.25	140	110	4.25
1.0	0.25	140	110	4.13
1.5	0.25	140	110	4.11
0.5	0.25	140	120	4.32
1.0	0.25	140	120	4.27
1.5	0.25	140	120	4.03
0.5	0.15	127	110	4.02
0.5	0.25	127	110	4.33
0.5	0.35	127	110	4.41
1.0	0.15	140	110	3.97
1.0	0.25	140	110	4.15
1.0	0.35	140	110	4.37
1.5	0.15	148	110	3.79
1.5	0.25	148	110	4.12
1.5	0.35	148	110	4.28

图 13-9　Excel 编辑项的界面

　　将数据整理好放入 Excel 表格中，保存好路径，根据图 13-9 的步骤找到该文件，结果如图 13-10 所示。然后点击"应用"，再点"确定"。

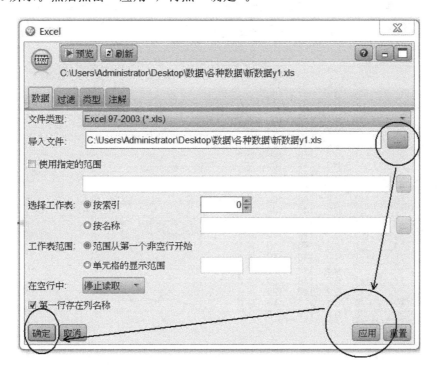

图 13-10　Excel 编辑界面

然后右击 Excel 节点下面连接的表节点，出现如图 13-11 所示的界面。

图 13-11　表节点的右击界面

点击图 13-11 中的“运行”，可以查看导入的数据是否正确，结果如图 13-12 所示。

	x1	x2	x3	x4	y1
1	1....	0.1...	127....	100....	3.8...
2	1....	0.1...	127....	110....	4.0...
3	1....	0.1...	127....	120....	4.1...
4	1....	0.2...	140....	100....	4.0...
5	1....	0.2...	140....	110....	4.1...
6	1....	0.2...	140....	120....	4.3...
7	1....	0.3...	148....	100....	4.2...
8	1....	0.3...	148....	110....	4.3...
9	1....	0.3...	148....	120....	4.4...
10	0....	0.2...	140....	100....	4.1...
11	1....	0.2...	140....	100....	3.9...
12	1....	0.2...	140....	100....	3.6...
13	0....	0.2...	140....	110....	4.2...
14	1....	0.2...	140....	110....	4.1...
15	1....	0.2...	140....	110....	4.1...
16	0....	0.2...	140....	120....	4.3...
17	1....	0.2...	140....	120....	4.2...
18	1....	0.2...	140....	120....	4.0...
19	0....	0.1...	127....	110....	4.0...
20	0....	0.2...	127....	110....	4.3...

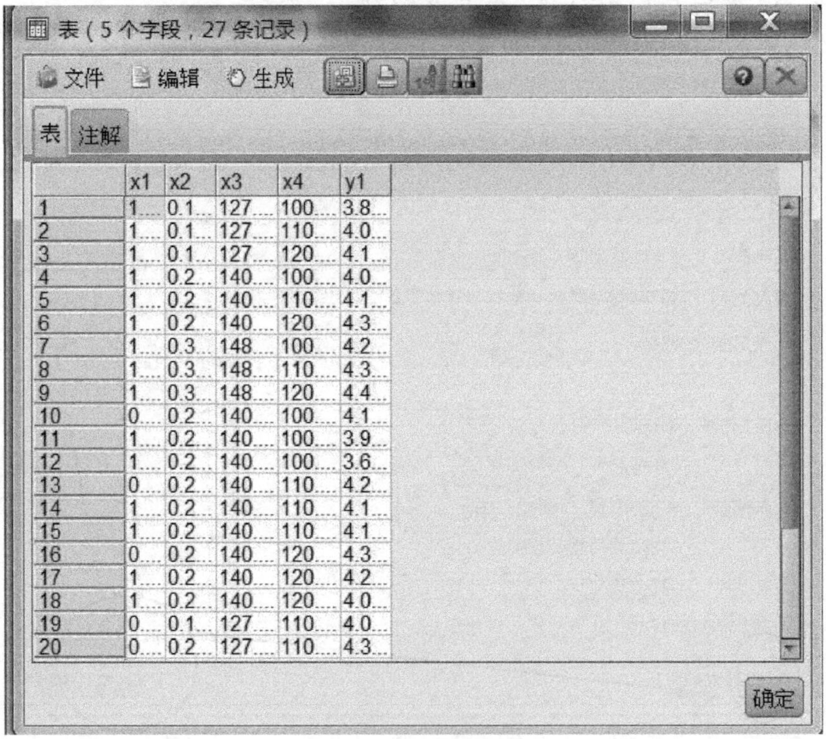

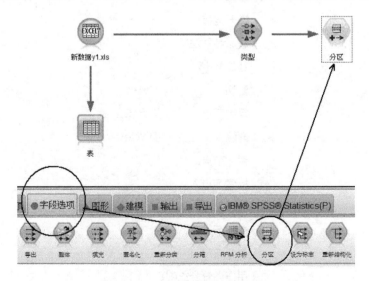

图 13-12　表节点运行界面

在确认数据无误的情况下，可以点击“确定”。然后在“字段选项”选项卡里找到“分区”节点，和之前步骤类似拖动该节点到“类型”节点的后面，之后右击“类型”节点，出现连接选项，最后将“类型”节点和“分区”节点连接即可，结果如图 13-13 所示。

图 13-13　分区节点的插入

分区节点中，可以设置分区中的训练比，如图 13-14 所示。由图 13-14 可知，按照训练样本 50%、检验样本 50%进行分区。

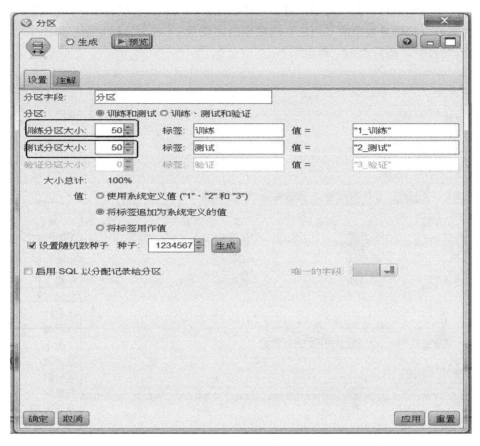

图 13-14　在分区节点中设置训练样本和检验样本的比例

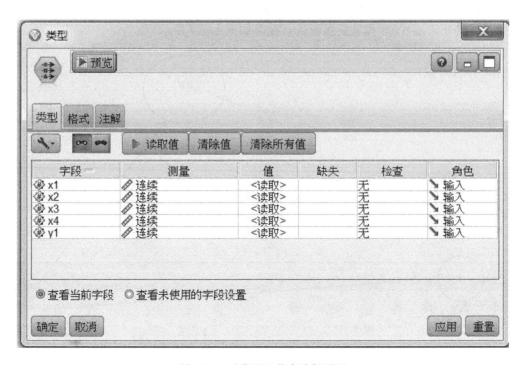

图 13-15　"类型"节点编辑界面

右击"类型"节点，出现菜单，点击菜单栏里的"编辑"选项，结果如图 13-15 所示。

将类型节点编辑界面里的"角色"选项中的因变量 y_1 改为目标，结果如图 13-16 所示。然后点击"应用"，最后点击"确定"。

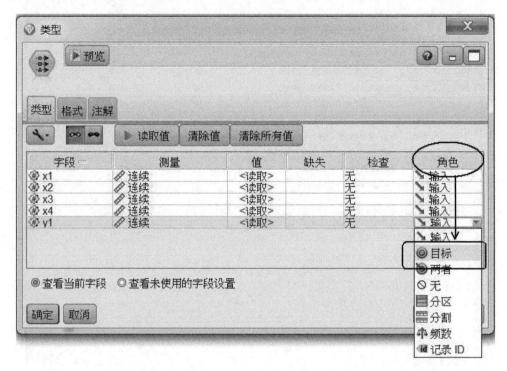

图 13-16　目标值的设定

设定完目标值之后，在"建模"选项卡里找到 SVM 模块，用类似的方法将其拖到分区的后面，再将分区与 SVM 模块连接起来，结果如图 13-17 所示。

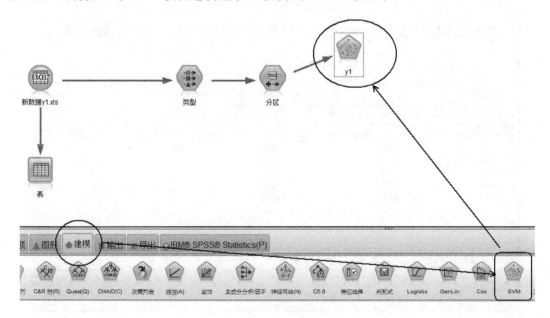

图 13-17　SVM 模块的建立

因为之前在类型节点编辑选项里已将因变量设为目标，所以 SVM 建立之后直接就是设定目标的名称。与之前步骤类似右击 SVM 节点，出现菜单栏再点击菜单栏里的"运行"，出现如图 13-18 所示界面。

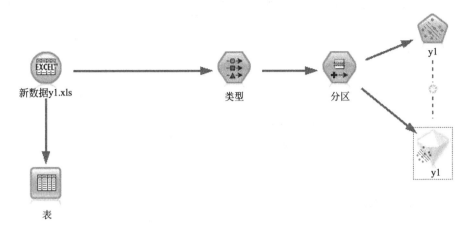

新数据y1.xls   类型   分区   y1

表   y1

图 13-18　SVM 运行结果

如果 SVMR 模型核函数选择"专家"选项，则设置"专家"参数的界面如图 13-19 所示。由图 13-19 可知，停止标准＝10^{-3}、规则化参数＝10、回归精度＝0.1、内核类型为 RBF、伽马＝0.1。

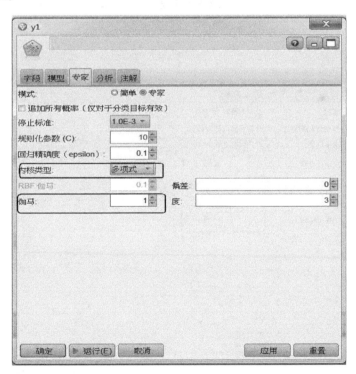

图 13-19　SVMR 模型核函数选择选择"专家"选项时设置"专家"参数的界面

如果 SVMR 模型核函数选择"多项式类型"，则设置"专家"参数的界面如图 13-20 所示。由图 13-20 可知，停止标准＝10^{-3}、规则化参数＝10、回归精度＝0.1、内核类型为多项式、伽马＝1。

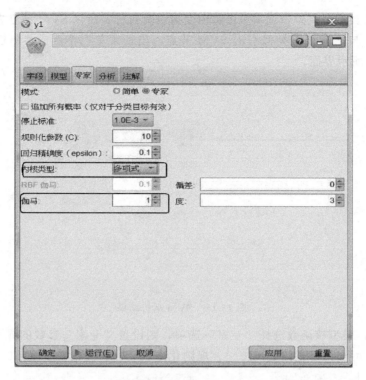

图 13-20　SVMR 模型核函数选择"多项式类型"界面

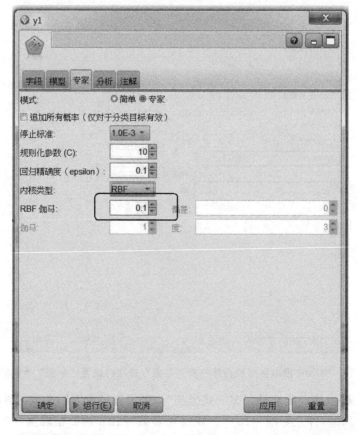

图 13-21　SVMR 模型核函数选择"RBF 内核类型"设置"专家"参数改变伽马的界面

当训练比一定，只改变伽马值的范围，SVMR 模型核函数选择"RBF 内核类型"，则设置"专家"参数改变伽马的界面如图 13-21 所示。由图 13-21 可知，停止标准 $=10^{-3}$、规则化参数 $=10$、回归精确度 $=0.1$、内核类型为 RBF。

将生成的模型拖动到适当的位置，因为要将模型运行的结果导出，则必须在"字段选项"选项卡中找到"导出"节点，将该节点按照上面类似的方法拖动到"生成 y_1"模块的后面，右击"生成 y_1"模块出现菜单栏，点击菜单栏里的"连接"，将"生成 y_1"模块与"导出"节点相连接，结果如图 13-22 所示。

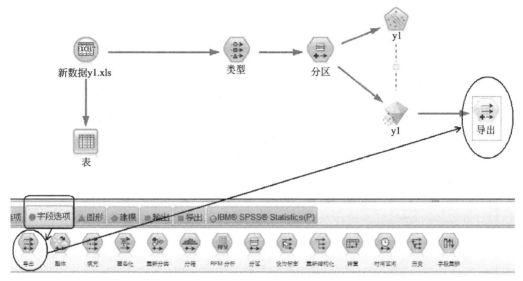

图 13-22　连接导出节点的界面

图 13-23　导出节点编辑选项界面

　　因为要找高精度模型，所以最后导出的结果是误差，但是误差要插入公式计算，所以在"导出"中插入公式。首先右击"导出"节点，与前面操作界面类似出现菜单栏，再点击菜单栏里的编辑选项，出现如图 13-23 所示。

　　在［导出］节点编辑选项界面里找到公式右边的一个小计算器图标，点击该图标出现如图 13-24 所示的公式插入界面。

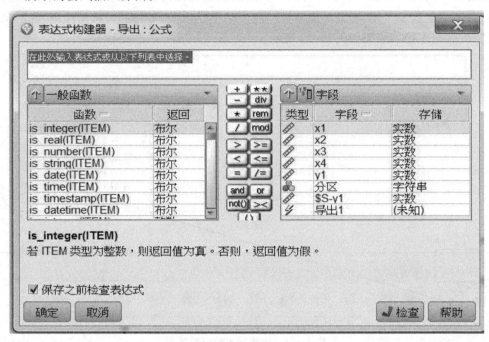

图 13-24　公式插入界面

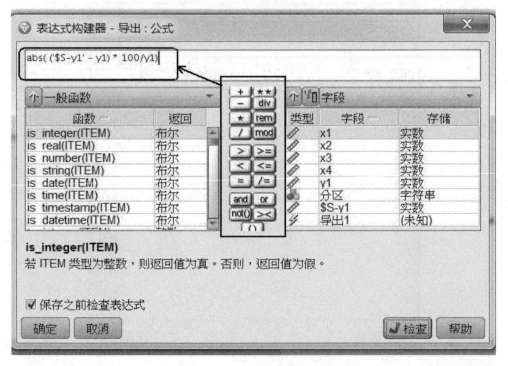

图 13-25　误差公式的插入界面

在图 13-24 界面内插入计算误差绝对值的公式，即 [（预测值－真实值）* 100/真实值] 再取绝对值即可得到。插入公式在中间的操作界面里进行，插入的公式会在最上面的空白处出现。结果如图 13-25 所示。

插入完公式之后，点击图 13-25 界面里的"确定"，则插入的公式会出现在图 13-23 中公式的空白处，然后点击"应用"，再点击"确定"即可完成公式的插入。结果如图 13-26 所示。

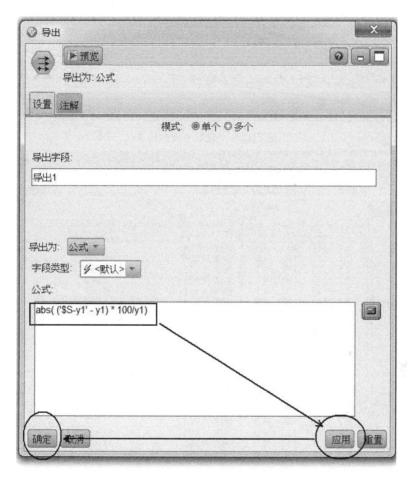

图 13-26　公式的插入结果界面

公式插入之后需要把计算结果导出来，则要利用"表"节点将其导出。在"输出"选项卡中找到"表"节点，将其节点拖动到"导出"节点的后面，右击"导出"节点，出现菜单栏，在菜单栏选择"连接"选项，将"导出"节点与"表"节点连接。结果如图 13-27 所示。

要得到计算结果需要右击最后一个"表"节点，出现菜单栏，再点击菜单栏里的"运行"选项，则会弹出运行结果，结果如图 13-28 所示。

图 13-28 中的分区是软件默认的分区，而 '$S-y1' 是预测值，导出 1 代表误差值。

如果要查看"分区"节点的运行结果，需要在"分区"节点的下面在添加一个"表"节点，操作步骤与之前插入表节点的方法类似。结果如图 13-29 所示。

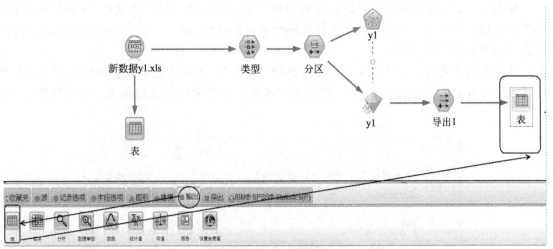

图 13-27　"表"节点的插入

表（8 个字段，27 条记录）

	x1	x2	x3	x4	y1	分区	$S-y1	导出1
1	1...	0.1...	127...	100...	3.8...	1 训练	3.939	1.793
2	1...	0.1...	127...	110...	4.0...	1 训练	3.997	0.563
3	1...	0.1...	127...	120...	4.1...	2 测试	4.066	1.549
4	1...	0.2...	140...	100...	4.0...	2 测试	4.073	1.079
5	1...	0.2...	140...	110...	4.1...	1 训练	4.147	0.557
6	1...	0.2...	140...	120...	4.3...	1 训练	4.224	1.995
7	1...	0.3...	148...	100...	4.2...	2 测试	4.232	0.517
8	1...	0.3...	148...	110...	4.3...	1 训练	4.313	0.625
9	1...	0.3...	148...	120...	4.4...	1 训练	4.390	2.231
10	0...	0.2...	140...	100...	4.1...	1 训练	4.162	1.262
11	1...	0.2...	140...	100...	3.9...	2 测试	4.073	2.606
12	1...	0.2...	140...	100...	3.6...	2 测试	3.985	9.771
13	0...	0.2...	140...	110...	4.2...	2 测试	4.236	0.329
14	1...	0.2...	140...	110...	4.1...	1 训练	4.147	0.407
15	1...	0.2...	140...	110...	4.1...	2 测试	4.053	1.376
16	0...	0.2...	140...	120...	4.3...	2 测试	4.310	0.241
17	1...	0.2...	140...	120...	4.2...	1 训练	4.224	1.077
18	1...	0.2...	140...	120...	4.0...	1 训练	4.131	2.496
19	1...	0.1...	127...	110...	4.0...	2 测试	4.085	1.624
20	0...	0.2...	127...	110...	4.3...	1 训练	4.230	2.316

确定

图 13-28　运行结果界面

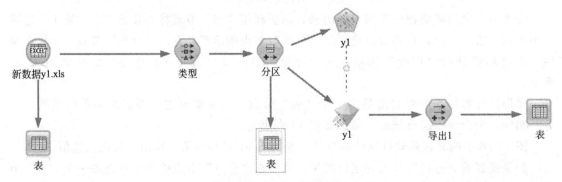

图 13-29　"表"节点的插入

13.2　基于均匀试验的模型筛选

对于 SPSS Modeler 软件建立的模型，影响模型精度的因素有：分区中的训练比，SVM 模块专家选项里的停止标准、规则化参数、回归精确度、内核类型、伽马等因素。可以用均匀试验表进行均匀试验，再次计算建立模型的最大误差，从而提高模型精度。

均匀试验就是选定所有影响模型的因素如训练比、停止标准、规则化参数、回归精确度、内核类型、伽马等，让这些因素都在一定的范围内变化，然后通过建立的均匀设计表，将这些影响因素代入建立的均匀设计表中，对应均匀设计表中各因素的值改变分区中的训练比；SVM 模块里的专家选项里的停止标准、规则化参数、回归精确度、内核类型、伽马等因素进行计算寻找高精度模型。

13.2.1　核函数为 RBF 时

当选择原数据核函数为 RBF 时的模型精度比较高，所以可以先用原数据核函数为 RBF 时进行均匀试验计算寻找高精度模型。如果选用"专家"选项里的核函数为 RBF 时，影响因素变为：分区中的训练比；SVM 模块专家选项里的停止标准、规则化参数、回归精确度、伽马。因为停止标准对模型的影响很小，所以停止标准选用默认值为 10^{-3}，而还剩四个因素都在一定范围内变化。先建立一个 4 因素 7 水平的均匀设计表见表 13-2。

表 13-2　4 因素 7 水平均匀设计填充值 y_1 表试验结果

规则化参数(C)	回归精确度(epsilon)	RBF 伽马	训练样本比例	对填充值 y_1 预测的模型最大误差/%
10	0.175	1.35	0.6	14.36200856
7	0.05	0.375	0.533	13.11772848
5.5	0.425	2	0.567	11.84573003
4	0.2375	0.05	0.633	14.25421869
1	0.3	1.025	0.5	14.17065244
2.5	0.1125	1.675	0.667	15.85109239
8.5	0.3625	0.7	0.7	11.84661012

从表 13-2 中可知模型的最大误差变化都不显著，可能是设计的均匀设计表行数太少，所以改为 4 因素 16 水平均匀设计表。

表 13-3　4 因素 16 水平均匀设计填充值 y_1 试验结果

规则化参数(C)	回归精确度(epsilon)	RBF 伽马	训练样本比例	填充值 y_1 SVMR 模型最大误差/%
52	0.425	4.693333333	0.76(80)	11.84573003
34	0.175	0.05	0.72(75)	11.09059068
22	0.35	6.02	0.68(70)	11.92877913
10	0.275	2.04	0.6	12.43485940
82	0.075	3.366666667	0.7	14.83255627
28	0.225	4.03	0.5	14.51622394
76	0.325	7.346666667	0.52(55)	14.04958678
40	0.4	9.336666667	0.56(60)	11.84573003
94	0.25	8.673333333	0.74(75)	12.62452964
70	0.3	2.703333333	0.8	12.27041861
46	0.05	6.683333333	0.62(65)	13.20563318

规则化参数(C)	回归精确度(epsilon)	RBF 伽马	训练样本比例	填充值 y_1 SVMR 模型最大误差/%
64	0.2	10	0.66(70)	13.20656113
88	0.375	0.713333333	0.64(65)	11.84573003
100	0.15	5.356666667	0.58(60)	12.74338727
58	0.1	1.376666667	0.54(55)	14.99318018
16	0.125	8.01	0.78(80)	13.68098926

表 13-4 4 因素 16 水平均匀设计整丝率 y_2 试验结果

规则化参数(C)	回归精确度(epsilon)	RBF 伽马	训练样本比例	整丝率 y_2 SVMR 模型最大误差/%
52	0.425	4.693333333	0.76(80)	2.856967062
34	0.175	0.05	0.72(75)	2.428448373
22	0.35	6.02	0.68(70)	2.851442045
10	0.275	2.04	0.6	3.049620929
82	0.075	3.366666667	0.7	2.786802910
28	0.225	4.03	0.5	2.718723714
76	0.325	7.346666667	0.52(55)	2.871045958
40	0.4	9.336666667	0.56(60)	2.769578951
94	0.25	8.673333333	0.74(75)	2.835871232
70	0.3	2.703333333	0.8	2.830885341
46	0.05	6.683333333	0.62(65)	2.957484576
64	0.2	10	0.66(70)	2.850407714
88	0.375	0.713333333	0.64(65)	2.740685378
100	0.15	5.356666667	0.58(60)	2.945024010
58	0.1	1.376666667	0.54(55)	3.020488908
16	0.125	8.01	0.78(80)	2.867149434

表 13-5 4 因素 16 水平均匀设计含水率 y_3 试验结果

规则化参数(C)	回归精确度(epsilon)	RBF 伽马	训练样本比例	含水率 y_3 SVMR 模型最大误差/%
52	0.425	4.693333333	0.76(80)	71.66069547
34	0.175	0.05	0.72(75)	48.55056684
22	0.35	6.02	0.68(70)	69.18439709
10	0.275	2.04	0.6	67.10504475
82	0.075	3.366666667	0.7	67.04481625
28	0.225	4.03	0.5	67.81160942
76	0.325	7.346666667	0.52(55)	66.66872000
40	0.4	9.336666667	0.56(60)	70.53127924
94	0.25	8.673333333	0.74(75)	67.37193774
70	0.3	2.703333333	0.8	69.56145288
46	0.05	6.683333333	0.62(65)	67.60329221
64	0.2	10	0.66(70)	69.19977055
88	0.375	0.713333333	0.64(65)	86.89733235
100	0.15	5.356666667	0.58(60)	72.46727946
58	0.1	1.376666667	0.54(55)	48.78401232
16	0.125	8.01	0.78(80)	65.21090915

表13-6 4因素16水平均匀设计香气 y_4 试验结果

规则化参数(C)	回归精确度(epsilon)	RBF 伽马	训练样本比例	香气 y_4 SVMR 模型最大误差/%
52	0.425	4.693333333	0.76(80)	8.866276558
34	0.175	0.05	0.72(75)	9.645924998
22	0.35	6.02	0.68(70)	8.54683138
10	0.275	2.04	0.6	16.09401907
82	0.075	3.366666667	0.7	18.04283559
28	0.225	4.03	0.5	8.578700359
76	0.325	7.346666667	0.52(55)	9.150311557
40	0.4	9.336666667	0.56(60)	9.155185251
94	0.25	8.673333333	0.74(75)	7.994902066
70	0.3	2.703333333	0.8	12.48095276
46	0.05	6.683333333	0.62(65)	12.56243589
64	0.2	10	0.66(70)	8.257966214
88	0.375	0.713333333	0.64(65)	15.37635084
100	0.15	5.356666667	0.58(60)	11.79566101
58	0.1	1.376666667	0.54(55)	34.97754401
16	0.125	8.01	0.78(80)	9.658268265

表13-7 4因素16水平均匀设计杂气 y_5 试验结果

规则化参数(C)	回归精确度(epsilon)	RBF 伽马	训练样本比例	杂气 y_5 SVMR 模型最大误差/%
52	0.425	4.693333333	0.76(80)	无结果
34	0.175	0.05	0.72(75)	6.131428476
22	0.35	6.02	0.68(70)	无结果
10	0.275	2.04	0.6	无结果
82	0.075	3.366666667	0.7	6.945402754
28	0.225	4.03	0.5	5.759197439
76	0.325	7.346666667	0.52(55)	无结果
40	0.4	9.336666667	0.56(60)	无结果
94	0.25	8.673333333	0.74(75)	无结果
70	0.3	2.703333333	0.8	无结果
46	0.05	6.683333333	0.62(65)	6.706878317
64	0.2	10	0.66(70)	5.644769195
88	0.375	0.713333333	0.64(65)	无结果
100	0.15	5.356666667	0.58(60)	5.61526262
58	0.1	1.376666667	0.54(55)	8.375407581
16	0.125	8.01	0.78(80)	5.739693717

表13-8 4因素16水平均匀设计刺激性 y_6 试验结果

规则化参数(C)	回归精确度(epsilon)	RBF 伽马	训练样本比例	刺激性 y_6 SVMR 模型最大误差/%
52	0.425	4.693333333	0.76(80)	无结果
34	0.175	0.05	0.72(75)	13.17238636
22	0.35	6.02	0.68(70)	12.18505368
10	0.275	2.04	0.6	10.87660468
82	0.075	3.366666667	0.7	19.54197847
28	0.225	4.03	0.5	10.80792703
76	0.325	7.346666667	0.52(55)	12.40233478
40	0.4	9.336666667	0.56(60)	11.39444074
94	0.25	8.673333333	0.74(75)	12.35896241
70	0.3	2.703333333	0.8	12.43950691

规则化参数(C)	回归精度(epsilon)	RBF 伽马	训练样本比例	刺激性 y_6 SVMR 模型最大误差/%
46	0.05	6.683333333	0.62(65)	12.99642532
64	0.2	10	0.66(70)	11.96878287
88	0.375	0.713333333	0.64(65)	11.06457937
100	0.15	5.356666667	0.58(60)	11.41101358
58	0.1	1.376666667	0.54(55)	38.75832460
16	0.125	8.01	0.78(80)	10.77445373

表 13-9　4 因素 16 水平均匀设计余味 y_7 试验结果

规则化参数(C)	回归精度(epsilon)	RBF 伽马	训练样本比例	余味 y_7 SVMR 模型最大误差/%
52	0.425	4.693333333	0.76(80)	12.99870540
34	0.175	0.05	0.72(75)	17.97225557
22	0.35	6.02	0.68(70)	13.79145942
10	0.275	2.04	0.6	13.25935833
82	0.075	3.366666667	0.7	17.27015181
28	0.225	4.03	0.5	12.71036446
76	0.325	7.346666667	0.52(55)	14.16513064
40	0.4	9.336666667	0.56(60)	13.48052533
94	0.25	8.673333333	0.74(75)	14.62673698
70	0.3	2.703333333	0.8	12.09937409
46	0.05	6.683333333	0.62(65)	13.60152430
64	0.2	10	0.66(70)	15.20632611
88	0.375	0.713333333	0.64(65)	16.61428972
100	0.15	5.356666667	0.58(60)	13.92775061
58	0.1	1.376666667	0.54(55)	25.3269832
16	0.125	8.01	0.78(80)	14.67263242

从表 13-3～表 13-9 可知，y_3 的最大误差是最大的，说明对于 y_3 数据建立的模型不太理想。其他因变量的最大误差都比较理想。

对于 y_3 进行人工分段进行均匀化设计，将 27 行数据进行从大到小排序分两段，分为前 14 行和后 13 行。结果见表 13-10 和表 13-11。

表 13-10　前 14 行数据

热风风速 x_1/(m/s)	蒸汽压力 x_2/MPa	蒸汽温度 x_3/℃	热风温度 x_4/℃	含水率 y_3/%
1.0	0.15	127	110	0.81
1.0	0.15	127	100	0.87
1.0	0.15	127	120	0.92
0.5	0.25	140	100	1.02
1.0	0.25	140	100	1.05
0.5	0.25	140	110	1.07
0.5	0.15	127	110	1.12
0.5	0.25	140	120	1.16
0.5	0.25	127	110	1.16
1.0	0.25	140	110	1.17
1.0	0.25	140	120	1.23
0.5	0.35	127	110	1.27
1.0	0.25	140	120	1.35
1.0	0.15	140	110	1.35

表 13-11 后 13 行数据

热风风速 x_1/(m/s)	蒸汽压力 x_2/MPa	蒸汽温度 x_3/℃	热风温度 x_4/℃	含水率 y_3/%
1.0	0.25	140	100	1.37
1.0	0.25	140	110	1.41
1.0	0.35	148	100	1.54
1.0	0.35	140	110	1.61
1.0	0.35	148	110	1.63
1.0	0.25	140	110	1.63
1.5	0.25	140	110	1.75
1.5	0.15	148	110	1.75
1.0	0.35	148	120	1.82
1.5	0.25	140	100	1.86
1.5	0.25	148	110	1.89
1.5	0.25	140	120	1.94
1.5	0.35	148	110	2.01

　　同理，按照上述的方法建立 4 因素 7 水平的均匀设计表，将前 14 行数据导入模型里进行计算，然后再将后 13 行数据导入模型里进行计算。计算结果分别见表 13-12 和表 13-13。

表 13-12 前 14 行均匀设计实验结果

规则化参数(C)	回归精确度(epsilon)	RBF 伽马	训练样本比例	y_3 分段最大误差上段/%
100	0.121666667	6.683333333	0.65	34.71844239
70	0.05	1.708333333	0.55	27.64890814
55	0.265	10	0.6	33.33333333
40	0.1575	0.05	0.7	26.40106212
10	0.193333333	5.025	0.5	33.33333333
25	0.085833333	8.341666667	0.75	30.68645319
85	0.229166667	3.366666667	0.8	33.43992812

表 13-13 后 13 行均匀设计实验结果

规则化参数(C)	回归精确度(epsilon)	RBF 伽马	训练样本比例	y_3 分段最大误差下段/%
100	0.121666667	6.683333333	0.65	25.67318323
70	0.05	1.708333333	0.55	22.43819540
55	0.265	10	0.6	20.80291971
40	0.1575	0.05	0.7	32.08597142
10	0.193333333	5.025	0.5	19.52890651
25	0.085833333	8.341666667	0.75	26.59854294
85	0.229166667	3.366666667	0.8	21.43128112

　　从表 13-12 和表 13-13 可知，将 y_3 的数据进行人工分段可以将 y_3 的最大误差大大降低，即进行人工分段可以将模型精度提高。

13.2.2 多项式核函数时

　　当选择解释变量数据核函数为多项式时的模型精度比较高，所以先可以用解释变量数据核函数为多项式时进行均匀试验计算寻找高精度模型。如果选用"专家"选项里的核函数为多项式时，影响因素变为：分区中的训练比，SVM 模块专家选项里的停止标准、规则化参数、回归精确度、伽马、偏差和度。

　　因为停止标准对模型的影响很小，所以停止标准选用默认值为 10^{-3}，而还剩 6 个因素都在一定范围内变化。同理，和上述原数据核函数为 RBF 时建立均匀设计表的方法相同，建立一个均匀设计表，只是因素数量和表的行数变为 6 因素 25 行，结果见表 13-14～表 13-17。从表 13-14～表 13-17 中可以看出四种解释变量数据的计算结果中，第一种解释变量的数据计算的最大误差中存在最小最大误差值，即选第一种解释变量数据核函数为多项式时计算的最大误差最小。

表 13-14　第一种解释变量 6 因素 25 水平均匀试验的结果

规则化参数(C)	回归精确度 (epsilon)	伽马	偏差	度	训练样本比例	填充值 SVMR 模型 最大误差（多项式）/%
81.25	0.0658125	6.26875	2.916666667	8.875	0.55	90.88249766
66.25	0.1606875	9.170833333	4.583333333	3.625	0.533333333	12.66776991
28.75	0.303	7.5125	2.083333333	1	0.558333333	13.80801119
73.75	0.4136875	4.610416667	0.416666667	9.25	0.616666667	11.39669228
55	0.397875	10	2.5	3.25	0.658333333	10.96143132
32.5	0.144875	8.341666667	3.333333333	9.625	0.633333333	36.17411648
62.5	0.3188125	0.464583333	4.375	8.5	0.65	8.782366732
40	0.081625	5.025	4.166666667	1.375	0.666666667	6.869876678
43.75	0.4295	5.439583333	3.125	5.125	0.5	错误
17.5	0.0974375	9.585416667	0.625	5.5	0.583333333	136.479631
25	0.3504375	2.952083333	1.25	4	0.683333333	9.652889098
10	0.1923125	1.29375	2.708333333	2.875	0.625	12.02363421
13.75	0.36625	6.683333333	4.791666667	7	0.608333333	10.0909052
47.5	0.1765	5.854166667	1.041666667	7.75	0.7	11.46719635
85	0.3820625	1.708333333	3.541666667	1.75	0.566666667	错误
51.25	0.2555625	3.366666667	1.875	10	0.575	6.75379098
70	0.05	0.05	1.666666667	4.75	0.6	8.255717597
77.5	0.271375	7.927083333	3.75	5.875	0.691666667	7.169741402
58.75	0.1290625	3.78125	0.833333333	2.5	0.508333333	17.0548911
88.75	0.2239375	7.097916667	0.208333333	2.125	0.641666667	5.913551181
96.25	0.11325	2.122916667	2.291666667	6.625	0.675	23.45121072
100	0.23975	4.195833333	5	4.375	0.591666667	7.078932777
21.25	0.208125	2.5375	3.958333333	8.125	0.516666667	8.179008786
36.25	0.2871875	0.879166667	0	6.25	0.541666667	8.248034787
92.5	0.334625	8.75625	1.458333333	7.375	0.525	14.30255807

表 13-15　第二种解释变量 6 因素 25 水平均匀试验的结果

规则化参数(C)	回归精确度 (epsilon)	伽马	偏差	度	训练样本比例	填充值 SVMR 模型 最大误差（多项式）/%
81.25	0.0658125	6.26875	2.916666667	8.875	0.55	176.5971047
66.25	0.1606875	9.170833333	4.583333333	3.625	0.533333333	10.96748145
28.75	0.303	7.5125	2.083333333	1	0.558333333	12.14436607

规则化参数(C)	回归精确度(epsilon)	伽马	偏差	度	训练样本比例	填充值 SVMR 模型最大误差(多项式)/%
73.75	0.4136875	4.610416667	0.416666667	9.25	0.616666667	11.39669141
55	0.397875	10	2.5	3.25	0.658333333	10.96143072
32.5	0.144875	8.341666667	3.333333333	9.625	0.633333333	194.3722261
62.5	0.3188125	0.464583333	4.375	8.5	0.65	8.7823657
40	0.081625	5.025	4.166666667	1.375	0.666666667	8.439267187
43.75	0.4295	5.439583333	3.125	5.125	0.5	14.01640964
17.5	0.0974375	9.585416667	0.625	5.5	0.583333333	141.9582141
25	0.3504375	2.952083333	1.25	4	0.683333333	9.668331783
10	0.1923125	1.29375	2.708333333	2.875	0.625	11.08354798
13.75	0.36625	6.683333333	4.791666667	7	0.608333333	10.09090384
47.5	0.1765	5.854166667	1.041666667	7.75	0.7	27.83698405
85	0.3820625	1.708333333	3.541666667	1.75	0.566666667	14.02803156
51.25	0.2555625	3.366666667	1.875	10	0.575	30.04866776
70	0.05	0.05	1.666666667	4.75	0.6	11.42005624
77.5	0.271375	7.927083333	3.75	5.875	0.691666667	7.476459639
58.75	0.1290625	3.78125	0.833333333	2.5	0.508333333	17.18526249
88.75	0.2239375	7.097916667	0.208333333	2.125	0.641666667	12.46313603
96.25	0.11325	2.122916667	2.291666667	6.625	0.675	22.97439859
100	0.23975	4.195833333	5	4.375	0.591666667	9.850627994
21.25	0.208125	2.5375	3.958333333	8.125	0.516666667	10.86528136
36.25	0.2871875	0.879166667	0	6.25	0.541666667	22.23834987
92.5	0.334625	8.75625	1.458333333	7.375	0.525	12.2536015

表 13-16　第三种解释变量 6 因素 25 水平均匀试验的结果

规则化参数(C)	回归精确度(epsilon)	伽马	偏差	度	训练样本比例	填充值 SVMR 模型最大误差(多项式)/%
81.25	0.0658125	6.26875	2.916666667	8.875	0.55	21.58584998
66.25	0.1606875	9.170833333	4.583333333	3.625	0.533333333	11.88217960
28.75	0.303	7.5125	2.083333333	1	0.558333333	13.84273473
73.75	0.4136875	4.610416667	0.416666667	9.25	0.616666667	11.39855987
55	0.397875	10	2.5	3.25	0.658333333	10.96143210
32.5	0.144875	8.341666667	3.333333333	9.625	0.633333333	6.289437742
62.5	0.3188125	0.464583333	4.375	8.5	0.65	8.782367774
40	0.081625	5.025	4.166666667	1.375	0.666666667	7.482577531
43.75	0.4295	5.439583333	3.125	5.125	0.5	14.05806973
17.5	0.0974375	9.585416667	0.625	5.5	0.583333333	11.27975103
25	0.3504375	2.952083333	1.25	4	0.683333333	9.652891541

规则化参数(C)	回归精确度 (epsilon)	伽马	偏差	度	训练样本比例	填充值 SVMR 模型 最大误差(多项式)/%
10	0.1923125	1.29375	2.708333333	2.875	0.625	10.44209706
13.75	0.36625	6.683333333	4.791666667	7	0.608333333	10.09090822
47.5	0.1765	5.854166667	1.041666667	7.75	0.7	4.875549422
85	0.3820625	1.708333333	3.541666667	1.75	0.566666667	14.04903047
51.25	0.2555625	3.366666667	1.875	10	0.575	10.70851939
70	0.05	0.05	1.666666667	4.75	0.6	8.085781289
77.5	0.271375	7.927083333	3.75	5.875	0.691666667	7.485430339
58.75	0.1290625	3.78125	0.833333333	2.5	0.508333333	17.06898626
88.75	0.2239375	7.097916667	0.208333333	2.125	0.641666667	6.180993491
96.25	0.11325	2.122916667	2.291666667	6.625	0.675	14.65665215
100	0.23975	4.195833333	5	4.375	0.591666667	9.211177430
21.25	0.208125	2.5375	3.958333333	8.125	0.516666667	10.71792170
36.25	0.2871875	0.879166667	0	6.25	0.541666667	15.11098099
92.5	0.334625	8.75625	1.458333333	7.375	0.525	14.43800167

表 13-17 第四种解释变量 6 因素 25 水平均匀试验的结果

规则化参数(C)	回归精确度 (epsilon)	伽马	偏差	度	训练样本比例	填充值 SVMR 模型 最大误差(多项式)/%
81	0.06581	6.26875	2.9167	9	0.55	103.5747032
66	0.1607	9.1708	4.5833	4	0.5	13.06716342
29	0.303	7.5125	2.0833	1	0.55	12.27799452
74	0.4137	4.6104	0.4167	9	0.6	11.66930776
55	0.3979	10	2.5	3	0.65	10.96143220
32	0.1449	8.3417	3.3333	10	0.65	78.59229378
62	0.3188	0.4646	4.375	8	0.65	8.773634546
40	0.0816	5.025	4.1667	1	0.65	9.244483156
44	0.3495	5.4396	3.125	5	0.5	14.03287425
17	0.0974	9.5854	0.625	6	0.6	226.9997051
25	0.3504	2.9521	1.25	4	0.7	9.666989592
10	0.1923	1.2938	2.7083	3	0.6	11.36335786
14	0.3663	6.6833	4.7917	7	0.6	10.10136529
47	0.1765	5.8542	1.0417	8	0.7	71.29923400
85	0.3495	1.7083	3.5417	2	0.55	14.03096710
51	0.2556	3.3667	1.875	10	0.6	19.75313558
70	0.05	0.05	1.6667	5	0.6	10.63792668
77	0.2714	7.9271	3.75	6	0.7	7.887077516

续表

规则化参数(C)	回归精确度 (epsilon)	伽马	偏差	度	训练样本比例	填充值 SVMR 模型 最大误差(多项式)/%
59	0.1291	3.7813	0.8333	3	0.5	14.39096591
89	0.2239	7.0979	0.2083	2	0.65	6.849746246
96	0.1134	2.1229	2.2917	7	0.7	9.066136241
100	0.2398	4.1958	5	4	0.6	11.52732767
21	0.2081	2.5375	3.9583	8	0.5	13.35345115
36	0.2872	0.8792	0	6	0.55	12.77335800
92	0.3346	8.7563	1.4583	7	0.55	13.60735066

以上出现"错误"栏项，是因为导入的数据超过了回归精确度的限定值，导致这个模型不能正常运行。所以，在编辑均匀设计表时，最好试一下回归精确度的最大限定值，这样求回归精确度的范围更广，包括的模型精度越多，越利于分析结果。

综上所述，通过均匀设计试验结果可以得到当数据选为第一种解释变量数据、核函数为多项式、规则化参数＝89、回归精确度＝0.2239、伽马＝7.0979、偏差＝0.2083、度＝2、训练比＝65％时计算的最大误差最小为 5.913551181％。此时的模型精度最高。

13.3 基于人工分区试验的结果

SPSS Modeler 软件的 SVMR 模型，在分区节点菜单栏的编辑选项里，数据分区是软件自动完成的。如图 13-30 所示。

为了进一步得到精度更高的模型，采用人工分区建立 SVMR 模型。人工分区的方法主要是将原数据中的 27 行数据分成前 14 行进行训练，后 13 行进行预测。

建立基于人工分区 SPSS Modeler 软件的 SVMR 模型。人工分区的 SVMR 模型没有"分区"节点，而"分区"节点前面的"Excel"节点、"类型"节点和"表"节点的建立结果如图 13-31 所示。

将要导入的数据整理好放在 Excel 表格中，保存好路径方便 SPSS Modeler 软件导入。人工分区的数据见表 13-18。以 y_1 数据为例（将其他 $y_2 \sim y_7$ 的数据替换 y_1 的数据即可运算）。

表 13-18 人工分区的填充值 y_1 数据

热风风速 x_1 /(m/s)	蒸汽压力 x_2 /MPa	蒸汽温度 x_3 /℃	热风温度 x_4 /℃	填充值 y_1 预测值 /(m³/g)	供计算的填充值 y_1 /(m³/g)
1	0.15	127	100	3.87	3.87
1	0.15	127	110	4.02	4.02
1	0.15	127	120	4.13	4.13
1	0.25	140	100	4.03	4.03
1	0.25	140	110	4.17	4.17
1	0.25	140	120	4.31	4.31
1	0.35	148	100	4.21	4.21
1	0.35	148	110	4.34	4.34
1	0.35	148	120	4.49	4.49
0.5	0.25	140	100	4.11	4.11

续表

热风风速 x_1 /(m/s)	蒸汽压力 x_2 /MPa	蒸汽温度 x_3 /℃	热风温度 x_4 /℃	填充值 y_1 /(m³/g)	预测值 /(m³/g)	供计算的填充值 y_1 /(m³/g)
1	0.25	140	100	3.97		3.97
1.5	0.25	140	100	3.63		3.63
0.5	0.25	140	110	4.25		4.25
1	0.25	140	110	4.13		4.13
1.5	0.25	140	110			4.11
0.5	0.25	140	120			4.32
1	0.25	140	120			4.27
1.5	0.25	140	120			4.03
0.5	0.15	127	110			4.02
0.5	0.25	127	110			4.33
0.5	0.35	127	110			4.41
1	0.15	140	110			3.97
1	0.25	140	110			4.15
1	0.35	140	110			4.37
1.5	0.15	148	110			3.79
1.5	0.25	148	110			4.12
1.5	0.35	148	110			4.28

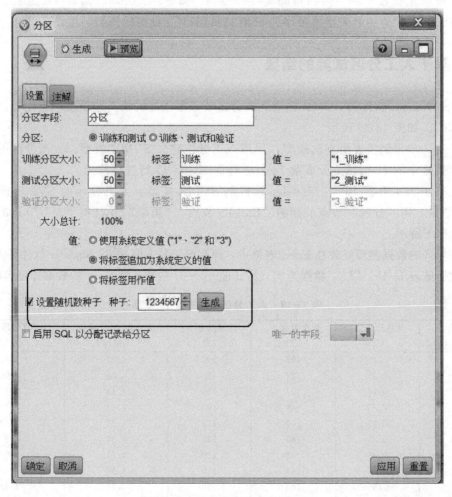

图 13-30　分区节点自动分区界面

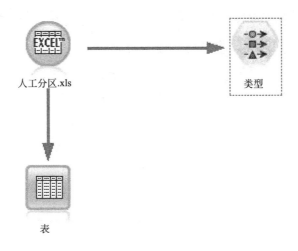

人工分区.xls

类型

表

图 13-31　人工分区类型节点的建立界面

其中"y_1"列中的前 14 行是用来训练，而空下的 13 行是用来预测的。而"供计算的 y_1"一列是用来计算最大误差的，如果没有这一列这个模型不能运行，也无法求最大误差。

将人工分区的结果导入之后，右击"类型"节点出现菜单栏，在菜单栏找到"编辑"选项，点击该选项弹出编辑窗口，因为有两个因变量（y_1 和供计算的 y_1），所以要在编辑界

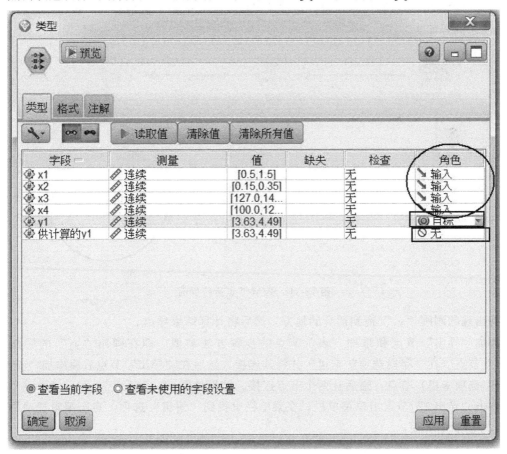

图 13-32　类型节点编辑角色界面

面的"角色"栏中改变两个因变量的角色属性。由于"y_1"是要求的数值所以角色为"目标"值;而"供计算的 y_1"只参与求解最大误差再无其他用途,因此它的角色设为"无"。其他四个自变量还是不变,都为"输入"角色。结果如图 13-32 所示。

然后建立"SVM"节点并拖动到"类型"节点后面,将"SVM"节点和"类型"节点连接起来,结果如图 13-33 所示。注意此时并没有"分区"节点。

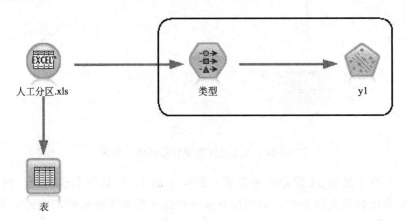

图 13-33　人工分区的类型节点与 SVM 节点连接界面

右击"SVM"节点弹出菜单栏,在菜单栏里找的"运行"选项点击"运行",出现如图 13-34 所示的界面。

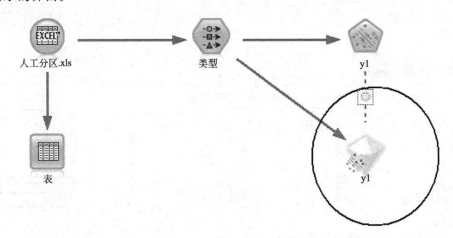

图 13-34　SVM 节点运行界面

将出现的刚刚"y_1"拖到适合的地方,然后将计算结果导出。

添加"导出"节点和添加"表"节点的步骤方法类似。即在弹出"y_1"的后面添加"导出"节点(在"字段选项"卡里)并将其连接,然后在"导出"节点后面添加"表"(在"输出"选项卡里)节点,最后让两个节点连接。结果如图 13-35 所示。

右击"导出 1"节点出现菜单栏,在菜单栏里找到"编辑"选项,点击编辑选项弹出如图 13-36 所示的界面。

编辑"导出 1"节点时,多了一列"供计算的 y_1",所以公式变为($'\$S-y_1'$-供计算的 y_1)/供计算的 $y_1 * 100$ 再取绝对值。结果如图 13-37 所示。

然后点击"应用"选项，再按"确定"选项就完成了建立基于人工分区 SPSS Modeler 软件的 SVMR 模型。

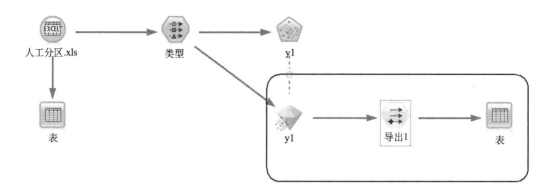

图 13-35 人工分区建立模型的界面

图 13-36 "导出 1"节点的编辑界面

先右击"SVM"节点，进入"编辑"选项界面，先选用"专家"选项栏里的"简单"模型默认参数值进行建模。结果见图 13-38。

然后右击"导出 1"节点后面"表"节点，弹出菜单栏，再点击菜单栏里的"运行"选项，即可弹出计算结果，如图 13-39 所示。

人工分区后所得 SVMR 模型预测各因变量时的最大误差，见表 13-19。

图 13-37　最大误差计算公式的编辑界面

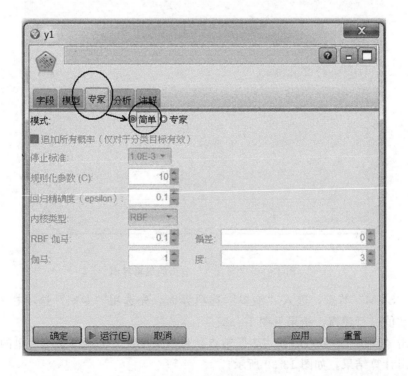

图 13-38　SVM 编辑界面

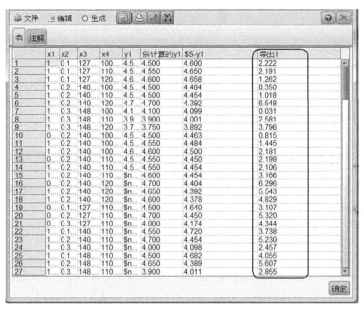

图 13-39　人工分区误差计算结果

表 13-19　人工分区后所得 SVMR 模型预测各因变量时的最大误差

因变量	前 14 行训练最大误差/%	后 13 行预测最大误差/%
填充值 y_1/(m³/g)	2.763663797	5.573973731
整丝率 y_2/%	1.15635767	2.120407505
含水率 y_3/%	23.11099648	45.90961731
香气 y_4/分	7.080316557	7.43888588
杂气 y_5/分	6.458353145	5.617163041
刺激性 y_6/分	7.966947169	10.37018747
余味 y_7/分	6.54815582	6.295815899

从表 13-19 可知 y_1、y_2、y_4、y_5、y_6、y_7 的最大误差都降低到 11% 以下，但是只有 y_3 的最大误差未出现明显降低。

对于原数据，"专家"选项里选择"简单"参数时，建立人工分区 SPSS Modeler 软件的 SVMR 模型时，六个因变量 y_1、y_2、y_4、y_5、y_6、y_7 的最大误差都比较小，即建立的人工分区 SPSS Modeler 软件的 SVMR 模型的精度比较高。

参 考 文 献

[1] Limtrakul S，Thanomboon N，Vatanatham T，et al. DEM modeling and simulation of a down-flow circulating fluidized bed [J]. Chemical Engineering Communications，2008，195：1328-1344.

[2] Papadikis K，Gu S，Bridgwater A V，et al. Application of CFD to model fast pyrolysis of biomass [J]. Fuel Processing Technology，2009，90 (4)：504-512.

[3] Sadeghbeigi R. Fluid catalytic cracking handbook [M]. 3rd ed. Oxford：Butterworth-Heinemann，UK，2012：241-294.

[4] Sun Z，Shen J，Jin B，et al. Combustion characteristics of cotton stalk in FBC [J]. Biomass and Bioenergy，2010，34 (5)：761-770.

[5] Tsuji T，Higashida K，Okuyama Y，et al. Validation study of a numerical model for the flows including dense solids with large sizedifference [C]//The 8th International Conference on Multiphase Flow，Jeju，Korea，2013.

[6] Zhang Y，Jin B S，Zhong W Q. Experimental investigation on mixing and segregation behavior of biomass particle in fluidized bed [J]. Chemical Engineering and Processing：Process Intensification，2009，48 (3)：745-754.

[7] Zhao T，Liu K，Cui Y，et al. Three-dimensional simulation of the particle distribution in a downer using CFD-DEM and comparison with the results of ECT experiments [J]. advanced Powder Technology，2010，21：630-640.

[8] Zhao Y，Cheng Y，Wu C，et al. Eulerian-Lagrangian simulation of distinct clustering phenomena and RTDs in riser and downer [J]. Particuology，2010，(8)：44-50.

[9] 白竣文，田潇瑜，马海乐. 基于 BP 神经网络的葡萄气体射流冲击干燥含水率预测 [J]. 现代食品科技，2016，32 (12)：198-203.

[10] 白竣文，周存山，蔡健荣，等. 南瓜片真空脉动干燥特性及含水率预测 [J]. 农业工程学报，2017，33 (17)：290-297.

[11] 陈福振，强洪夫，高巍然. 气粒两相流传热问题的光滑离散颗粒流体动力学方法数值模拟 [J]. 物理学报，2014，63 (23)：74-90.

[12] 陈鸿伟，刘焕志，高建强，等. 基于试验和 BP 神经网络的双循环流化床颗粒循环流率研究 [J]. 太阳能学报，2012，33 (11)：1956-1961.

[13] 陈世隐，郭佳杰，黄国钦. 基于径向基神经网络对磨削功率预测的研究 [J]. 超硬材料工程，2016，28 (4)：33-36.

[14] 陈卫，罗志浩，程声樱. 基于机器学习的一次风量软测量技术研究 [J]. 浙江电力，2012，31 (8)：35-38.

[15] 陈文亮，张湜，李晖，等. 基于 LS-SVM 沼气净化变压吸附过程甲烷浓度建模 [J]. 天然气化工（C1 化学与化工），2013，38 (1)：36-38，50.

[16] 陈以俊，任丽丽，孙林娟，等. 神经网络软测量应用于乙烯裂解深度控制 [J]. 石化技术与应用，2018，36 (5)：315-318.

[17] 程亮，方群伟. 先进控制技术在乙烯装置裂解深度控制中的应用 [J]. 乙烯工业，2019，31 (2)：59-64，6.

[18] 程孟刚，彭贵芳，廖竞萌. 基于 MATLAB 平台的 RBF 神经网络在膜分离废水中的应用 [J]. 科技风，2013 (7)：84.

[19] 代爱妮，周晓光，刘相东，等. 基于 BP 神经网络的旁热式辐射与对流粮食干燥过程模型 [J]. 农业机械学报，2017，48 (3)：351-360.

[20] 邓楚津，董强，张常松，等. 神经网络优化番木瓜籽油的超临界 CO_2 萃取工艺 [J]. 中国粮油学报，2012，27 (2)：47-51.

[21] 丁海旭，李文静，叶旭东，等. 基于自组织递归模糊神经网络的 BOD 软测量 [J]. 计算机与应用化学，2019，36 (4)：331-336.

[22] 董翠英，李全善，周剑利. 支持向量机在乙烯精馏塔中软测量应用 [J]. 科技视界，2016 (23)：32.

[23] 范鹏飞，李景东，刘艳涛，等. 感冒清热颗粒中药渣中试规模循环流化床气化实验 [J]. 化工进展，2014，33 (8)：1979-1985，1991.

[24] 冯殿义，赵波，常勇. 啤酒糟旋转闪蒸干燥过程建模与优化 [J]. 食品与机械，2005 (4)：41-43.

[25] 伏启让，黄亚继，牛淼淼，等. 垃圾衍生燃料流化床富氧气化实验研究 [J]. 浙江大学学报（工学版），2014，48

（7）：1265-1271.

[26] 付艳茹. 基于 BP 神经网络的高知识群体失业率预测研究 [J]. 吉林师范大学学报（自然科学版），2012，33（2）：125-129.

[27] 傅永峰，徐欧官，陈祥华，等. 基于多模型动态融合的自适应软测量建模方法 [J]. 高校化学工程学报，2015，29（5）：1186-1193.

[28] 郭庆杰，张济宇，刘振宇，等. 大型双射流流化床的流体动力学特性 [J]. 化工学报，2001，52（11）：974-981.

[29] 韩晓梅. 优化精馏控制提高乙烯产品质量 [J]. 化工管理，2018（7）：173-174.

[30] 韩志峰，沈洁，郭立玮，等. 支持向量机算法用于中药挥发油含油水体超滤通量的预测 [J]. 中国医药工业杂志，2011，42（1）：21-25.

[31] 何都良，秦晋凯，林海翔，等. 活性炭负载 DBU 流化床吸附 CO_2 反应条件研究 [J]. 环境科学与技术，2015，38（12）：199-204.

[32] 何吉坤，许力强，王俊杰. 基于神经网络的气化炉煤粉流量测量及应用 [J]. 化工设计通讯，2018，44（11）：10，93.

[33] 黄佳，桂卫华，张定华. 气流干燥过程水分软测量集成建模研究 [J]. 计算机测量与控制，2007（7）：7-8，28.

[34] 黄玮，丛玉凤，郭大鹏. 基于 BP 神经网络的石蜡催化氧化反应的研究 [J]. 石油化工高等学校学报，2012，25（6）：30-33，38.

[35] 黄文景，杨建红，王小宁. 滚筒干燥器能耗分析及参数优化设计 [J]. 筑路机械与施工机械化，2017，34（1）：81-86.

[36] 黄亚安，李坤，高晨光. 基于 MATLAB 的 GPS 高程异常的支持向量机模型 [J]. 江西测绘，2017（3）：56-59.

[37] 黄振，何方，赵坤，等. 基于晶格氧的甲烷化学链重整制合成气 [J]. 化学进展，2012，24（8）：1599-1609.

[38] 汲广习，董力青，王铮. 苏氨酸废母液色谱分离实验与探讨 [J]. 发酵科技通讯，2018，47（4）：216-220.

[39] 纪文义，陈海涛，张继成，等. 基于 BP 神经网络的大豆变量施肥模型研究与建立 [J]. 大豆科技，2013（4）：49-53.

[40] 蒋斌波，袁世岭，陈楠，等. VPO 催化氧化正丁烷反应动力学 [J]. 化学进展，2015，27（11）：1679-1688.

[41] 蒋波，陈建阳，郑传祥. 枸杞真空常压脉动干燥设备的设计 [J]. 化工机械，2018，45（6）：709-712.

[42] 蒋建东，金骁，毛智琳，等. 稻谷薄层真空脉动干燥特性及含水率预测模型 [J]. 真空科学与技术学报，2019，39（5）：367-373.

[43] 蒋昕祎，李绍军，金宇辉. 基于慢特征重构与改进 DPLS 的软测量建模 [J]. 华东理工大学学报（自然科学版），2018，44（4）：535-542.

[44] 金关秀，张毅，楼永平，等. 应用粗糙集和支持向量机的熔喷非织造布过滤性能预测 [J]. 纺织学报，2018，39（6）：142-148.

[45] 李斌，邓煜，于文圣，等. 3 种软测量技术在预测湿法烟气脱硫效率上应用的比较 [J]. 汽轮机技术，2016，58（3）：226-230，234.

[46] 李东方，张维宁，李俊杰. 基于改进 BP 人工神经网络用于电渗析脱盐的预测 [J]. 化工进展，2012，31（S2）：55-61.

[47] 李桂香，王磊，李继定，等. 基于主元分析的气体膜分离过程 RBFNN 建模 [J]. 系统仿真学报，2012，24（9）：2003-2006.

[48] 李皓宇，阎维平，王春波，等. 增压流化床热态临界流化速度的实验研究 [J]. 中国电机工程学报，2011，31（32）：8-15.

[49] 李宏桢. 基于 RBF 神经网络的循环灰利用率软测量技术分析 [J]. 自动化应用，2019（7）：19-20.

[50] 李洪钟，郭慕孙. 回眸与展望流态化科学与技术 [J]. 化工学报，2013，64（1）：52-62.

[51] 李辉. 基于 BP 神经网络的水泥细度软测量方法 [J]. 中国水泥，2016（7）：107-109.

[52] 李建，陈烈，茅林明. 支持向量机在建筑能耗预测中的应用 [J]. 建筑节能，2014，42（12）：77-80.

[53] 李隆浩，张立臻，马广磊. 基于 ARMA 模型的粗糠醇精馏过程软测量模型优化方法 [J]. 山东理工大学学报（自然科学版），2019，33（6）：66-70.

[54] 李明. 电解槽膜极距改造的综合效益分析与改造时机选择 [J]. 氯碱工业，2014，50（4）：16-18.

[55] 李倩. 基于支持向量机的边坡形变预测 [J]. 中国科技信息，2015（16）：49-51.

[56] 李晓伟，刘建坤，郑磊，等. 鼓泡流化床生物质富氧气化中试试验研究 [J]. 太阳能学报，2015，36（8）：1933-1938.

[57] 李雪洁，孙川川，刘大铭，等. 基于 PSO-SVM 的离心式压缩机转速模型的研究 [J]. 宁夏工程技术，2014，13（2）：174-177.

[58] 李志华，吴帅芝，徐中洲，等. 用 MATLAB 神经网络预测气力输送过程物料破碎率 [J]. 硫磷设计与粉体工程，2008（4）：5-8，51.

[59] 廖永进，范军辉，杨维结，等. 基于 RBF 神经网络的 SCR 脱硝系统喷氨优化 [J]. 动力工程学报，2017，37（11）：931-937.

[60] 刘彬，原如冰，张强，等. 发酵柑橘皮渣流化干燥传热传质分析 [J]. 农业工程学报，2011，27（7）：353-357.

[61] 刘超锋，刘建秀，刘应凡，等，一种预计和控制含热气的多相流系统出料品质的方法，2014. 08. 22，中国，2014103373812.

[62] 刘超锋，柳金江，赵伟，等. 深冷空分增压膨胀机组运行特性关联参量的 RBF 建模 [J]. 流体机械，2015，43（3）：22-24，87.

[63] 刘翠翠，郭为民，苏杰，等. 基于 PCA 和支持向量机的电站入炉煤量软测量技术 [J]. 自动化与仪器仪表，2015（10）：213-214，218.

[64] 刘全银. 基于 DHSPSO 的局部 LS-SVM 动态建模预测 [J]. 通讯世界，2017（11）：262-263.

[65] 刘思成，李悦，杨秀，等. 芳烃抽提过程收率软测量技术应用 [J]. 自动化与仪器仪表，2015（5）：53-56.

[66] 刘伟伟，范怡平，卢春喜. 气固流化床中双组分混合颗粒密相床的膨胀 [J]. 高校化学工程学报，2009，23（2）：210-215.

[67] 刘长良，曹威，王梓齐. 基于 MMI-PCA-KLPP 二次降维和模糊树模型的 NO_x 浓度软测量方法 [J]. 华北电力大学学报（自然科学版），2020，47（1）：79-86.

[68] 柳瑶，宋协法，梁振林，等. 工厂化循环水养殖中生物流化床的流化特性研究 [J]. 中国海洋大学学报（自然科学版），2014，44（1）：41-45.

[69] 卢泽湘，范立维，郑德勇，等. BP 神经网络对超临界 CO_2 萃取油茶籽油过程的模拟 [J]. 林产化学与工业，2010，30（5）：12-18.

[70] 陆仲权. 稀土分离中萃取效率提升的工艺研究 [J]. 有色金属文摘，2015，30（6）：109-110.

[71] 罗国民，周孖民，刘克辉. 炼焦煤调湿流化床料层流化特性实验研究 [J]. 中南大学学报（自然科学版），2014，45（8）：2864-2870.

[72] 罗嘉，陈世和，张曦，等. 电站锅炉典型热工参数软测量研究 [J]. 中国电力，2016，49（6）：48-52.

[73] 罗琴，赵银峰，叶茂，等. 电容层析成像在气固流化床测量中的应用 [J]. 化工学报，2014，65（7）：2504-2512.

[74] 吕友军，韩强，赵亮，等. 超临界水流化床流动阻力特性的实验研究 [J]. 工程热物理学报，2011，32（10）：1685-1687.

[75] 孟国栋，彭桂兰，罗传伟，等. 花椒真空干燥特性分析及动力学模型研究 [J]. 食品与发酵工业，2018，44（4）：89-96.

[76] 缪啸华，宋淑群，王建华，等. 基于模糊神经网络的甲醇合成塔转化率软测量模型 [J]. 石油化工自动化，2012，48（2）：32-35，40.

[77] 牛秀岭. 基于灰色关联与 SVM 的蒸发量季节性预测 [J]. 水电能源科学，2019，37（2）：18-21.

[78] 潘强，张继春，肖清华，等. 动能弹对混凝土靶侵彻深度的 PSO-SVM 预测 [J]. 高压物理学报，2018，32（2）：108-115.

[79] 潘治利，黄忠民，王娜，等. BP 神经网络结合有效积温预测速冻水饺变温冷藏货架期 [J]. 农业工程学报，2012，28（22）：276-281.

[80] 彭道刚，陈跃伟，钱玉良，等. 基于粒子群优化-支持向量回归的变压器绕组温度软测量模型 [J]. 电工技术学报，2018，33（8）：1742-1749，1761.

[81] 戚华彪，周光正，于福海，等. 颗粒物质混合行为的离散单元法研究 [J]. 化学进展，2015，27（1）：113-124.

[82] 乔源，王建峰，杨永存，等. 基于神经网络的飞灰含碳量软测量模型及实现 [J]. 电力科学与工程，2019，35（11）：55-61.

[83] 邱波，张雨. 球团干燥预热过程的质量建模与分析 [J]. 矿业工程，2014，12（3）：35-37.

[84] 荣盘祥，张亮，孙国兵，等. 热电厂锅炉燃烧系统建模及优化研究 [J]. 青岛理工大学学报，2018，39（2）：110-117.

[85] 邵垒，刘卫华，孙兵，等. 中空纤维膜分离性能实验与预测 [J]. 航空动力学报，2015，30（4）：800-806.

[86] 邵应娟，胡颖，金保昇，等. 固废流化床异型颗粒与床料共流化特性 [J]. 东南大学学报（自然科学版），2012，42（3）：447-452.

[87] 沈大农. 大数据技术在水煤浆气化炉工艺优化中的应用——以炉温软测量为例 [J]. 上海化工，2018，43（9）：23-26.

[88] 施大鹏，黄德先，张培贵. PX 装置吸附塔抽出液组成软测量 [J]. 炼油技术与工程，2008（9）：50-52.

[89] 帅大平，吕清刚，王小芳，等. 六分离器并联布置的双水冷柱炉膛循环流化床实验研究 [J]. 中国电机工程学报，2016，36（3）：723-728.

[90] 宋江峰，李大婧，刘春泉. 基于正交试验和神经网络的虫草素超临界 CO_2 萃取预测 [J]. 江苏农业学报，2010，26（4）：833-837.

[91] 孙畅莹，刘云宏，曾雅，等. 直触式超声强化热风干燥梨片的干燥特性 [J]. 食品与机械，2018，34（9）：37-42.

[92] 孙蒋子豪，李红阳，祝铃钰. 热虹吸式再沸器换热量软测量模型 [J]. 计算机与应用化学，2016，33（12）：1267-1271.

[93] 孙娟. 基于递归神经网络的污水处理软测量研究 [J]. 水工业市场，2018（11）：46-49.

[94] 汤建华. 软测量技术在聚合物多元醇黏度中的应用 [J]. 仪器仪表用户，2016，23（9）：52-54.

[95] 田海，郭智恒，李兰云. 稀土萃取分离过程软测量方法的研究 [J]. 中国稀土学报，2015，33（2）：201-205.

[96] 王春华，仲兆平，李睿，等. 喷动流化床最小喷动流化速度智能拟合 [J]. 中国电机工程学报，2010，30（17）：17-21.

[97] 王冬雪，陈桂芬，李英伦，等. 基于 GA-RBF 融合算法的玉米病虫害产量损失预测研究 [J]. 江苏农业科学，2019，47（9）：263-266.

[98] 王继龙，刘晓霞，魏舒畅，等. 基于 BP 神经网络的纤维性根茎药材酶解提取-超滤纯化的临界通量与压力预测 [J]. 天然产物研究与开发，2016，28（4）：586-590，546.

[99] 王剑虹，王庆程，刘鑫. 一种乙烯精馏塔先进控制系统的开发和应用 [J]. 自动化博览，2018，35（9）：98-101.

[100] 王靖岱，阳永荣，葛鹏飞，等. 声波的多尺度分解与气固流化床床流化速度的实验研究 [J]. 中国科学（B 辑：化学），2007，37（1）：94-100.

[101] 王磊，田震，蒲泓汀，等. 支持向量机预测蜡沉积速率的模型研究 [J]. 应用化工，2015（S1）：73-77.

[102] 王莉，孙玉梅，杨凯，等. 即时学习多模型加权 GPR 软测量方法 [J]. 北京理工大学学报，2018，38（2）：196-199，204.

[103] 王亮，王智超，冯国会. 基于 LS-SVM 对耐高温滤料过滤效率的预测研究 [J]. 建筑热能通风空调，2012，31（2）：29-32，6.

[104] 王宁宁，王飞，尹彦涛，等. 基于支持向量机的变电工程造价预测研究 [J]. 建筑经济，2016，37（5）：48-52.

[105] 王少平，王增国，刘金海，等. 基于三轴漏磁与电涡流检测的管道内外壁缺陷识别方法 [J]. 控制工程，2014，21（4）：572-578.

[106] 王旭，赵博实. 浓密脱水过程智能控制系统设计与应用 [J]. 中国矿业，2019，28（S2）：205-208，213.

[107] 王志磊，谷和平，任晓乾，等. BP 神经网络在膜分离处理废水中的应用 [J]. 化工时刊，2010，24（9）：55-58.

[108] 卫新民，袁改焕，李小宁. 基于 RBF 神经网络法的 Zr-4 合金管材酸洗工艺模型 [J]. 钛工业进展，2015，32（4）：40-43.

[109] 文孝强，苗庆龙，孙灵芳. 换热器污垢特性的建模与预测 [J]. 化工机械，2014，41（6）：699-704.

[110] 翁俊杰. 神经网络软测量在家用房间空调器制冷量测量中的研究与应用 [J]. 日用电器，2019（8）：152-158.

[111] 吴培，王晶，李哲敏. 俄罗斯远东和贝加尔地区社会经济发展现状及展望 [J]. 欧亚经济，2019（2）：82-97，126，128.

[112] 伍轶鸣，孙博文，成荣红，等. 基于灰狼算法的 LSSVM 模型预测凝析气藏露点压力研究 [J]. 西安石油大学学报（自然科学版），2020，35（2）：78-83，90.

[113] 席慧涵，刘云宏，王琦，等. 马铃薯超声强化远红外辐射干燥特性及神经网络模型研究 [J]. 食品与机械，2019，35（2）：123-128，152.

[114] 向飞, 杨晶, 王立, 等. 小麦流态化干燥实验关联式及在热泵流化床谷物干燥中的应用 [J]. 北京科技大学学报, 2005, 27 (1): 109-113.

[115] 肖强, 国庆, 李义一, 等. RBF 神经网络在催化裂化汽油加氢装置中的应用 [J]. 石油化工, 2018, 47 (1): 37-42.

[116] 徐婧, 王秋旺, 曾敏. 符号回归在换热关联式求解中的应用 [J]. 工程热物理学报, 2012, 33 (8): 1415-1418.

[117] 宣鸿烈, 闫兴清, 梁泽奇, 等. 操作比对反拱带槽型爆破片使用寿命及更换周期的影响研究 [J]. 压力容器, 2019, 36 (11): 6-12.

[118] 薛宏坤, 刘成海, 刘钗, 等. 响应面法和遗传算法-神经网络模型优化微波萃取蓝莓中花青素工艺 [J]. 食品科学, 2018, 39 (16): 280-288.

[119] 杨都. 基于 SPSS 软件的空调传感器故障统计分析及预测 [J]. 日用电器, 2020 (6): 65-68.

[120] 尹嵩杰, 蔡嘉华, 陈超, 等. 基于 MATLAB 平台集成开发红外光谱建模工具包 [J]. 计算机与应用化学, 2016, 33 (3): 299-303.

[121] 于伟锋. 双循环流化床颗粒流率实验研究及模型预测 [J]. 锅炉技术, 2016, 47 (1): 39-44.

[122] 余剑, 岳君容, 刘文钊, 等. 非催化气固反应动力学热分析方法与仪器 [J]. 分析化学, 2011, 39 (10): 1549-1554.

[123] 袁安平, 张湜, 姜珉, 等. 支持向量机在丁二酸发酵过程建模中的应用 [J]. 计算机与应用化学, 2009, 26 (8): 985-988.

[124] 张彪, 邢健峰, 纪志成. 基于优化 SVM 的反渗透脱盐水故障诊断 [J]. 系统仿真学报, 2015, 27 (5): 1057-1063.

[125] 张大海, 楼锐, 刘宇穗, 等. 基于 LS-SVM 稀疏化算法的飞灰含碳量软测量方法 [J]. 南方能源建设, 2019, 6 (4): 69-74.

[126] 张芳, 未志胜, 王鹏, 等. 基于 BP 神经网络和遗传算法的库尔勒香梨挥发性物质萃取条件的优化 [J]. 中国农业科学, 2018, 51 (23): 4535-4547.

[127] 张娇龙, 毛明旭, 叶佳敏, 等. 流化床干燥过程压力和电容层析成像测量分析 [J]. 工程热物理学报, 2016, 3: 518-522.

[128] 张培, 陈光大, 张旭. BP 和 RBF 神经网络在水轮机非线性特性拟合中的应用比较 [J]. 中国农村水利水电, 2011 (11): 125-128, 131.

[129] 张文广, 孙亚洲, 刘吉臻, 等. 基于自适应模糊推理辨识方法和果蝇优化算法的 CFB 锅炉燃烧优化 [J]. 动力工程学报, 2016, 36 (2): 84-90.

[130] 张心蓓, 杨生兴, 常杰. 流化床干燥器湿含量在线测量 [J]. 大众标准化, 2015 (9): 71-73.

[131] 张亚斌, 侯思华. 基于神经网络组合模型的物联网产业发展预测研究 [J]. 求索, 2014 (11): 81-85.

[132] 张英, 苏宏业, 褚健. 一种基于支持向量机增量学习的软测量建模方法 [J]. 化工自动化及仪表, 2005 (3): 22-24.

[133] 张云峰, 申建军, 王洋, 等. 综放导水断裂带高度预测模型研究 [J]. 煤炭科学技术, 2016, 44 (S1): 145-148.

[134] 赵海清, 王博, 朱湘临, 等. 基于改进 ILC 的蛋白酶发酵过程 pH 值控制方法 [J]. 传感器与微系统, 2020, 39 (2): 7-10.

[135] 赵洋, 梁海泉, 张逸成. 电化学超级电容器建模研究现状与展望 [J]. 电工技术学报, 2012, 27 (3): 188-195.

[136] 郑博元, 苏成利, 李平, 等. 基于向量投影的代谢支持向量机乙烯精馏产品质量软测量建模 [J]. 化工学报, 2014, 65 (12): 4883-4889.

[137] 钟旭美, 陈铭中, 庄婕, 等. BP 神经网络结合遗传算法优化玫瑰茄火龙果固体饮料工艺条件 [J]. 食品与发酵工业, 2019, 45 (19): 173-179.

[138] 周亚含. 最小二乘支持向量机在 GPS 高程转换中的应用 [J]. 工程地球物理学报, 2010, 7 (2): 243-247.

[139] 周丽, 冯凯, 金晓明. 轻烃分离装置液化气 C5＋含量软测量应用 [J]. 自动化仪表, 2018, 39 (8): 19-22.

[140] 周密, 阎立峰, 郭庆祥, 等. 生物质洁净能源研究中的流化床动力学模型 [J]. 化学物理学报, 2003, 16 (5): 350-356.

[141] 周密, 阎立峰, 王益群, 等. 生物质定向气化制合成气——气化热力学模型与模拟 [J]. 化学物理学报, 2005, 18 (1): 69-74.

［142］ 周诗齐，王清，韦红旗，等. 基于 BP 神经网络的燃机进气滤网压差建模应用 ［J］. 建筑热能通风空调，2019，38 （7）：24-29.

［143］ 朱斌. 基于 BP 神经网络的燃煤机组 NO_x 排放浓度预测系统 ［J］. 电力科技与环保，2015，31 （3）：12-14.

［144］ 朱光耀，谢方平，陈凯乐，等. 基于 PSO-BP 算法的油菜籽干燥工艺参数的优化 ［J］. 湖南农业大学学报（自然科学版），2017，43 （2）：222-225.

［145］ 朱湘临，陈威，丁煜函，等. 基于 IBA-LSSVM 的光合细菌发酵软测量 ［J］. 计算机测量与控制，2019，27 （6）：41-44，54.

［146］ 朱湘临，宋彦，王博，等. 基于改进布谷鸟算法-BP 神经网络的松茸发酵过程软测量模型优化 ［J］. 计算机测量与控制，2019，27 （5）：39-43.

［147］ 朱玉华. MATLAB 在过程参数优化中的应用 ［J］. 机床与液压，2004 （11）：165-166.

［148］ 赵思昆，刘巍，高文义，等. 波纹气分板流化床干燥玉米膏的热效率 ［J］. 南京理工大学学报，2012，36 （1）：147-151.